U0541233

苏州大学中国特色城镇化研究中心、苏州大学新型城镇化与社会治理协同创新中心的研究成果

江苏省委宣传部/苏州市委宣传部/苏州大学"部校共建马克思主义学院"资助

江苏省优势学科第三期项目，江苏省中国特色社会主义理论体系研究中心苏州大学基地理论成果

教育部人文社会科学重点研究基地重大项目"中国特色城镇化生态伦理研究"（12JJD840008）最终成果

走向共同福祉的人间新天堂丛书

中国特色城镇化的生态伦理维度研究

陆树程 于莲 陆扬 等◎著

Study on Ecological Ethics Dimension of Urbanization with Chinese Characteristics

中国社会科学出版社

图书在版编目（CIP）数据

中国特色城镇化的生态伦理维度研究／陆树程等著．—北京：中国社会科学出版社，2023.10

（走向共同福祉的人间新天堂丛书）

ISBN 978-7-5227-2627-4

Ⅰ.①中… Ⅱ.①陆… Ⅲ.①城市化—生态伦理学—研究—中国 Ⅳ.①B82-058

中国国家版本馆 CIP 数据核字（2023）第 181916 号

出 版 人	赵剑英
责任编辑	喻　苗
责任校对	胡新芳
责任印制	王　超

出　　版	中国社会科学出版社
社　　址	北京鼓楼西大街甲 158 号
邮　　编	100720
网　　址	http://www.csspw.cn
发 行 部	010-84083685
门 市 部	010-84029450
经　　销	新华书店及其他书店
印刷装订	三河市华骏印务包装有限公司
版　　次	2023 年 10 月第 1 版
印　　次	2023 年 10 月第 1 次印刷
开　　本	710×1000　1/16
印　　张	20
插　　页	2
字　　数	318 千字
定　　价	108.00 元

凡购买中国社会科学出版社图书，如有质量问题请与本社营销中心联系调换
电话：010-84083683
版权所有　侵权必究

《走向共同福祉的人间新天堂丛书》
编辑委员会

主　任：任　平
副主任：高小平　简新华
编　委：（按姓氏笔画排序）

丁　煌　　王永贵　　王俊华　　方世南
方延明　　方新军　　田芝健　　田毅鹏
冯　博　　任　平　　吴永发　　陈　一
陈　龙　　陆树程　　段进军　　姜建成
徐国栋　　钱振明　　高小平　　高　峰
唐亚林　　桑玉成　　简新华

主　编：钱振明
副主编：赵　强　钟　静

守正创新 走好中国式城镇化新道路

——写在《走向共同福祉的人间新天堂丛书》出版之际

任 平

党的二十大庄严宣示:"从现在起,中国共产党的中心任务就是团结带领全国各族人民全面建成社会主义现代化强国、实现第二个百年奋斗目标,以中国式现代化全面推进中华民族伟大复兴。"与中国式现代化总体要求相对应,改革开放40多年来,特别是进入中国特色社会主义新时代,我们成功走出了一条"以人为核心的新型城镇化"道路即中国式城镇化新道路。

十年前,习近平总书记在改革开放后首次中央城镇化工作会议上指出:"城镇化是现代化的必由之路",同时宣告:"在我们这样一个拥有十三亿多人口的发展中大国实现城镇化,在人类发展史上没有先例。粗放扩张、人地失衡、举债度日、破坏环境的老路不能再走了,也走不通了。"以人为本,推进以人为核心的新型城镇化,是与中国式现代化相契合的中国式城镇化新道路,是中国式现代化的必由之路。

中国式城镇化新道路是中国式现代化的一个关键领域和承载形态,这一道路的开辟具有与中国式现代化超越"别人的"和"旧我的"现代化参照系和坐标系一样的经历。其道路之"新"在于:一是经历了超越西方式城镇化道路的艰难历程,实现了制度性跨越;二是跨越了旧中国城镇化道路,实现了历史性超越;三是超越了苏联式僵化教条主义道路,实现了改革创新;四是超越了新中国初期至改革开放初期的曲折道路,实现了从头越,走向理性自觉。这一道路创造了从"乡村中国"向"都市中国"伟大跨越的奇迹，实现了让9亿多中国人民共享城镇化成果的梦想，让中国城镇化具有了中国特色和中国风格，并成为强力推动中国式现代化的主要动力。在推进中国式现代化，实现中华民族伟大复兴的新征程上，我们全面理解和深刻把握中国式城镇化新道路的中国特色和本质特征，守正创新，走好中国式城镇化新道路。

中国式城镇化新道路"中国特色"之一是人口巨大的城镇化。从1949年新中国建立之初城市化率不到10%，到2022年末达到65.22%，9.20亿人口成为城镇常住人口，实现了从"乡村中国"向"都市中国"的重大转变，这是第一大国情变化。这意味着我们党和国家百年来革命和发展的重心必然要从乡村转向城市。未来30年，中国的城镇化率完成的目标将向更高的80%以上迈进，在9亿多城镇人口的基础上还要增加2.5亿左右。无论是已经城镇化或将要经历城镇化的人口数量来说，都是世界城镇化之最。由此，必然涉及城镇化的一个重大模式选择问题，必然要超越既有的城镇化模式。要超越西方式城市化道路弊端，着力缩小城乡差距，坚决反对那种为了资本逻辑牟利高效需要而单向发展大城市、超大城市。苏南小城镇和大中小城市协调发展所形成的"模式"，为守正创新走好中国式城镇化新道路提供了样本。

中国式城镇化新道路的中国特色之二是从追求空间正义到进一步"全体人民共同富裕"的城镇化。为了全体人民共同富裕，高扬空间正义原则，是中国式城镇化新道路超越以资本逻辑宰制的西方式城镇化以及改革开放以来资本逻辑单纯逐利本性、回归"以人民为中心"宗旨的根本特征。中国式城镇化新道路是追崇"空间正义"的城镇化道路，它超越西方式城镇化道路那种严重的空间不正义，解决中国特色社会主义条件下资本逻辑在城镇化进程中造成的贫富两极分化问题。坚持和发展"空间正义"，让空间权益普惠全体人民，城镇化公共服务均等化，这是中国式城镇化新道路的本质规定。公共服务的均衡性分配正义一般说来是全体人民享有共同幸福、共同福祉的城镇化生活的必要的物质基础，但这还不是全部充要条件。未来30年，中国式城镇化新道路在稳步走向"空间正义"征程的同时，要努力走向人间新天堂，构筑诗意美丽、幸福美满的城市家园。如果说以往的中国式城镇化新道路主要致力于空间正义，那么，今后的中国式城镇化新道路在继续坚守和实践空间正义的同时，就要进一步为全体人民的共同福祉、适宜居住人间新天堂而努力奋斗。这就是中国式城镇化的新现代性的美好家园。

中国式城镇化新道路的第三个中国特色是物质文明、制度文明、社会文明和精神文明相协调的城镇化。列斐伏尔在《空间生产》中就指明：空间有三维度存在，物理的、社会的和精神的。此外，还应当有独立的制度文明维度。虽然制度文明本质上成为人们的社会关系的规范化、制度化先进形态，应当属于社会文明，但是，也涉及人与自然（生态文明）、精神 - 文化维度。因此，城镇化空间生产是全方位的：不仅是物理空间的生产、社会关系的生产、精神文明的生产，而且包括制度生产。发达的城镇化不仅需要有发达的物理空间、社会空间、精神文化空间，更要有治理体系发达的制度空间。同样，追求共同福祉、诗意居住的城镇化，也不仅需要物质文明、社会文明、精神文明的大力支撑，更需要制度文明保障。

中国式城镇化新道路中国特色之四是人与自然和谐共生的生态城市。绿色发展、生态文明、人与自然和谐共生是中国式现代化的本质特征之一，也是中国式城镇化新道路的基本品格。中国式城镇化新道路对于人与自然和谐共生的生态文明和绿色发展之路要实现多阶段目标。自然生态的山、水、林、田、湖、草、气等自然资源与城镇化构成一体化生态共同体这是第一级目标。城市依照自然资源条件而建，自然资源保护和优化成为适宜居住美丽城市的自然条件。然而，城镇化生态文明不止步于可见视域。第二级目标还需要防止排除高技术污染：光污染、噪音污染、电磁辐射和其他损害人类和生态健康的超高能因素污染。第三极目标则是"生态足迹"平衡。需要尽快实现新能源转换，不仅要实现碳达峰和碳中和，达到新型能源转型自给，而且对于粮食安全要有高度的自觉。

中国式城镇化新道路中国特色之五是倡导、推动、引领和创造和平共赢的全球城市体系。中国式城镇化新道路不仅要为中国人民谋幸福、为中华民族谋复兴，而且也要为全球城乡居民谋进步、谋空间正义，因而未来就要肩负起一个负责任的世界大国应当肩负的重大责任，即推进全球城市空间正义，以多元平等、和平共处、合作共赢、文明互鉴的新全球化城市体系来取代霸权主义宰制的旧全球化城市体系。为此，中国式城镇化新道路要求中华民族与世界民族协商一致，重新设计规划未来全球城市体系的发展蓝图，制定未来城市分工协作的个性标准，探索合作共赢的相互关系，解决相互合作中的种种矛盾问题、提出治理方案。

守正创新，坚定不移走好中国式城镇化新道路，我们需要深度思考未来问题，迎接未来挑战，把握未来发展的重点和难点。

第一，走好中国式城镇化新道路，必须坚持中国共产党领导。历史实践反复证明：只有中国共产党领导中国人民百年奋斗，中国人民才能从站起来、富起来和强起来，才能摆脱中国城镇化历史遭受帝国主义、封建主义、官僚资本主义殖民化、资本化奴役的悲惨历史，才能不断超越西方式城市化道路，开辟中国式城镇化新道路；只有坚持"以人民为中心"的中国共产党，才能秉持"城镇化为了人民、依靠人民、城镇化成果让全体人民更多更公平地共享"这一根本宗旨，代表中国人民的共同利益、整体利益、全局利益和长远利益，带领中国人民坚定不移地走"以人为核心"的中国式城镇化新道路。只有中国共产党才有能力领导世界上第一人口大国最宏伟壮阔的城镇化进程，全心全意为14亿全体中国人民谋划安居乐业的幸福生活。只有坚持以先进的马克思主义中国化时代化旗帜引领指导行动的中国共产党，才能以唯物史观的中国逻辑科学揭示和把握中国式城镇化新道路的本质规律，正确指引方向，带领人民成功赢得未来。习近平新时代中国特色社会主义思想是新时代中国共产党必须要长期坚持的指导思想，习近平关于推进"以人为核心的新型城镇化"的战略思想，是全面把握中国式城镇化新道路的根本指导思想。各级党的领导和组织理解和把握这一指导思想的水平，在实践中是否"敢创、敢闯、敢干、敢领先"，成为这一地区城镇化发展状况的决定性因素。用习近平关于"以人为核心的新型城镇化"思想加强和提升党的领导水平，是中国式城镇化新道路成功走向未来、创造更大辉煌的首要因素。迈向未来，我们的各级党组织要始终走在中国式城镇化新道路的前列，创新人类先进的思想观念指引方向，以带领人民团结奋斗创造实践的奇迹。

第二，走好中国式城镇化新道路必须要坚持中国特色社会主义。中国式城镇化是中国特色社会主义城镇化。其重点在于：未来中国式城镇化新道路在继续坚持和发展空间正义事业基础上，将走向人间新天堂，构筑诗意美丽家园。这一美丽家园的构筑，首先在空间正义原则指引下，公平地共享基本空间权益将成为人们不可剥夺的人权。中国特色社会主义本质上是全体中国人民在根本利益、全局利益、长远利益、整体利益上趋于一致、有深厚的共同利益基础、走共同富裕道路的社会。

第三，从单纯追求数量型发展转向高质量发展之路。回溯以往，人们对中国城镇化进程关注的焦点主要在于数量型指标。中国式城镇化新道路在初步完成数量型扩张目标之后，需要将发展重心迅速转移到高质量发展上来，把握好数量继续增长与质量迅速提升之间的辩证关系，解决好以往在单纯追求数量型发展模式之时掩盖的种种矛盾和问题，以高质量发展带动数量增长，做到高质量的数量发展。中国城镇化高质量发展急需要解决一系列问题。一要着力解决"常住人口"与户籍人口城镇化率差异较大的问题；二要多样化地解决农业转移人口市民化问题；三要精准地高质量规划全国超大城市、特大城市和大中小城市及小城镇的未来蓝图，为全体中国人民建设诗意居住的美好家园；四要解决如何以创新城市"业"态强势带动"城"的发展问题；五要解决实现共同富裕的路径问题。

中国式城镇化新道路开拓前行的未来，就是中国式现代化的未来，也引领中国城镇化学术研究的未来。守正创新，以科学的态度对待科学，以真理的精神追求真理，探索中国式城镇化的未来，是我们的责任。

目 录

导 论 ……………………………………………………………… (1)
  一 "中国特色城镇化生态伦理"的界定 ………………………… (2)
  二 本书的研究方法 ………………………………………………… (10)
  三 本书的核心内容 ………………………………………………… (13)
  四 本书的学术价值 ………………………………………………… (18)

第一章 中国特色城镇化生态伦理研究的出场语境 ……………… (21)
  第一节 中国特色城镇化生态伦理建设的现状 …………………… (21)
    一 中国特色城镇化建设取得的成就 …………………………… (22)
    二 中国特色城镇化生态伦理建设存在的问题 ………………… (24)
  第二节 中国特色城镇化生态伦理建设研究的现状 ……………… (35)
    一 中国特色城镇化生态伦理建设研究取得的成果 …………… (35)
    二 中国特色城镇化生态伦理建设研究的不足之处 …………… (58)
  第三节 中国特色城镇化生态伦理研究出场的实践之基 ………… (60)
    一 探索"先规划,再发展"的城镇化模式 …………………… (61)
    二 坚持旧城改造与新区开发相结合 …………………………… (62)
    三 从注重城镇化发展速度向注重城镇化发展质量转变 ……… (63)
    四 注重信息技术在城镇化进程中的运用 ……………………… (65)
  本章小结 …………………………………………………………… (66)

第二章 中国特色城镇化生态伦理研究的理论基础 ……………… (68)
  第一节 马克思主义生态观 ………………………………………… (68)
    一 人与自然是不可分割、内在统一的辩证关系 ……………… (69)

二　人与自然的关系实质上指向人与人的关系 …………… (72)
　　三　和谐共处意识是解决生态问题的最终归宿 …………… (76)
　　四　"绿水青山就是金山银山"理论是处理生态与经济
　　　　关系的科学论断 ………………………………………… (78)
　第二节　马克思主义伦理观 …………………………………… (80)
　　一　唯物史观是马克思主义伦理观的分析方法 …………… (81)
　　二　阶级视角是马克思主义伦理观的立足根本 …………… (82)
　　三　指导实践是马克思主义伦理观的目标和方向 ………… (84)
　　四　集体主义是马克思主义伦理观的道德原则 …………… (86)
　　五　人民至上是马克思主义伦理观的根本立场 …………… (87)
　第三节　马克思主义发展观 …………………………………… (89)
　　一　生产力的发展是人类社会发展的决定力量 …………… (90)
　　二　人民群众是人类社会发展的主体 ……………………… (92)
　　三　人类社会是一个协调发展的有机体 …………………… (94)
　　四　新发展理念是马克思主义发展观的当代精髓 ………… (96)
　　五　人的自由全面发展是人类社会发展的最高目标 ……… (98)
　本章小结 ………………………………………………………… (99)

第三章　中国特色城镇化生态伦理研究的思想借鉴 ………… (100)
　第一节　中国传统生态伦理思想 ……………………………… (100)
　　一　中国传统生态伦理思想的形成和发展 ………………… (100)
　　二　中国传统生态伦理思想的主要观点 …………………… (107)
　　三　中国传统生态伦理思想的现实启示 …………………… (111)
　第二节　国外生态伦理思想 …………………………………… (113)
　　一　国外生态伦理思想的形成与发展 ……………………… (114)
　　二　国外生态伦理思想的主要观点 ………………………… (119)
　　三　国外生态伦理思想的现实启示 ………………………… (125)
　本章小结 ………………………………………………………… (130)

第四章　中国特色城镇化生态伦理的基本理论 ……………… (131)
　第一节　马克思主义"生态人"思想 ………………………… (131)
　　一　马克思主义"生态人"思想的出场语境 ……………… (132)

二　马克思主义"生态人"思想的科学内涵 …………………（138）
　第二节　科学发展伦理思想 ………………………………………（142）
　　一　发展是第一要义的伦理进步意蕴 …………………………（142）
　　二　以人为本是科学发展的伦理核心 …………………………（143）
　　三　人与自然和谐共生是科学发展的伦理基础 ………………（146）
　　四　实现公平正义是科学发展的伦理实质 ……………………（148）
　第三节　敬畏生命伦理思想 ………………………………………（150）
　　一　敬畏生命伦理思想的形成 …………………………………（151）
　　二　敬畏生命伦理思想的主要内容 ……………………………（155）
　　三　敬畏生命伦理思想对中国特色城镇化的意义 ……………（158）
　本章小结 ……………………………………………………………（162）

第五章　中国特色城镇化生态伦理的理念和原则 …………………（163）
　第一节　中国特色城镇化生态伦理理念和原则的方法论 ………（163）
　　一　以历史唯物主义创设生态伦理理念和原则 ………………（164）
　　二　以唯物辩证法探索生态伦理理念和原则 …………………（167）
　　三　在实践中不断变革生态伦理理念和原则 …………………（169）
　第二节　中国特色城镇化生态伦理的理念 ………………………（172）
　　一　系统整体理念 ………………………………………………（174）
　　二　以人为本理念 ………………………………………………（178）
　　三　敬畏自然理念 ………………………………………………（182）
　　四　和合共生理念 ………………………………………………（185）
　第三节　中国特色城镇化生态伦理应坚持的原则 ………………（190）
　　一　落实绿色环保原则 …………………………………………（190）
　　二　确保宜居宜人原则 …………………………………………（194）
　　三　采用简单节约原则 …………………………………………（198）
　本章小结 ……………………………………………………………（199）

第六章　中国特色城镇化生态伦理的制度与规范 …………………（201）
　第一节　中国特色城镇化生态伦理制度与规范的意义 …………（202）

  一 制度与规范是中国特色城镇化生态伦理的必要组成部分 ……………………………………………………（203）
  二 制度与规范是政治文明在中国特色城镇化生态伦理中的体现 …………………………………………………（204）
 第二节 中国特色城镇化生态伦理的制度发展 ………………（205）
  一 针对公权力机构的制度 ……………………………（206）
  二 以市场经济参与者为责任主体的制度 ……………（212）
  三 以普通公民为责任主体的制度 ……………………（214）
 第三节 中国特色城镇化生态伦理的规范建设 ………………（217）
  一 城镇化绿色地产规范 ………………………………（217）
  二 城镇化绿色农业规范 ………………………………（218）
  三 城镇化生态基础设施建设规范 ……………………（220）
  四 城镇化绿色交通规范 ………………………………（221）
  五 城镇化绿色生活规范 ………………………………（222）
  六 积极发展城镇化绿色金融 …………………………（225）
  七 城镇化绿色医疗健康产业规范 ……………………（228）
 本章小结 ……………………………………………………………（229）

第七章 中国特色城镇化生态伦理信息网络平台模型的创建 ……（230）
 第一节 中国特色城镇化生态伦理信息网络平台创建的现实基础 ………………………………………………（230）
  一 中国特色城镇化生态伦理信息网络平台创建的必要性 …（230）
  二 中国特色城镇化生态伦理信息网络平台创建的可行性 …（234）
 第二节 中国特色城镇化生态伦理信息网络平台创建的目标和原则 ………………………………………………（236）
  一 中国特色城镇化生态伦理信息网络平台创建的指导目标 ………………………………………………（237）
  二 中国特色城镇化生态伦理信息网络平台创建的设计原则 ………………………………………………（237）
 第三节 中国特色城镇化生态伦理信息网络平台的模拟创设 …（238）
  一 中国特色城镇化生态伦理信息网络平台的框架结构 ……（239）

二　中国特色城镇化生态伦理信息网络平台设计的机制
　　　　保障 …………………………………………………………（240）
第四节　中国特色城镇化生态伦理信息网络平台创建的
　　　　生态环境监管体制 ………………………………………（244）
　　一　信息网络平台生态环境监管体制的创建路径 …………（244）
　　二　信息网络平台生态环境监管体制的创建机制 …………（247）
本章小结 …………………………………………………………………（249）

第八章　基于大数据的新型智慧生态城镇建设 ……………………（250）
　第一节　新型智慧生态城镇建设的出场 ………………………（250）
　　一　新型城镇化发展所面临的机遇 …………………………（251）
　　二　新型城镇化发展所面临的挑战 …………………………（253）
　第二节　新型智慧生态城镇建设的基本理念 …………………（254）
　　一　新型智慧生态城镇建设的提出体现以人为核心 ………（254）
　　二　新型智慧生态城镇的建设要求顺应人民共同心愿 ……（257）
　　三　新型智慧生态城镇建设的落实需要人民付诸实践 ……（260）
　　四　新型智慧生态城镇建设最终指向人民美好生活 ………（261）
　第三节　新型智慧生态城镇建设的思维框架 …………………（263）
　　一　系统整体观指导下新型智慧生态城镇的呈现样态 ……（263）
　　二　系统整体观指导新型智慧生态城镇的设计、管理与
　　　　整体发展 ……………………………………………………（266）
　第四节　新型智慧生态城镇建设的发展态势 …………………（271）
　　一　新型智慧生态城镇绿色生态生产方式和生活方式的
　　　　交互作用 ……………………………………………………（271）
　　二　新型智慧生态城镇绿色生态生产方式和生活方式的
　　　　主体保障 ……………………………………………………（273）
　　三　新型智慧生态城镇绿色生态生产方式和生活方式的
　　　　技术保障 ……………………………………………………（276）
本章小结 …………………………………………………………………（281）

结　论 …………………………………………………………（282）

参考文献 …………………………………………………………（285）

后　记 …………………………………………………………（304）

导　论

　　随着时代的发展，中国城镇化迈进了新型城镇化的发展阶段，在这一过程中，需要构建与之同步的生态伦理。习近平指出，"城镇化是现代化的必由之路。推进城镇化是解决农业、农村、农民问题的重要途径，是推动区域协调发展的有力支撑，是扩大内需和促进产业升级的重要抓手，对全面建成小康社会、加快推进社会主义现代化具有重大现实意义和深远历史意义"[①]，并指出要"推动新型工业化、信息化、城镇化、农业现代化同步发展"[②]。当下，我国正处于新型城镇化建设的历史进程中，在这一进程中存在环境损害、生态失衡等一系列生态问题。党的十八大将科学发展观确立为我党的指导思想，并将"生态文明建设"纳入中国特色社会主义事业的总体布局，由"四位一体"发展为"五位一体"；党的十八届五中全会提出"创新、协调、绿色、开放、共享"的新发展理念；党的十九大提出实施乡村振兴战略，并将"美丽"纳入社会主义现代化强国建设的目标之中，强调"为把我国建设成为富强民主文明和谐美丽的社会主义现代化强国而奋斗"[③]。党的二十大提出"推动绿色发展，促进人与自然和谐共生"[④]，强调"必须牢固树立和践行绿水青山就是金

[①]　《十八大以来重要文献选编》（上），中央文献出版社2014年版，第589页。
[②]　习近平：《决胜全面建成小康社会　夺取新时代中国特色社会主义伟大胜利——在中国共产党第十九次全国代表大会上的报告》，人民出版社2017年版，第21—22页。
[③]　习近平：《决胜全面建成小康社会　夺取新时代中国特色社会主义伟大胜利——在中国共产党第十九次全国代表大会上的报告》，人民出版社2017年版，第12页。
[④]　习近平：《高举中国特色社会主义伟大旗帜　为全面建设社会主义现代化国家而团结奋斗——在中国共产党第二十次全国代表大会上的报告》，人民出版社2022年版，第49页。

山银山的理念,站在人与自然和谐共生的高度谋划发展"①。这些重大论断是对中国特色城镇化进程中伴生性问题所进行的理论应答。

全面贯彻落实党中央关于生态与环境的决策部署和指示要求,需要从多个维度综合思考和实践。伦理作为思想的重要方面、制度的基础性依据以及行动的主要指引,一定意义上是中国特色城镇化生态建设理论和实践研究的重要维度。基于此,中国特色城镇化生态伦理研究是一个应答且必答的重要内容和逻辑展开。从当代中国特色城镇化生态伦理建设和相关研究现状出发,深入研究中国特色城镇化生态伦理,对进一步理解和贯彻生态文明建设、绿色发展理念、建设美丽强国等方针战略安排,追寻"人民富裕、国家强盛、中国美丽"②的发展愿景,具有重大的理论价值和实践意义。

一 "中国特色城镇化生态伦理"的界定

本书以"中国特色城镇化生态伦理研究"为论题,旨在对中国特色城镇化过程中所出现的生态问题进行伦理追问,并为今后进一步推进城镇化进程提供伦理指导,即对中国特色城镇化过程中"应该做什么?""应该怎么做?"等基本问题进行反思和追问。有关本书的论题内涵(如什么是中国特色城镇化,什么是中国特色城镇化生态伦理,为什么要建设中国特色城镇化生态伦理,应该如何建设中国特色城镇化生态伦理),下文会逐一说明。

(一)关于"中国特色城镇化"的界定

中国特色城镇化生态伦理,不是泛指的生态伦理学研究,而是特指在具有中国特色的城镇化过程中对生态问题的伦理追问。因而要研究中国特色城镇化生态伦理,首先必须弄清楚中国特色城镇化究竟是什么?中国特色城镇化有何特征?它所引发的生态问题是什么?所有的生态问题是否都与城镇化有关?目前存在的和将来可能出现的生态问题的深层原因是什么?

"城镇化"(urbanization),又可译作"城市化",这一概念最早出现

---

① 习近平:《高举中国特色社会主义伟大旗帜 为全面建设社会主义现代化国家而团结奋斗——在中国共产党第二十次全国代表大会上的报告》,人民出版社2022年版,第50页。

② 习近平:《在庆祝中国共产党成立100周年大会上的讲话》,《人民日报》2021年7月2日第2版。

于西班牙学者 A. Serda 的著作 Basic Theory for Urbanization 中。20 世纪 70 年代，urbanization 一词被引入我国。"《不列颠百科全书》认为，城镇化是人口集中到城市或城市地区的过程，这种过程有两种方式：一是通过城市数量的增加，二是通过每个城市地区人口的增加……《人文地理学词典》认为，城镇化是指一个地区的人口在城镇和城市的相对集中。"① 城镇化是一个综合性的概念，不同的学科对城镇化的理解有所不同。人口学认为，城镇化是农村人口不断向城市迁移、聚集的过程，是城市人口占总人口比重不断上升的过程。地理学认为，城镇化是空间经济社会形态以及空间景观演变的过程。② 社会学认为，城镇化是社会生活方式的主体从乡村向城镇迁移的过程，是人类的价值观念、生活方式、文化教育、宗教信仰等因素的社会演化过程，是社会逐步迈向现代化的过程。③ 经济学认为，城镇化是人口经济活动由乡村转向城市的过程，是生产要素向城市集中的过程，是第一产业向第二产业、第三产业的转化过程。虽然不同学科对城镇化的定义不一样，但研究者普遍认为城镇化是社会经济的转化过程，不仅包括人口流动、地域景观、经济领域、社会文化等诸方面，而且随着经济、社会发展，其内涵也在发生变化。④

中国特色城镇化是指新中国成立之后，伴随着中国社会主义工业化、现代化的历史进程，农村人口不断向城市迁移、聚集，产业结构由第一产业不断向第二产业、第三产业转化的历史进程。2014 年我国政府首次对新型城镇化问题做出了规划，《国家新型城镇化规划（2014—2020 年）》指出："我国城镇化是在人口多、资源相对短缺、生态环境比较脆弱、城乡区域发展不平衡的背景下推进的，这决定了我国必须从社会主义初级阶段这个最大实际出发，遵循城镇化发展规律，走中国特色新型城镇化道路。"⑤ 中国特色城镇化主要有以下特征。

---

① 魏后凯：《中国城镇化——和谐与繁荣之路》，社会科学文献出版社 2014 年版，第 4 页。
② 景普秋：《城镇化概念解析与实践误区》，《学海》2014 年第 5 期。
③ 唐耀华：《城市化概念研究与新定义》，《学术论坛》2013 年第 5 期。
④ 乔文怡、李玏、管卫华等：《2016—2050 年中国城镇化水平预测》，《经济地理》2018 年第 2 期。
⑤ 《国家新型城镇化规划（2014—2020 年）》（国务院公报，2014 年第 9 号），2014 年 3 月 16 日，中国政府网（http://www.gov.cn/gongbao/content/2014/content_2644805.htm）。

1. 中国特色城镇化是坚持社会主义发展方向的城镇化

中国特色城镇化不是西化,不是走向资本主义,而是沿着社会主义方向而发展。因而,中国特色城镇化必然以"人民富裕、国家强盛、中国美丽"① 为价值追求。它的指导思想是马克思列宁主义、毛泽东思想和中国特色社会主义理论体系。中国特色城镇化必须以马克思主义的基本立场、观点和方法来分析和解决其发展过程中所出现的一切问题。

2. 中国特色城镇化与中国的工业化如影随形、密不可分

中国特色城镇化是伴随着中国社会主义工业化、现代化历史进程而形成和发展的。新中国是脱胎于半殖民地半封建的农业大国,它的经济基础是小农经济,随着工业化的不断发展,社会化大生产成为历史的必然。与此相适应,大量的农业人口随着工业聚集转化为城镇人口,城镇的数量和城镇的人口不断呈现上升的趋势。伴随工业化、现代化进程的推进,城镇化水平不断提升。

3. 中国特色城镇化起步晚、发展快

从历史上看,新中国成立之前,我国城镇化水平是比较低的。据美国学者斯金纳的研究数据表明:1843 年我国城镇人口 2070 万,城镇化率为 5.1%(不包括边远地区)。1843—1949 年,我国城镇人口由 2070 万增加到 5765 万,人口城镇化率由 5.10% 增加到 10.64%(参见表 0-1),而当时世界人口城镇化率已超过 28%。② 新中国成立后,我国的城镇化率从 1949 年的 10.64% 快速发展到 2020 年的 63.89%。(参见图 0-1)

表 0-1　　　　　　1843—1949 年中国人口城镇化率③

年份	总人口(万人)	城镇人口(万人)	人口城镇化率(%)
1843	40588	2070	5.10
1893	39167	2350	6.00

---

① 习近平:《在庆祝中国共产党成立 100 周年大会上的讲话》,《人民日报》2021 年 7 月 2 日第 2 版。
② 杨风、陶斯文:《中国城镇化发展的历程、特点与趋势》,《兰州学刊》2010 年第 6 期。
③ 胡顺延、周明祖、水延凯等:《中国城镇化发展战略》,中共中央党校出版社 2002 年版,第 84 页。

续表

年份	总人口（万人）	城镇人口（万人）	人口城镇化率（%）
1936	48300	3415	7.07
1949	54200	5765	10.64

图 0-1　1949—2020 年中国人口构成的变化

数据来源：根据中华人民共和国统计局国家数据（http://data.stats.gov.cn/）及第七次全国人口普查公报（第七号）（http://www.stats.gov.cn/tjsj/tjgb/rkpcgb/qgrkpcgb/202106/t20210628_1818826.html）整理。从1949年至2020年，城镇人口比重不断升高，从10.64%上升至63.89%，乡村人口比重不断下降，从89.36%下降至36.11%，城镇化率不断升高。

4. 中国特色城镇化本质上是人的城镇化和现代化

经济社会的发展与人的发展是辩证统一的关系。中国特色城镇化的推进，也是人的现代化的过程。它既表现为外在的生产生活条件的改善，也表现为人自身思想和行为的城镇化。2016年到2020年，我国从事第三产业的人数不断上升，已经从2016年的43.34%变为2020年的47.70%。（参见图0-2）人们的生活习惯、生活方式也发生了许多改变，直接或间接地改变着人与生态环境的关系。人的城镇化是人的现代化的表现形式之一，中国特色城镇化进程中，人的城镇化进程就是要关注人、服务人、发展人，解决城镇化过程中出现的问题，总结城镇化的经验，更好地满足人民群众的需要，提升人民群众的幸福感、满意度的过程。

由上述分析可以看到，中国特色城镇化虽然起步晚，但是发展速度快，城镇人口比重的变化是较为直观的反映。同时，伴随着城镇化的快速发展，不同程度的环境污染、生态失衡等生态问题逐渐显现。本书将在研究背景与意义的阐述中，对中国特色城镇化进程中出现的生态问题进行详述。

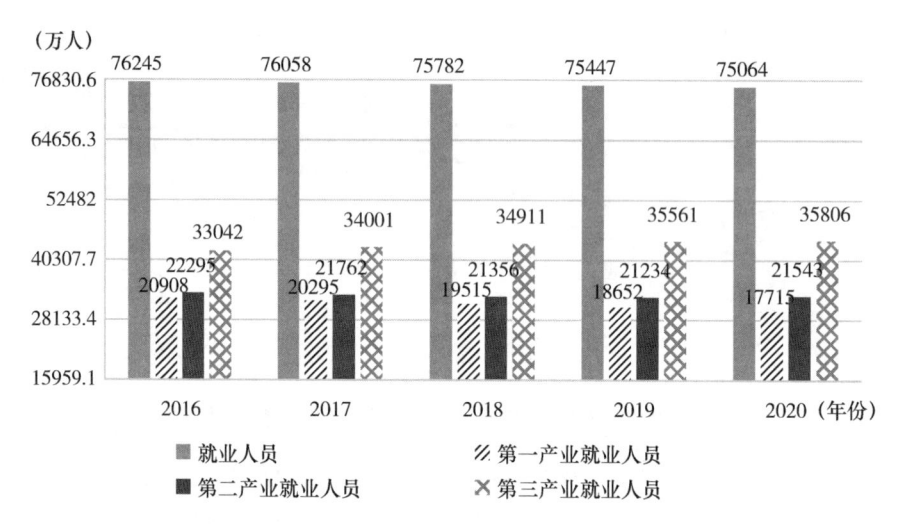

图 0-2 2016—2020 年全国第一、第二、第三产业就业人数的变化

数据来源：根据中华人民共和国统计局国家数据整理，http://data.stats.gov.cn/。

（二）关于"生态伦理"的界定

生态伦理在一般意义上与环境伦理、大地伦理密切相关。生态伦理是生态伦理学的研究对象。国外研究中，西方生态伦理思想萌芽于 18 世纪后期至 19 世纪末，创立于 20 世纪初，发展于 20 世纪 60 年代。基于全球的生态困境、工业社会发展的弊端展露、绿色运动的蓬勃发展，西方生态伦理随之产生、发展。西方对于生态伦理的理解主要集中于两大派别，即人类中心论与非人类中心论，而两者最大的不同集中体现在价值观上。人类中心论的主要观点在于，人类对自然的保护是源于人类对子孙后代生存的关照，并非对自然本身的保护和关怀，主要代表人物有诺顿（B. G. Norton）、默迪（W. H. Murdy）等。诺顿将人类中心论更细化为强人类中心论和弱人类中心论①,他更赞同弱人类中心论。强人类中心论只强调人的欲望满足,无视人类的长远发展和共同利益,其本质透露着浓厚的个人中心主义。弱人类中心论则强调每个人都应该尊重且不损害他人利益,个体还要承担繁衍后代和人类发展的重要责任。默迪则是从进化论角度将人类中心论区分为前达尔文式的人类中心主义、达尔文式的人类中心主义与现代人类中心主义。现代人类中心主义总体上认为,人为中心是理所应当的,在生态问题面前人类进化过程不可避免,而人是具有认识能力的,这就决定了人具有解决生态危机的可能性,人保护自然存在于人保护自身之中。非人类中心论的代表辛格(Peter Singer)、雷根(Tom Regan)、泰勒(Paul W. Taylor)、罗尔斯顿(Holmes Rolston)等,观点集中于生物中心论(biocentrism)、生态中心论(ecocentrism)、动物解放论(animal liberation theory)等。其中,生态中心论更重视生态和谐的整体性,而生物中心论、动物解放论等更倾向关注个体的利益,在方法论上倾向于个体主义。② 追溯生态中心论的理论之源,利奥波德(Aldo Leopold,1887—1948)在《大地伦理学》(*The Land Ethics*)中提到共同体作为伦理关系的基本单位,人只是共同体中的一个基本元素,大地伦理学本质上就是扩大伦理共同体的范围,罗尔斯顿在此基础上进一步发展了大地伦理学,通过确立生态系统的客观价值,为保护生态提供道德依据,提出了整体主义的生态中心论。

国内研究中,朱贻庭主编的《伦理学大辞典》和《伦理学小辞典》均认为生态伦理是:"指人类在关于自然生态环境活动中所形成的伦理关系及其调节原则。"③ 同时,也有学者对生态伦理学的研究对象进行了阐述,如刘湘溶认为:"生态伦理学研究的是人类与自然之间的道德关系而非人类社会内部人与人之间的道德关系,它实现了伦理学由人际道德向自然道德的拓展。"④ 余谋昌还从生态文明建设的角度出发认为,"生态伦

---

① B. G. Norton, "Environmental Ethics and Weak Anthropocentrism", *Enviromental Ethics*, Vol. 6, No. 2, 1984, pp. 131 – 148.

② Zimmerman, M. E., ed., *Environmental Philosophy: From Animal Right to Radical Ecology*, Englewood Cliffs: Prentice-Hall, 1993, pp. 3 – 11.

③ 朱贻庭主编:《伦理学小辞典》,上海辞书出版社2004年版,第272页。

④ 刘湘溶:《生态伦理学》,湖南师范大学出版社1992年版,第1页。

理是生态文明的一个组成部分。它从理论和实践两个方面促进生态文明建设并牢固树立生态文明观念",并认为生态伦理"主张社会物质生产对资源的利用需要付费并计入成本,因而采用绿色的资源利用技术,实行资源节约"①。这实际上是一种绿色生产、绿色生活的思想。崔永和等认为:"环境伦理是迫于生态危机,力图改善人与自然的关系,把人际伦理中的'善'推延到人与自然的关系领域,从而实现人与自然的和谐共生与可持续发展。"② 王云霞认为:"生态伦理是自然伦理和环境伦理的辩证统一。"③ 叶冬娜指出:"'以人为本'不仅是生态伦理的逻辑基点,也是生态文明的自觉实践要求。"④

从这些相关的研究成果和观点看,生态伦理是人类在处理人与自然的关系过程中所形成的促进实现人与自然、人与人、人与社会和谐共生、协调发展的伦理理念、伦理原则、道德规范和行为准则。生态伦理的核心是在遵循自然规律、保护自然资源的基础上实现生态的动态平衡,促进个体和人类社会的进步和发展。在一定意义上,生态伦理是正确处理人与自然、人与人、人与社会关系的思维方式。

(三)关于"中国特色城镇化生态伦理"的界定

中国特色城镇化生态伦理是指符合当代中国具体国情的、在城镇化建设过程中,以马克思列宁主义、毛泽东思想、邓小平理论、"三个代表"重要思想、科学发展观、习近平新时代中国特色社会主义思想为指导,在唯物史观和辩证唯物主义的思维框架中,按照系统整体的思维,正确处理人与自然关系所形成的人与人、人与社会、人与自然的和谐共生,构建以生态人为核心、以科学发展伦理思想和敬畏生命伦理思想为理论框架所形成的生态伦理理念、生态伦理原则、生态伦理制度与生态伦理规范。中国特色城镇化生态伦理具有以下主要特点。

1. 以人为本是中国特色城镇化生态伦理的核心理念

中国特色城镇化本质上是人的城镇化,在城镇化的进程中坚持"以

---

① 余谋昌:《从生态伦理到生态文明》,《马克思主义与现实》2009 年第 2 期。
② 崔永和等:《走向后现代的环境伦理》,人民出版社 2011 年版,第 121 页。
③ 王云霞:《生态伦理的辩证逻辑结构——兼论生态文明的理论基础》,《哈尔滨工业大学学报》(社会科学版) 2017 年第 3 期。
④ 叶冬娜:《以人为本的生态伦理自觉》,《道德与文明》2020 年第 6 期。

人为本""以人民为中心"的理念,才能够真正明确我们在城镇化的进程中什么应该做、什么不应该做,进而以人民群众的根本利益为标尺,衡量城镇化进程中的生态伦理理念与行为。坚持以人为本,才能够依据中国特色城镇化生态伦理,对已经出现的重大问题做出逻辑与行为上的应答,对尚未出现的问题进行规避。中国的城镇化进程方兴未艾,西方在城镇化过程中出现的"先污染、后治理"问题,完全可以通过未雨绸缪的方式在我国城镇化进程中防患于未然,构建符合我国新型城镇化现状的中国特色城镇化生态伦理,并在其指导下推动中国特色新型城镇化进程。

2. 人与自然和谐共生是中国特色城镇化生态伦理的内在要求

中国特色城镇化生态伦理,在本质上指导的是人的行为,即人在中国特色城镇化的进程中进行生产与生活的实践活动时,如何恰当地处理自身与自然的关系,进而实现人与自然的和谐共生。在这一思维框架下,人将会从"政治人""经济人""社会人"向"生态人"转变,树立敬畏生命、绿色发展的观念,以人与自然和谐共生的思维方式指导自身在中国特色城镇化进程中的生产生活实践,建设中国特色城镇化生态伦理的理念、原则、制度、规范。一方面,中国特色城镇化生态伦理研究服务于美丽中国的强国目标;另一方面,社会主义生态文明建设的推进、绿色发展理念的贯彻落实以及美丽中国目标的实现,是在人与自然和谐共生的思维框架内,对中国特色城镇化生态伦理的社会主义方向的指导。中国特色城镇化生态伦理研究,就是要在新型城镇化的进程中,通过对相关伦理理念、伦理原则、道德规范和行为准则的构建,旨在正确处理人与自然关系的过程中,形成人与人、人与社会、人与自然和谐共生、协调发展的关系状态,明确我们在城镇化的进程中应该做什么和应该如何做的问题。习近平指出:"坚持人与自然和谐共生。建设生态文明是中华民族永续发展的千年大计。……形成绿色发展方式和生活方式,坚定走生产发展、生活富裕、生态良好的文明发展道路,建设美丽中国,为人民创造良好生产生活环境,为全球生态安全作出贡献。"[①] 中国特色城

---

① 习近平:《决胜全面建成小康社会 夺取新时代中国特色社会主义伟大胜利——在中国共产党第十九次全国代表大会上的报告》,人民出版社 2017 年版,第 23—24 页。

镇化生态伦理建设，作为生态文明建设布局、绿色发展理念和美丽中国的强国目标的重要内容和逻辑展开，以人与自然和谐相处为内在要求。

3. 人自身的和解是中国特色城镇化生态伦理的价值旨归

中国特色城镇化生态伦理研究就是要在新型城镇化建设、乡村振兴战略实施过程中，以生态伦理指导城镇化的进程，发挥社会主义的制度优势，解决资本主义社会在城镇化过程中想解决又无法解决的问题。社会主义以人的自由全面发展为价值追求，将这一价值渗透到城镇化的进程中，就是要通过中国特色城镇化生态伦理的建设实现人与人、人与社会的渐进和解，构建和谐的人际关系和社会关系。中国特色社会主义城镇化，归根到底是人的城镇化，而人的城镇化的核心在于能否以更加符合人与自然和谐共生的伦理规范的方式进行生产生活。人逐渐在中国特色社会主义新型城镇化进程中成为马克思主义的生态人，明确自身在城镇化进程中的定位，才能逐渐实现人与自身的和解。只有实现人与人、人与社会的和解，才能从根本上实现人与自然的和谐共生，这是社会主义社会的制度优势、价值优势，也是中国特色城镇化生态伦理的重要特征和未来旨向。

综上所述，厘清中国特色城镇化生态伦理的相关内涵和概念，有助于我们沿着正确的方向进行研究。中国特色城镇化生态伦理研究有助于我们对城镇化进程中出现的生态问题，提出具有中国特色的解决方案，同时指导我们对未来可能出现的生态问题做出合理的规避与防范，为推动我国社会主义现代化建设贡献力量。

二 本书的研究方法

本书综合运用历史追溯与现实考问相统一、宏观思维与微观思维相统一、客观事实与主观感受相统一、理性推理与感性需要相统一、实地考察和发展态势相统一以及大数据集成的研究方法，为进一步研究中国特色城镇化生态伦理提供新的思路、注入新的活力，充分体现历史、现实、未来时间维度和新型城镇化建设空间维度的相互交织、相互作用。

（一）历史追溯与现实考问相统一的方法

中国特色城镇化生态伦理研究需要追溯中国城镇化的历史、追溯中外生态伦理发展的历史，同时在中国特定的时空中追寻解答中国城镇化过程中出现的现实问题。因此,历史追溯与现实考问相统一的方法是中国特色城镇化生态伦理研究的基本方法。其一,系统梳理中国特色城镇化发展历程及其引发的生态问题、中国特色城镇化生态伦理研究的出场语境;其二,在前者的基础上,考察和分析中国特色城镇化生态伦理建设的现实问题,系统梳理马克思主义生态思想与中外生态伦理思想,进而对中国特色城镇化生态伦理的现实问题做出逻辑应答,阐述中国特色城镇化生态伦理的理论基础、思想借鉴、主要内容等。

(二) 宏观思维与微观思维相统一的方法

中国特色城镇化生态伦理研究,需要打破以往只关注城镇化的发展,或者只关注生态伦理理论研究的思维局限,进而从经济、政治、文化、社会、生态等宏观方面展开系统思考,并直接衔接微观的、具体的、可操作的层面进行理论研究。因此,宏观思维与微观思维相统一的方法是中国特色城镇化生态伦理研究重要的、且独特创新的方法之一。其一,中国特色城镇化生态伦理的分析论证,必须放在经济建设、政治建设、文化建设、社会建设、生态文明建设"五位一体"总体布局中来思考;其二,中国特色城镇化生态伦理研究的宏观把握,须包含中国特色城镇化生态伦理的理论、理念、原则、制度、规范,并把它作为一个系统整体;其三,所有的研究最终必须落实到具体可操作的规范方面,达到宏观思维与微观思维相统一。

(三) 客观事实与主观感受相统一的方法

中国特色城镇化的快速发展是一个客观事实,它在一定程度上所引发的环境破坏和生态失衡也是一个客观事实。然而,不同人对同一事实的主观感受不尽相同,会受到经济状况、社会地位、受教育程度等多种因素的影响,所以中国特色城镇化所引发的生态问题对人们的影响不尽相同。因而,客观事实与主观感受相统一的方法是中国特色城镇化生态伦理研究的另一独特方法。其一,分析探讨新中国成立以来,尤其是改革开放以来中国特色城镇化引发的环境污染、生态失衡的客观事实;其二,在客观事实的基础上分析中国特色城镇化生态伦理建设存在的现实问题及原因分析;其三,将现实问题与人们对生态问题的主观感受相结合,深度追寻"以人为本"的生态伦理原则、制度和规范,破解现实难题。

（四）理性推理与感性需要相统一的方法

中国特色城镇化生态伦理的主体是人，人是理性与感性的统一体，相应的生态伦理理论、理念、原则、制度、规范应该是这一统一体智慧的呈现。因而，理性推理与感性需要相统一的方法是中国特色城镇化生态伦理研究的重要方法。一是从客观事实出发进行理性推理，立足中国特色城镇化实践总结出其中的内在规律；二是对人的需要的满足进行感性考量，从满足人的现实需要和内心需求出发推进中国特色城镇化生态伦理建设。坚持合规律与合目的相统一，才能使中国特色城镇化生态伦理理论、理念、原则、制度、规范不仅符合自然规律与社会发展规律，而且符合人民日益增长的美好生活需要。

（五）实地考察和发展态势相统一的方法

中国特色城镇化生态伦理研究课题开展以来，城镇化的状况在变化，引发的相关生态问题在变化，需要不断进行实地考察和调研，了解实践过程，把握变化规律。从而同时预测未来可能的发展态势，并在此基础上才能构思、设计、制定出切实可行的中国特色城镇化生态伦理原则、制度和规范。因而，实践考察与发展态势相统一的方法是中国特色城镇化生态伦理研究既脚踏实地、又指向未来的极其重要的研究方法。其一，不断进行实地考察，考察城镇化的实践过程，考察城镇化过程带来的生态问题及其生态伦理问题，同时考察典型地区城镇化进程中生态治理积累的经验；其二，对以上情况进行分析、综合、归纳，进而在宏观上把握推演中国特色城镇化生态伦理建设的未来发展态势。

（六）大数据集成的分析方法

大数据集成的分析方法是中国特色城镇化生态伦理研究的核心方法。不断应用高新技术的成果，尤其是信息技术的成果，对所有数据通过采集、汇总、统计及分析，对中国特色城镇化生态伦理发展过程中出现的问题进行一个良性的循环性的掌握。其一，关于中国特色城镇化进程以及相关的内、外环境污染和生态失衡状况，国家统计局和中华人民共和国环境保护部有大量的数据，需要做动态和静态相结合的统计；其二，根据一些案例、调研，了解人们相关的主观感受；其三，根据相关的数据统计和定量、定性分析，引申出相应的生态伦理原则、制度和具体规范。

三 本书的核心内容

新的时代意味新的征程，新的征程意味新的使命。习近平总书记在党的二十大报告中明确指出："从现在起，中国共产党的中心任务就是团结带领全国各族人民全面建成社会主义现代化强国。"[1] 全面建成社会主义现代化强国，关键是要走好中国式现代化道路，推进好中国式现代化，而现代化的过程又必然包含着城镇化，"城镇化是现代化的必由之路"[2]。时代更迭，我国已迈入新型城镇化的发展阶段。党的十八大以来，我国城镇化建设取得了不凡的成绩，但同时我们还需清醒地看到，我国城镇化过程中的生态问题依然存在，中国特色城镇化生态伦理建设还任重道远。实践创新是理论创新的重要源泉，不断创新的理论反过来进一步指导创新的实践。解决我国新型城镇化生态建设中所面临的矛盾和问题，离不开相关理论研究的不断创新。基于此，本书致力于坚持以马克思主义为指导，立足本国国情、民情特色，尝试构建与中国特色城镇化进程相同步的，包括基本理论、理念、原则、制度、规范等在内的系统性的生态伦理思想体系。

本书第一章，从中国特色城镇化生态伦理建设现状和相关研究现状，以及中国特色城镇化生态伦理研究出场的实践之基三个维度剖析并阐述了中国特色城镇化生态伦理研究的出场语境。从中国特色城镇化生态伦理建设现状来看，改革开放以来，我国在风险和机遇并存的经济社会发展过程中一跃成为世界第二大经济体，城镇化建设进程突飞猛进，取得了非凡的成绩，但也存在一些现实问题。从国内外中国特色城镇化生态伦理建设研究的成果来看，现有研究总体按照人与自然关系张力大小变化的脉络向前发展，尤其在城镇化速度加快的背景下，生态伦理的内容不断丰富，包括城镇化生态伦理的理论研究和中国特色城镇化进程中的成就、问题与对策研究等；但由于人类中心主义与非人类中心主义两大基本立场的对立未能根本消除，生态伦理研究的总体态势仍以抽象理论

---

[1] 习近平：《高举中国特色社会主义伟大旗帜　为全面建设社会主义现代化国家而团结奋斗——在中国共产党第二十次全国代表大会上的报告》，人民出版社2022年版，第21页。

[2] 《十八大以来重要文献选编》（上），中央文献出版社2014年版，第589页。

的形而上层面为主,尤其是对中国特色城镇化生态伦理的宏观体系、中观结构和微观内容尚有较大研究空间。从中国特色城镇化生态伦理研究出场的实践之基来看,我国在推进中国特色社会主义事业过程中所探索和积累的"先规划,再发展"的城镇化、坚持旧城改造与新区开发相结合、从注重发展速度转向注重发展质量以及注重信息技术在城镇化进程中的运用等经验,为中国特色城镇化生态伦理研究的出场奠定了坚实的实践基础。

本书第二章,从生态观、伦理观和发展观三个层面重点梳理和论证了中国特色城镇化生态伦理研究的马克思主义理论基础,搭建起中国特色城镇化生态伦理的基本理论框架。其中,马克思主义生态观主要观照人与自然、人与人、人与自身的内在关系,既对生态问题产生的社会根源给予了回应,又为解决当前和未来可能面临的生态问题提供了思路;马克思主义伦理观从唯物史观这一根本立场出发,指明了人们在对待生态问题上的道德原则和行为准则;马克思主义发展观紧扣人的生存与发展这一鲜明主题,坚持科学的世界观、方法论和价值观的统一,为阐明中国特色城镇化生态伦理的动力、主体、目的与意义提供指导。总体而言,中国化、时代化的马克思主义与马克思主义经典作家的思想既一脉相承,又与时俱进,坚持从不断发展的马克思主义科学理论中汲取中国特色城镇化生态伦理建设的精华,有利于更好地贯彻、落实马克思主义的根本立场、观点与方法,有利于更好地探索解决中国特色城镇化生态伦理建设问题的出路。

本书第三章,坚持运用历史线索和全球视野思维方式,较为全面地分析了中国传统与国外生态伦理中可资借鉴的思想资源。中国特色城镇化生态伦理建设研究不仅要以马克思主义为科学指导思想,还可从中西方文明成果中寻求思想借鉴。本书认为,中国传统生态伦理思想中蕴含的生态道德智慧启示我们在推进中国特色城镇化的过程中,要敬畏自然、尊重自然、参与自然,与自然共生共荣,如此方能达到"天人合一"的至高境界,当然,时代在发展、社会在革新,对于中国传统文化中不合时宜的观点我们也要批判性继承与发展,在"扬弃"中形成适应自身特色的中国生态伦理;阿尔贝特·史怀泽提出的敬畏生命伦理思想中蕴含着认识自然内在价值、把握自然规律、遵守符合自然规律和人类社会发展目的的伦理原则等，这些思想精髓也为中国特色城镇化生态伦理的研究提供了重要思想借鉴。由于中西方具有不同的国情、民情背景，国外的这些生态伦理思想资源对于我国特色城镇化生态伦理研究具有参考价值。对于这些思想资源，我们不能照搬照抄，应该在批判中借鉴吸收、为我所用。知史以明鉴，察古以知今，在经济全球化、文化多元化、社会信息化的新时代背景下，梳理我国传统的生态伦理思想，从历史积累中学习值得传承的理想信念与美好追求，向西方发达国家学习其所探索的精华观念与成功经验，对于中国特色城镇化生态伦理体系的构建而言意义重大。

本书第四章，在分析和阐明中国特色城镇化生态伦理研究出场语境、梳理和论证中国特色城镇化生态伦理研究的马克思主义理论基础、借鉴和吸收中西方文化中相关文明成果之基上，提出以马克思主义"生态人"思想、科学发展伦理思想、敬畏生命伦理思想为内核的中国特色城镇化生态伦理的理论架构。其中，马克思主义"生态人"思想，是紧紧围绕中国特色城镇化生态伦理主体提出的伦理思想，该思想对现代化、城镇化发展进程中人所面临的一系列生存和发展困境进行了深刻的反思，要求正确处理人与自然、人与社会、人与自身的关系。科学发展伦理思想，是中国共产党对社会主义建设规律认识的深化与凝练，该思想分析探讨了发展是第一要义的伦理进步意义，认为以人为本是科学发展的伦理核心、人与自然和谐共生是科学发展的伦理基础、实现公平正义是科学发展的伦理实质。敬畏生命伦理思想，是汲取了马克思主义伦理观、中华优秀传统文化中的敬畏生命思想以及西方敬畏生命观的思想精髓，并结合中国特色城镇化进程这一特殊的背景所形成的伦理思想，该思想以"适度""平衡"为基本原则，科学回应了"应该敬畏谁""应该怎样敬畏生命"以及"敬畏生命的价值旨归"三个主要问题。这些思想为更好地推进中国特色城镇化建设以及更好地解决中国特色城镇化生态伦理建设过程中所遇到的现实问题提供了基本思路。

本书第五章，坚持以历史唯物主义和辩证唯物主义的方法论为指导，提出了以系统整体、以人为本、敬畏自然、和合共生为核心的理念系统和以绿色环保、宜居宜人、简单节约为核心的基本原则，必须全面、细致、深入地理解中国特色城镇化生态伦理的理念和原则，把握其精髓，并以理念、原则来规范和指导新型城镇化实践，努力实现中国特色城镇化发展、人的全面发展和生态文明的进步三者共生共荣、相得益彰。中国特色城镇化生态伦理理念是整个中国特色城镇化生态伦理思想体系的核心，是逻辑起点和价值归宿，基本原则是根据这些理念所做出的行为统领中最有力的部分，基本理念和基本原则相互联系，相辅相成，基本理念统领整个体系，基本原则是基本理念指导下无时不有、无处不在的行动纲领。

本书第六章，从中国特色城镇化生态伦理理念和原则出发，进一步探讨了中国特色城镇化生态伦理制度与规范。中国特色城镇化生态伦理并不是纯思辨的理论，而是为了解决城镇化进程中遇到的生态危机所探索出的理论，中国特色城镇化生态伦理的相关原则与理念最终必然要落到对具体行动的规定上。因此，还必须针对现实提出对于变革世界的具体指导即制度与规范。制度与规范是指导推进新型城镇化建设过程中约束全体成员行为，规定工作程序和方法的各种规章、条例、守则、程序、标准以及办法的总称，既是中国特色城镇化生态伦理的重要组成部分，也是社会主义政治文明在中国特色城镇化生态伦理中的具体体现。本书主张从以生态信息公开制度、自然资源管理相关制度、生态用地规划制度、领导干部生态责任终身追究制等为主要内容的公权力机构的制度；以监管污染物排放制度、生态损害赔偿制度、政府绿色采购法律制度等为主要内容的市场经济参与者为责任主体的制度以及实现从消费主义到生态消费转变的普通公民为责任主体的制度三方面着手构建中国特色城镇化生态伦理制度；主张从绿色地产、绿色农业、绿色基础设施、绿色交通、绿色生活、绿色金融、绿色医疗等人们社会生活的方方面面设定中国特色城镇化生态伦理规范。中国特色城镇化生态伦理的各项制度与规范有机结合、同向发力，方能释放刚柔并济的合力。

本书第七章，从信息科技高速发展的态势出发，结合中国特色城镇化的基本特征，分析探讨了利用高新信息网络技术和信息资源优势推进中国特色城镇化生态伦理建设的必要性和可行性。认为中国特色城镇化生态伦理信息网络平台模型的创建，既符合事物发展的客观规律和前进趋势，也对推动中国特色新型城镇化生态建设的健康永续发展具有积极价值。基于此，本章提出创设以网站首页、平台介绍、理论基础、新闻动态、政策法规、专家声音、经验推广、视频新闻、网上讨论为框架结构的中国特色城镇化生态伦理信息网络平台的构想，并针对这一构想预设了以运用高新信息网络技术和信息资源优势、推动中国特色城镇化生态建设健康发展为主要内容的目标，以及以知识传播和交流互动并重、理论研究和实践指导兼具、通俗易懂与易于操作兼备、政府主导与企业居民有效参与相统一为主体的原则，同时辅之以评估、激励、融资、监管为内核的体制机制保障。随着中国特色城镇化不断深入，以人民为中心的、系统整体的、生态人生活范式的美丽城镇必然在不久的将来得以建立。

本书第八章，创新性地提出了构建新型智慧生态城镇这一概念。新型智慧生态城镇，是指依据中国特色城镇化生态伦理建设的基本理论、理念原则与制度规范构想的中国特色城镇发展方向，在大数据集成背景下探索出的智慧城镇模式与生态城镇模式的一种新的结合范式。新型智慧生态城镇集信息、智慧、生态于一体，不仅追求生活的智能化、现代化与信息化，更追求居民、城镇和生态的和谐发展，其建设基本理念是以人为核心、顺应人民共同心愿、依靠人民付诸实践、指向人民美好生活，在以系统整体观为指导的思维框架下，其生存形态是基于大数据采集、处理和应用的绿色生态的生活方式和生产方式，其核心概念是围绕生活、生产、生态、生命建设美丽城镇。概言之，新型智慧生态城镇的建设目标集中到一点就是在信息化、智能化的技术支持下，通过解决资源紧缺、环境污染等问题，为人们的生存和发展创造一个更加宜居的美丽城镇，从而更好地发挥城镇本身应有的功能，而生态化、美丽化是其构建过程中的应有之义和理性选择。

综上，建设生态美、居住环境美、人际关系美的美丽城镇是中国城镇化建设的内在要求。从发展哲学和发展伦理看，生态伦理作为人类社会发展的重要主题，是人类在处理人与自然的关系过程中所形成的人与自然、人与人、人与社会和谐共生、协调发展的伦理理念、伦理原则、道德规范和行为准则的有机统一。"中国特色城镇化生态伦理"，则是回应新时代呼唤、孕育而来的研究范畴。本书旨在对中国特色城镇化过程中所出现的生态问题进行伦理追问，在揭示城镇化过程中充分发挥人的主体性力量及其发挥限度之辩证关系的基础上，为今后进一步推进中国新型城镇化建设提供生态哲学智慧和生态伦理指导。本书运用历史追溯与现实考问相统一、宏观思维与微观思维相统一、客观事实与主观感受相统一、理性推理与感性需要相统一、实地考察和发展态势相统一以及大数据集成的研究方法，从探究当前中国特色城镇化建设过程中的生态伦理问题、梳理和分析国内外城镇化生态伦理思想资源着手，借鉴国内外生态伦理理论研究成果，形成探讨中国特色城镇化生态伦理的理论框架，即以马克思主义"生态人"思想、科学发展伦理思想、敬畏生命伦理思想为主要内容的理论框架，以此尝试性建构了中国特色城镇化生态伦理的理念、原则、制度与规范，并创造性地提出创建中国特色城镇化生态伦理信息网络平台模型和建设智慧生态城镇，进而为美丽城镇建设打下坚实基础。

四　本书的学术价值

本书的学术价值有以下五点。

（一）构建中国特色城镇化生态伦理体系

追寻城镇化进程中人类的生态哲学智慧，揭示城镇化建设过程中充分发挥人的主体性力量的必要性与这种主体性力量发挥限度之间的辩证关系。从梳理、分析中外城镇化生态伦理思想资源着手，以探究当前中国特色城镇化建设过程中的生态伦理困境为前提，借鉴中外生态伦理理论研究成果，形成探讨中国特色城镇化生态伦理的理论思维框架，即以马克思主义"生态人"思想、科学发展伦理思想、敬畏生命伦理思想为分析探索的理论框架，建构中国特色城镇化生态伦理理念、原则、制度与规范。这一理论思维框架进一步丰富了中国特色城镇化生态伦理思想。

（二）理性论证人的主体性力量的发挥及其限度

随着科学技术的进步，人的主体性力量越来越强大，甚至达到了肆无忌惮的地步，给自然与人类本身带来了灾难性的后果。这种力量必须受到理性的制衡。从马克思主义认识论看，在人的认知水平、认知能力的限度内，更容易发挥人的主体性力量的积极作用。一旦超过人的认知能力，人的主体性力量的过度张扬必然会对自然和人类自身带来灭顶之灾。所以，必须对人的主体性力量加以合理制约。尤其是在城镇化进程中，在中国特色城镇化生态伦理指导下科学、合理地发挥人的主体性是保证城镇化进程中的生态伦理得以遵循的基本前提，在合规律合目的的一定程度内充分发挥人的主体性力量对于美丽城镇建设具有积极价值。

(三) 创设中国特色城镇化生态伦理信息网络平台

充分利用相关高新信息网络技术和信息资源优势，创建中国特色城镇化生态伦理研究的网络平台，为中国特色城镇化生态建设提供伦理维度研究的网络平台，提供理论研究成果交流的网络平台，提供相关宣传和互动交流的网络平台。同时，网络平台基于大数据的运用，在对"生态人"进行研究的过程中，加以监督、评估和纠错，为中国特色城镇化生态伦理研究创建具有正向作用的网络平台，这为进一步解决中国特色城镇化生态伦理问题提供了新的研究思路和实践路径。

(四) 提出创设智慧生态城镇的假设

中国特色城镇化生态伦理研究为实现创建智慧城市贡献力量。在其理念、原则的共同创设下，基于大数据等高新技术的运用，树立以人为本的智慧城市建设的核心理念；搭建系统整体化的智慧城市建设的思维框架；构成以"生态人"为中心的智慧城市建设的生存形态，促使城镇运行更加智能化、技术与生态更加深度融合、城镇产业更加协调发展，形成合目的性与合规律性相统一的开放系统，将城镇建设成美丽、健康、安全、幸福的人间新天堂。这将激活我国社会主义生态建设的活力，使得生态文明建设成为一项重要的惠民工程，绿色发展理念更加深入人心，这是本研究拓展性的实践意义。

(五) 关注城镇化进程中的室内环境污染问题

通常人们所关注的是城镇化进程所带来室外环境的污染、大自然生态系统的破坏等问题，却往往忽视室内环境污染问题。室内生活本身就是我们日常生活的重要组成部分，室内环境的健康直接决定着人们的身体状况。加之当今时代背景下，由行业性质和工作性质所决定，很多职业的从业者，每天在室内的时间超过在室外的时间。随着城镇化进程的加快，伴随农村人口向城镇转移的是人们室内环境的变化。关注室内环境污染问题，是对城镇化进程中人的身体健康状况的关注，是中国特色城镇化生态伦理研究的题中应有之义。本书在研究过程中，对城镇化进程中的室内环境污染问题进行了重点关注,并试图在中国特色城镇化生态伦理体系的建构中、在中国特色城镇化生态伦理信息网络平台创设和智慧生态城镇建设的进程中提出解决这一问题的策略。

第 一 章

中国特色城镇化生态伦理研究的出场语境

针对中国特色城镇化生态伦理相关问题的研究，需要从其出场语境入手。党的十六大报告强调从体制、政策层面保障城镇化的平稳发展。党的十七大报告阐释了中国特色城镇化的具体内涵。党的十八大、十九大报告更是提出城镇化与工业化、信息化、农业现代化同步发展的目标要求。党的二十大报告进一步指出要"推进以人为核心的新型城镇化"[①]。如何规避城镇化过程中可能产生的问题，是中国特色新型城镇化推进工作的重中之重。而生态伦理以人类的进步和发展、保护自然资源、实现生态平衡为目标，与中国特色新型城镇化的目标追求高度契合。通过对中国特色城镇化过程中存在问题的追问与应答，对相关理论研究的追溯与梳理，对现实实践的总结与反思，从而真正探明中国特色城镇化生态伦理建设的现实问题，确立生态伦理建设的理论思维框架、理念和原则、制度和规范。

第一节 中国特色城镇化生态伦理建设的现状

改革开放以来，我国在风险和机遇并存的经济社会发展过程中一跃成为世界第二大经济体，成就可谓举世瞩目。在这样雄厚经济基础的保障下，我国的城镇化水平逐步提高。但是，在经济社会整体发展和城镇

[①] 习近平：《高举中国特色社会主义伟大旗帜 为全面建设社会主义现代化国家而团结奋斗——在中国共产党第二十次全国代表大会上的报告》，人民出版社2022年版，第32页。

化推进过程中也产生了不少矛盾与问题,尤其是生态环境的破坏。隐藏在生态环境破坏背后的则是生态伦理建设效果不佳、生态伦理意识未能深入人心等问题,是采取"先污染后治理"的发展模式还是走"先规划后建设"之路,成为生态伦理建设实践领域与理论研究层面极其重要的关注点。

一 中国特色城镇化建设取得的成就

(一)国内生产总值稳固上升

中国经济社会发展的成就为城镇化的深入推进提供了物质支撑。依据国家统计局有关统计数据,从1978年到2020年,我国的国内生产总值从3678.7亿元增加到1015986.2亿元。人们在改造自然生态环境过程中借助科学技术手段,极大地发挥了自身的主体性力量,为我国深入推进城镇化提供了有力支撑。

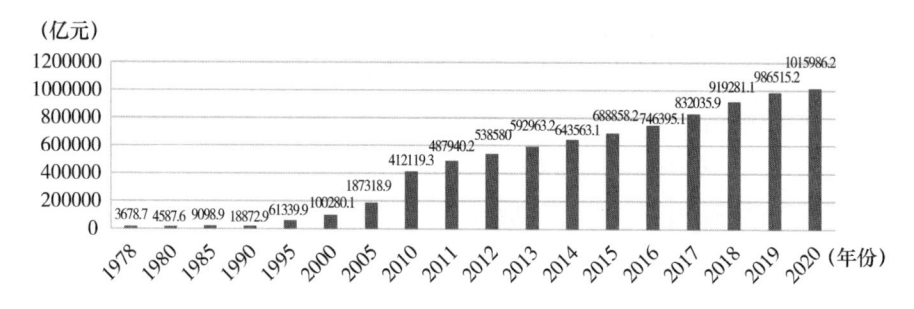

图1-1 1978—2020年国内生产总值

数据来源:年度数据—指标—国民经济核算—国内生产总值,国家统计局网站(http://data.stats.gov.cn/easyquery.htm? cn = C01)。

国内生产总值的快速增长彰显了我国经济社会发展的成效,同时也展示出我国城镇化进程的宏观框架。经济的快速增长使得我国在短短几十年间走过了西方国家几百年所走的道路,正在深刻地改变着当今世界总体格局,并为深入推进城镇化进程提供了强有力的物质保障。

(二)乡镇数量动态变化

近十年来,经济的高速发展为城镇化提供了动力,突出表现在我国乡镇数量的动态变化上。乡的数量由2007年的15468个削减为2020年的8809个,而镇的数量则由2007年的18584个上升2020年的21157个。乡镇数量的动态变化彰显了城镇化推进过程中的成就，为更多农村居民进城定居提供了外部环境保障。

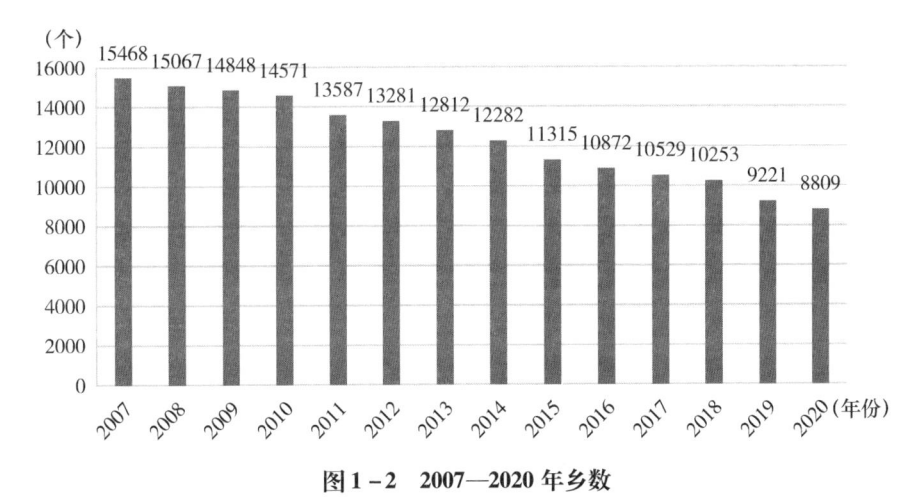

图 1-2　2007—2020 年乡数

数据来源：农业—农村基层组织情况，国家统计局网站（https://data.stats.gov.cn/easyquery.htm?cn=C01&zb=A0301&sj=2019）。

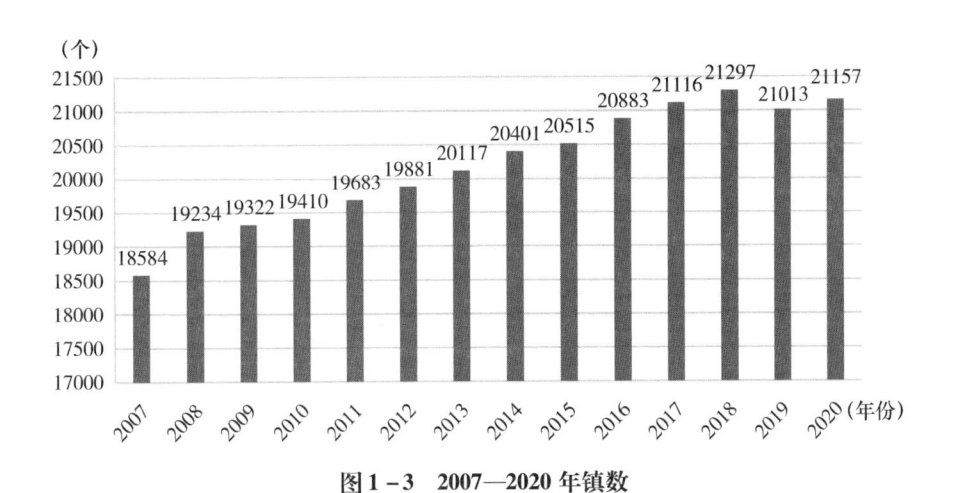

图 1-3　2007—2020 年镇数

数据来源：农业—农村基层组织情况，国家统计局网站（https://data.stats.gov.cn/easyquery.htm?cn=C01&zb=A0301&sj=2019）。

（三）城镇化率不断攀升

2020 年我国城镇人口比重即人口学意义上的城镇化率上升至 63.89%，乡村人口的比重降低至 36.11%。总体而言，我国的城镇化进程处在一个不断发展的良好过程,与发达国家的差距在逐渐缩小。

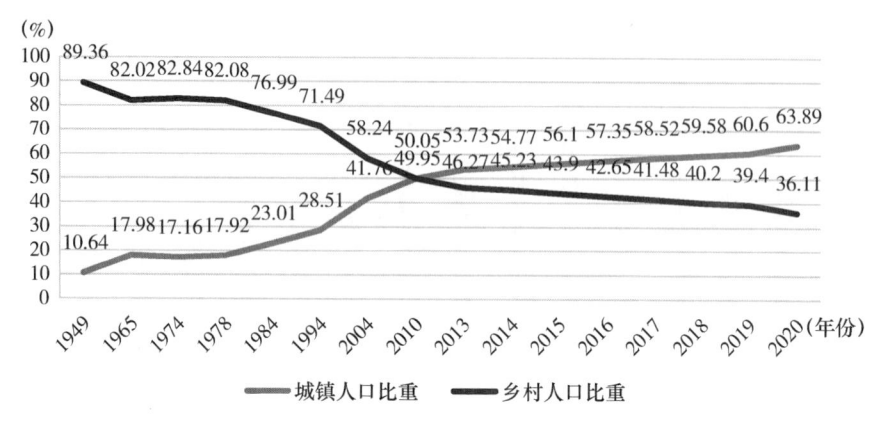

图 1-4 中国人口构成比

数据来源:国家统计局数据(http://data.stats.gov.cn)及第七次全国人口普查公报(第七号)(http://www.stats.gov.cn/tjsj/tjgb/rkpcgb/qgrkpcgb/202106/t20210628_1818826.html)。

二 中国特色城镇化生态伦理建设存在的问题

伴随着改革开放的逐步深化,我国城镇化建设在取得重大成就的同时,土壤污染、水资源污染、空气污染等问题逐步显露。党的十八大以来,在中国共产党坚强的科学领导和全国人民的不懈努力下,我国大刀阔斧地推进全方位、全领域的社会主义现代化建设,生态文明建设成效显著,生态环境状况有了质的改变。当然,我们仍需清醒地看到"资源环境约束趋紧、环境污染等问题突出"[①] 的严峻形势。我国社会主义现代化建设的过程在一定意义上来说也是不断推进中国特色城镇化的过程,因此,这一形势与我国城镇化进程中生态伦理建设不到位有密切关联。总体而言,我国城镇化生态伦理建设中尚存生态伦理理念偏差、原则不彰、制度缺失、行为失范等问题。

(一)中国特色城镇化生态伦理理念偏差

新中国成立以来,中国共产党人在发展理念上有着积极探索:毛泽

---

① 习近平:《高举中国特色社会主义伟大旗帜 为全面建设社会主义现代化国家而团结奋斗——在中国共产党第二十次全国代表大会上的报告》,人民出版社 2022 年版,第 5 页。

东提出了社会主义建设和发展的初步构想;邓小平坚决落实物质、精神两个文明建设;江泽民在两个文明基础上新增政治文明建设;胡锦涛针对现实发展问题提出科学发展观;党的十八大以来以习近平同志为核心的党中央提出"加快生态文明体制改革,建设美丽中国"[1]思想,并将"绿色"作为发展理念之一。这表明,党和政府有关社会发展规律的探寻和对生态文明建设方面的认识和决策在不断发展,生态问题也越来越受到重视。但仍然存在人类改造自然的适度问题、自然价值认知认同问题、人类主体性发挥的边界等问题,主要表现在以下两个方面。

1. 人类主体性发挥的边界不清

人类中心主义认为,人类在与自然的关系中具备不可撼动的无上权威,人类可以为了自身利益,征服自然。但随着人类文明的不断演进,越来越多的人逐渐意识到其自身与自然的关系并不仅仅是单纯的征服与被征服的关系。马克思指出:"人本身是自然界的产物,是在自己所处的环境中并且和这个环境一起发展起来的。"[2]人们为了追寻更高的生活质量,保证人类文明的延续性和永存性,选择与自然发生必要的联系,从自然界获得发展的原料,进而改造自然环境,促进自然的人化过程,自然成了人身体之外的无机的身体。在"自然资源取之不尽用之不竭"观念的支配下,人们毫无节制地开发利用甚至破坏自然,在违背自然规律的状态下发挥自己的主体性力量,将自然资源当作任凭自身主宰的客体,日复一日、年复一年,水资源、空气资源、矿产资源也会变成奢侈品。不可否认,人类确有改造自然、创造价值的能力,但放任人类急功近利盲目地开发自然资源必将招致自然的报复。

生态环境具有一定程度的自我恢复、自我净化能力,但这并不意味着人们可以肆意将污染物交予自然来处理和净化。万事万物皆有度,超过了环境的自净能力,就会导致大面积的环境污染和人们生活秩序的紊乱。"自然环境成了供人类消费的商品,供人类任意掠夺的水果店和珠宝库。"[3]人与自然的关系变成了鲜明的主客体对立,人类作为主体似乎具

---

[1] 《习近平谈治国理政》第3卷,外文出版社2020年版,第39页。
[2] 《马克思恩格斯文集》第9卷,人民出版社2009年版,第38—39页。
[3] 杨萍:《我国生态伦理困境的成因分析及其出路探索》,《知识经济》2014年第16期。

有支配和征服自然的绝对优势，自然变成了人类主观能动性下能够肆意改造利用的客体。在此观念影响下，自然环境价值更多地被削减为狭隘的经济价值，虽可取得短暂的经济发展效应，但长远看来必将损害生态环境的生态价值并破坏人类自身的生存环境。同时，城镇化推进过程中，少数决策管理者为了完成计划性指标，部分企业为了获取巨大的赢利，忽视了自然规律，漠视自然生态环境净化能力和恢复能力的有限性，可再生循环资源的恢复速度与人类利用和破坏的速度比起来非常缓慢，不可再生资源陷入枯竭境地。这给已经处于城镇化和即将实现城镇化的人们以警醒，必须及早准确定位人与自然的关系，节约自然资源，尊重自然生态环境，树立人与自然互为主体的理念，确立自然具有内在价值和权利[1]的思想。

2. 生态价值意识相对不足

人类自原始文明到现代工业文明的发展历程给自然烙上了深刻的人的足迹。随着科学技术的飞跃式发展，人类在处理与自然的关系中具备了更加强大的主体力量，在我国的城镇化建设进程中体现的对象化力量充分显露。价值观念偏差一定程度上是整个城镇化建设陷入生态伦理困境的原因所在，生态伦理学极为看重生态环境的价值。生态伦理观念为人类在共同的价值认同基础上出于维护人与生态和谐目的所得出的道德原则、思想共识。伴随着科技水平的不断提升，我国的城镇化建设在过去较长一段时间中取得了不俗成就，城市化、工业化水平不断提升，大批农业人口转化为城市人口，但随之而来的环境污染问题逐渐显现，部分地区甚至出现生态失衡。透过现象发现本质，其原因是价值观念的偏差，注重城镇化建设过程中生态环境的保护有赖于对自然价值的认同和肯定。

自然价值的定义包括自然资源在内的方方面面，核心是对人类社会生产生活产生积极价值的属性，且这种属性不因时间空间的变换而发生改变。何谓自然资源？"自然资源包括一切具有现实价值和潜在价值的自然因素，不以是否已经被人类所认识、是否被人类开发利用为前提。"[2]

---

[1] 参见陆树程《价值哲学和共同体研究》，苏州大学出版社2019年版，第149、158页。
[2] 冯之浚：《科学发展与生态文明》，《前线》2009年第7期。

因此我们可以说自然资源尚未完全开发，其自身价值亦不能仅仅满足眼前，更要着眼于未来科技进步、生产力水平提高后的发展空间。在前文所述的人与自然的关系上，人为了自身的生存和发展，就需要主动去与自然产生联系、开发自然、改造自然。

在历经种种实践活动后，人们逐步对周遭的自然事物有了更全面的认识，并与自然界建立了良好的关系，自然的价值效应也在人们的心中萌生。然而在工业文明快速推进的过程中，自然价值却遭到了无情扭曲，人们的价值观念表现为人类中心主义指导下的机械自然观。目前部分人错误地认为人是自然的主宰，自然只是任凭人类改造的客体，毫无道德层面的价值可言。人是衡量自然是否具备价值的唯一标尺，人一旦有利益上的需要就可能无限制地向自然索取，这样的自然价值理念认知不足就造成了人对自然的盲目征服和主宰，生态环境最终招致破坏。但自然价值绝不仅仅局限于一般意义上的经济社会发展价值，而是集成了人文价值、科学价值等指向人的全面发展的综合价值范畴。

自然的生态价值是构建中国特色城镇化生态伦理的重要原则标尺。自然是由包含动物、植物、人等在内的无数相互关联要素组成的复杂系统：每一要素对系统来说均具备一定意义上无可替代的价值，即生态价值。自然的生态价值对于维持生态系统稳定具有不可或缺性，其中各内含要素的组合构成了人类生产生活的前提基础。因为这事关我们的存在与发展，故而必须格外强调自然环境的生态价值。在城镇化建设的过程中为了追求建设规模而造成的生态环境要素的破坏都可能导致连锁反应，最终破坏城镇化进程甚至影响生产生活环境。

西方国家也曾遭遇价值危机，工业文明时代的科学技术革命与创新在给人们带来极大便利的同时，也使得人们的生产生活遭到比以往更为严峻的挑战，甚至酿成了惨痛的生态灾难。西方国家的历史教训告诉我们，生态环境危机并不单纯是人口增加引发的，也不是单纯的是政府政策不力招致的，而是随着工业化程度的不断加深、人类自身主体力量越发失控，在对待人与自然关系、定位自然价值上出现偏差，进而导致了人类对生态环境造成的破坏性改造实践脱离人与自然和谐共生的正轨。总的来说，这就是一场有关自然价值认知的悲剧，迫使我们在进行城镇化建设中迫切需要正确认知、认同自然生态环境的价值。

(二) 中国特色城镇化建设的生态伦理原则不彰

在推进中国特色城镇化建设这样一个偌大的人类实践工程中，为了避免生态环境遭到不可逆转的破坏，迫切需要明晰正确的生态伦理原则，致力于构建良好的人与自然关系，打造绿色环保的自然环境，宜居宜人、简单节约和室内室外并重的生产生活环境。我国在推进中国特色城镇化建设的过程中，尚未完全落实以人为本、环境友善、绿色规划原则。

1. 坚持以人为本原则不到位

中国特色城镇化不应当走西方国家先污染后治理的老路，也不应当是工业化推动下简单的造城运动，而是着力推进以人为核心的新型城镇化，最终真正消除城乡二元的对立格局，实现人的城镇化。因此迫切需要贯彻以人为本的原则，着力在宏观层面推进可持续发展战略的落实，促进生态公平正义，保证子孙后代利益，保证人民群众日常生产生活拥有一个安心舒适的环境。但是，在推进中国特色城镇化过程中，坚持以人为本原则不到位的问题依然存在。

生态的可持续发展从整体上而言，就是要实现人与自然的和谐相处，即实现生态环境对人类社会发展需求的可持续供应和人类对生态资源的可持续开发利用。可持续发展理念较早在1980年《世界自然保护方略》中提出，这一理念也被我国列为重要的战略目标。从可持续发展的必要条件来看，我国在城镇化进程中的可持续发展战略的落实仍存在一些问题：从思想文化层面来看，尚存忽略生态环境的价值，忽略人的身心健康等价值的现象；从法律法规的建设层面来看，我国环保法规执行力度不强，对于诸如个人、企业、政府等破坏环境的主体来说，从破坏环境的行为中获益太多，代价太小，惩处力度不够；从经济投入角度来看，在很长一段时间里中国城镇化进程中对于改善生态问题的经济投入相对较少，一些人在利用生态的过程中获得了巨大的利益，却往往不愿意为解决生态问题而付出一定的成本。

2. 推进环境友善原则不得力

中国特色城镇化过程中通过生态伦理的构建达到人与生态环境和谐共生的层面，迫切需要遵循环境友善的原则，主要包括对生态环境的尊重、保护和支持三个层次。然而，我们在这三个方面显然还做得不够。一是对生态环境缺乏足够的尊重。二是对生态环境保护不力。三是对生

3. 实施绿色规划原则不完善

中国特色城镇化生态伦理建设中绿色规划原则也是必不可少的重要原则。中国特色城镇化生态伦理建设过程中出现的绿色规划原则不彰的问题，具体体现在城镇化过程中自然资源的节约和城镇规划的各个方面。

一是需要进一步加强保护自然资源的意识。水、土壤、空气等资源是自然界中使得人类能够实现自身发展的宝贵财富，而自然资源的形成大多周期漫长，或者是属于非再生资源。生产力水平发展的相对不足和人们对于保护自然资源的意识的相对欠缺，导致出现资源利用率低、综合利用率差、过度开采等问题。我国的自然资源具有总量大、分布不均，人均占有量小等特点，因此，资源的节约无论在现有的经济发展态势下，还是在城镇化建设的过程中都具有重要意义。

二是需要制定系统整体的城镇规划。中国特色城镇化一定程度上改变了原先部分农业用地，转变了土地的使用性质、提升了土地的使用效率，促使从事农业活动的农民变为从事工业、服务业的从业人员，促使人口职业结构转变和就业质量、生活质量的全面提升，但也存在绿色规划原则不完善和守卫耕地红线的巨大压力等问题。

（三）中国特色城镇化建设的生态伦理制度有待完善

生态伦理可以规范和约束人与自然、人与社会、人与人这三对关系范畴，通过揭示自然自身具备的价值和人与自然之间的辩证关系来论证人与自然之间的道德价值，并以实现人与自然、人与社会、人与人之间的和谐共生为价值旨归。中国特色城镇化建设的生态伦理不仅指向人们的观念和行为，也体现在制度层面。经过党的十八大以来的努力，我国"生态文明制度体系加快形成"[①]，但就目前来看，中国特色城镇化建设的生态伦理制度仍然有待完善，主要表现在：现行有关生态问题的法律法规与城镇化进程契合度不高、生态责任追究制度不健全、生态环境损害赔偿制度待完善、个人层面的生态伦理制度相对缺乏等。

1. 现行生态法律法规与城镇化进程关联度较低

中国特色城镇化是进行时不是完成时，城镇化的核心内涵随着经济

[①] 《习近平谈治国理政》第3卷，外文出版社2020年版，第5页。

基础的改变而持续深化。所以这就要求我们的法律法规要针对城镇化进程中的变化，及时做出适应性调整。并科学预判城镇化发展中的各种可能性，以高屋建瓴式的预见，实现防患于未然。进行更具预测性、前瞻性的关注、回应甚至高屋建瓴的预见，适时加以完善。因此构建符合中国特色城镇化的生态伦理需要以与城镇化进程关联密切的法律法规作为保障。例如，现如今相关生态伦理制度的制定，尤其是法律法规的制定，要着重体现城镇化推进过程中以人为核心的要求，树立宜居宜人、绿色环保、简单节约的基本理念。因此务必着力推进生态伦理制度建设城镇化属性，以尊重自然、以人为本、科学发展、整体系统、和合共生为建设理念，以宜居宜人、绿色环保、简单节约为原则，制定相应的法律规范。

2. 生态责任追究制度不健全

生态责任追究制度不足，导致许多破坏环境的行为得不到相应的整治，从而进一步助长破坏环境者的侥幸心理、脱罪心理。从客观上来说，环境破坏的行为常常具有过程性和隐蔽性，尤其是一些破坏环境的主体可能会采取诸多手段躲避监测监管，这无疑加剧了追责的难度。但是，追责作为震慑破坏环境行为的最有力手段，也是必不可少的。中国特色城镇化生态伦理是思想支持，而要真正解决城镇化进程中的生态问题，还必然走向现实的制度和规范，尤其是有"牙齿"的制度，一方面要让追责成为相关企业、个人破坏生态环境行为无法逃避的强制惩戒措施，在全社会树立"莫伸手、伸手必被捉"的观念；另一方面进一步巩固和细化追责终身制，让个人、企业和公权力机构为自己破坏环境的行为负责到底，决不姑息。

3. 生态环境损害赔偿制度有待进一步完善

除了追责和惩罚，生态环境损害赔偿制度也是环境保护制度的重要组成部分。生态环境损害赔偿制度属于环境经济政策方面，这类政策中受关注度较高的包括《生态补偿政策》《排污权交易政策》等。其中，生态补偿政策涉及退耕还林还草、水土保持、草原生态保护、矿产资源等方面。虽然已出台的生态政策法规的形式肯定了水土资源、林木资源、草原资源和矿产资源的重要性，但也存在诸如生态补偿费用标准等方面的问题。排污权交易政策出台的本意是"为了规范排污权出让收入管理，建立健全环境资源有偿使用制度,发挥市场机制作用促进污染物减排"①,最终达到保护生态环境的效果,但在现实实践中如何解决其成为排污企业钻政策空子的问题成为执法部门工作的难点。

4. 个人层面的生态伦理制度相对缺乏

在中国特色城镇化建设的过程中,生态保护的法律法规主要指向政府层面和企业层面,以《大气污染防治法》和《环保法》为例,《大气污染防治法》以明确的条款规定了大气污染防治标准和期限达标的规划,着眼于煤炭等能源资源污染、工业污染、机动车船污染、扬尘污染、农业和其他污染等多污染源头来对潜在使得大气环境造成破坏的污染源进行限制。同时《大气污染防治法》也主张通过重点区域的联防联控,来达到明确环保事业的责任主体、统筹协调更好地保护环境的目的。而2014年4月重新修订的《环保法》有"史上最严环保法"之称,对行政执法、污染企业都较之以往更加严格,其中第二十六条规定:"县级以上人民政府应当将环境保护目标完成情况纳入对本级人民政府负有环境保护监督管理职责的部门及其负责人和下级人民政府及其负责人的考核内容"②;第五十九条规定:"企业事业单位和其他生产经营者违法排放污染物,受到罚款处罚,被责令改正,拒不改正的,依法作出处罚决定的行政机关可以自责令改正之日的次日起,按照原处罚数额按日连续处罚。"③政府和企业作为生态伦理行为的监管者和主要实施主体,在践行生态伦理理念、生态伦理原则方面发挥着巨大的作用。随着人们生活水平的提高,个人行为正在对生态和环境产生越来越大的影响,尤其是在消费主义刺激下,各种个人行为也可能对环境造成很大威胁,例如个人对大排量汽车的消费。生态环境的逐步好转和根本改善必须依靠广大人民群众遵守相关法律、积极参与活动来实现。因此,在中国特色城镇化生态伦

---

① 《关于印发〈排污权出让收入管理暂行办法〉的通知》,2015年7月23日,中华人民共和国财政部(http://szs.mof.gov.cn/zhengcefabu/201507/t20150731_1397067.htm)。

② 中华人民共和国环境保护部:《中华人民共和国环境保护法》,2014年4月25日,中国人大网(http://www.npc.gov.cn/npc/c10134/201404/6c982d10b95a47bbb9ccc7a321bdec0f.shtml)。

③ 中华人民共和国环境保护部:《中华人民共和国环境保护法》,2014年4月25日,中国人大网(http://www.npc.gov.cn/npc/c10134/201404/6c982d10b95a47bbb9ccc7a321bdec0f.shtml)。

理制度建设过程中，应从个人层面着手，出台能够全方位覆盖人们生产生活各个领域的生态法律法规，用以规范人的日常行为，让法律法规、内心信念、道德规范形成整体合力，使生态友好的伦理理念融入人们生产生活的各个方面，实现保护生态自然环境的主动自觉。

习近平总书记强调："要妥善解决经济社会发展中一系列突出矛盾和问题，必须密织法律之网、强化法治之力。要把依法治国摆在突出位置，把党和国家工作纳入法治化轨道，坚持在法治轨道上统筹社会力量、平衡社会利益、调节社会关系、规范社会行为，依靠法治解决各种社会矛盾和问题，确保我国社会在深刻变革中既生机勃勃又井然有序。"[①] 中国特色城镇化进程中出现的生态伦理制度缺失问题涉及经济、政治、文化、法律、地方条例、体制机制等方方面面，需要多种方式去解决，最要紧的是，在经济、政治、文化、法律、地方条例以及体制机制各个方面制定制度、法律法规时贯彻、渗透生态伦理原则，广大公民要做的是深入了解上述各方面生态伦理制度的含义、目的、形成过程并明确其定位，培养对自然的责任感，在激励机制作用下使自身得到道德上的满足，进而自觉遵循生态伦理及有关制度法规。政府、群众、其他社会组织集体发挥形成合力，我们有信心，有决心解决好我们面临的生态问题，构建更好更全面发展的生态保护格局，为美丽城镇建设保驾护航。

生态伦理通过对人类在与自然的关系上的种种约束与要求而形成保护生态环境的准则。如果有人破坏规矩，肆意污染环境，将会造成自然生态环境的严重污染，以及更加恶化的人与自然关系。我国关于构建生态伦理的制度和法规都在不断发展和完善之中，国家以明确的条文致力于构建良好的人与环境、人与人之间的关系，已经取得了一定的成果。生态伦理制度建设还在进行中，继续完善现有生态制度、构建完善的中国特色城镇化生态伦理是时下的重要工作。

（四）中国特色城镇化生态伦理行为失范

在推进中国特色城镇化进程中，政府、企业、个人不同程度的生态伦理失范行为使得生态环境遭受影响，因此迫切需要洞察三方的各式失范行为，严明行为规范的意义和目的，构建符合中国特色城镇化进程的

---

① 《习近平总书记系列重要讲话读本》，学习出版社、人民出版社2016年版，第87页。

生态伦理。

1. 生态伦理行为失范之政府层面

在中国特色城镇化生态伦理建设过程中，政府作为制度法规的制定者和生态环境的监管者，自然地成为生态伦理建设的主体。在过去一段历史时期，生态环境事件频发，其原因从政府层面来看，无外乎城镇化规划层面、行政失职监管失范。党的十八大以来，这种现象得到逐步纠正，呈现好转之势，但仍存在以下问题。

从生态环境制度的制定角度来看，规章制度的制定依然存在滞后情况，往往是在出现有关生态环境问题后才会有相应的法律法规出现，用于解决该问题。通常情况下，在相应的法律法规未出现之前，生态环境已遭受较大程度的破坏，并有可能伴随着新的问题产生，出台的法律规章有可能处于不适用的尴尬境地。规章制度的滞后性造成了人们在面对自然环境的破坏时陷于被动状态。

从政府进行城镇化规划角度来看，在推进城镇化过程中过度依赖低成本的资源，进行数量上的扩张，城镇用地规模与农业必要用地矛盾加深；部分城镇盲目注重形成扩散型空间上的扩张，投资兴建大市场、城市地标建筑等，浪费了大量宝贵的土地资源。因此迫切需要各级政府科学制定严格的土地利用规划，做好政府的引领规范作用，有效发挥政府对于城镇规划的宏观作用。

2. 生态伦理行为失范之企业层面

在市场经济条件下，企业是以营利为主要目的的经济组织，运用包含自然资源在内的生产要素为消费者、市场提供产品和服务。故而获取尽可能多的经济利益成了企业的"本能"。正是在这种"本能"的引领下，企业可能利用自然资源甚至不惜以牺牲生态环境为代价进行发展，企业的行为失范，造成了生态伦理困境。

企业进行生产活动无论是对于企业自身盈利还是对于深入推进城镇化进程都是有利的，但将污染物排放至公共环境就是不利于公众、不道德的事情。是什么力量推动着企业铤而走险，不顾法律规定做出这样的行为呢？显然是利益。

马克思、恩格斯指出，上层建筑对经济基础具有能动的反作用，生态伦理作为上层建筑之一，其出现的问题也应然指向经济基础层面。资本具有两面性。改革开放以来，我国实现了经济体制改革，确立中国特色社会主义市场经济体制，着力利用资本的力量发展社会主义，为最终实现共产主义奠定坚实的生产力基础。改革开放以来我国所取得的非凡成就确也体现了资本在调动社会生产积极性、提高社会生产力方面的积极作用。但资本的本性为追求利益，其反映到道德层面上来，就会造成人们盲目地追逐资本剩余价值，被资本牵着鼻子走，容易产生短期行为，损害公众、社会和自然的利益。为了获取利益，企业不顾一切获取巨额经济利益，进而做出有违生态公益的事情，生态伦理困境也随之形成。

3. 生态伦理行为失范之个人层面

中国特色城镇化推进过程中的生态环境问题或者说生态伦理困境，在本质上来说是人与自然、人与人之间关系的异化。人只有按照自然规律办事才能把生态环境维护好，否则只会将生态环境搞得越来越糟。城镇化过程中由于个人层面的生态伦理行为失范使得自然生态环境逐步显现出与人类发展相悖的趋势。这在人们日常生活中衣食住行娱五个方面均有所体现。

从"衣"来看。我国改革开放40余年来，经济发展取得了巨大的成就，对于衣物的消费过程中出现"宁多勿缺"的态势，尤其表现为人们开始欣赏好、追求美。这固然是我们的目标，也是我们的成就，但对美的追求有时候却受到了消费主义的影响，演变成了以"时尚"为名的过度消费。在全国14亿多人口这一庞大基数下，每多一人过度消费，就会带来耗能和污染问题，相反每少一人在衣物上的过度消费，也可以为生态环境保护事业做出贡献。从"食"来看。随着经济的发展，现代人的饮食、就餐选择更加多样，人们不仅讲究要"吃得饱"，还崇尚要"吃得好"，追求高品质的餐饮文化，这一方面说明经济社会的发展为人们提供了更多高品质餐饮的可能性，但另一方面与之相伴的也可能是日益显露的浪费和污染现象。从"住"来看。人们在房屋装修过程中越来越多地使用各种建材，为了精致、奢华不合理使用各种化学材料，造成了资源的浪费及室内室外污染加重。人们在居住和工作中往往存在空调使用不合理的问题，人们为了追求凉爽，往往将空调调至非常低的温度，并连续打开空调。从"行"来看。生活条件的改善使得人们渐渐地由原先的自行车更换为如今的小汽车。小汽车给人们带来了工作生活中的各种便利，但尾气污染却也给环境带来了恶劣影响。从"娱"来看。物质生活的不断提高使人们对于精神生活的需求也不断增加，人们的传统娱乐习惯向现代化娱乐方式转变过程中问题逐步凸显，人们对于穿衣品位、饮食习惯、住房要求、出行方式等有了更高的要求，有时会超出了基本的生活需求，形成攀比盲从的消费理念，造成环境污染和资源浪费的现象发生。近年来大众娱乐习惯的个体化和过度依赖手机、电脑等科技电子产品，人们更多地选择在室内活动，减少了人与人之间面对面的沟通和交流，造成人际关系的疏离，同时跟自然接触太少，缺少了与自然环境的交流，容易造成生态伦理失范的现象。

综上所述，伴随城镇化进程的不断深入推进，政府、企业和人们日常生活中的衣食住行娱等方方面面都存在或多或少的生态伦理行为失范。看似微小的生活方式问题，产生的影响却十分明显。我国作为拥有14亿多人口的发展中国家，如若不能改善上述问题，将对后续城镇化建设、夺取全面建设社会主义现代化国家新胜利造成严重的消极影响。加快以人为核心的中国特色城镇化建设，是发挥社会主义优越性的重要途径，也是我国"第二个百年目标"实现过程中必须达成的目标。

第二节　中国特色城镇化生态伦理建设研究的现状

纵观国内外对城镇化生态伦理及中国特色城镇化的研究成果，生态伦理总体按照人与自然关系张力大小变化的脉络向前发展，尤其在城镇化速度加快的背景下，生态伦理的内容不断丰富。宏观把握生态伦理尤其是城镇化进程中的生态伦理的动态变化过程，有利于构建与中国特色新型城镇化进程相同步的生态伦理，指导中国特色新型城镇化进程的生产与生活实践活动。国内外关于城镇化生态伦理的研究与探索，可从理论与实践两个层面进行梳理。

一　中国特色城镇化生态伦理建设研究取得的成果

（一）国内外关于城镇化生态伦理的理论研究与探索

城镇化进程中的生态问题，其所涉及的伦理学基本理论主要有两个方面：一是发展伦理学的相关理论，即关于发展过程中处理人与自然关系的发展伦理相关理论；二是生态伦理学的相关理论，即关于人与自然关系伦理论争为核心问题的伦理学相关理论。

1. 与城镇化进程中生态问题相关的发展伦理学理论研究成果

国外的城镇化生态伦理的研究成果主要有人口爆炸理论、宇宙飞船理论、增长极限论、敬畏生命理论、生态足迹理论和可持续发展理论等。国内的相关理论主要有科学发展理论、生态文明建设论、绿色发展理念、美丽中国理论等。

（1）国外城镇化生态伦理建设的理论依据

资本主义国家的城镇化进程最初通常是以自然资源的高消耗为代价而实现的，随之而来的是城市化率的快速提高，也伴随着环境的破坏与生态的恶化。20世纪50年代前后，美国等发达资本主义国家相继出现逆城市化现象。德尼·古莱在《发展伦理学》一书中指出，"大部分人类活动的规模宏大。城市规模、机构规模、工厂规模以及刺激感官的大量声色形象，使人类处于量的差别产生质的变化的关键程度"①，并将其作为独特的现代情况之一催生发展伦理学的出现。城镇化进程的不断推进必然推动城市规模和人类活动规模的扩大，如何在这个过程中实现人与自然的和谐发展是应对城镇化生态问题必须思考的问题。因而，在城镇化的进程中形成了关于人与自然关系、人与人关系、自然承载力等问题的深入思考，并形成了成熟的理论体系。这些理论对中国特色城镇化生态伦理建设具有重要的参考价值。

国外城镇化生态伦理建设主要理论依据：其一，人口爆炸理论，第二次世界大战结束以后，以美国学者保罗·艾利希为代表的西方学者提出了一种对未来人口发展的悲观主义观点。20世纪60年代末，艾利希在其所著的《人口爆炸》一书中，"把世界人口（尤其是亚非拉地区人口）增长比做随时可爆炸的炸弹，认为由于人口炸弹隐患存在，人类必遭涂炭"②。尽管人口爆炸论的预言相继破产，但是该理论为在城市化发展过

---

① [美]德尼·古莱：《发展伦理学》，高铦、温平、李继红译，社会科学文献出版社2003年版，第24—25页。

② 侯文若：《当代西方人口理论述评》，《未来与发展》1987年第2期。

程中考虑城市可承受的人口数量与特定数量的资源和环境的合理关系提供了理论参考。我们可以认为，在城市可承受的范围内推进中国特色城镇化，是中国特色城镇化生态伦理研究应考虑的一个方面。

其二，宇宙飞船理论。在宇宙飞船之中，人类所排放的废弃物可以经过一定的技术处理转换为乘客的生活必需品，形成一个良性循环的生态系统。肯尼斯·博尔丁受此启发，他认为地球在浩瀚无边的宇宙中，如同一艘飞船，飞船的资源和空间是有限的，如果地球上经济与人口仍然处于不断的增长之中，那么，船内有限的资源将会被消耗殆尽。不仅如此，在人类社会发展的过程中，随着人口的增长和经济的发展，人们向"飞船"中所排放的污染物、废弃物也会越来越多，而飞船的空间与承载能力有限，这些废弃物与污染物终究会给"飞船内的乘客"的生存带来威胁，飞船也将因难以正常运转而坠落，人类社会也随之陷入崩溃。如果想要避免地球这艘宇宙飞船陷入崩溃，人类作为地球上资源量消耗最大的群体，需要在地球的承载能力陷入极限之前，建立一个良性循环的生态系统，这一生态系统需要做到资源的循环利用，使得人们在消耗资源的同时，也能循环利用资源，最大限度减少对生态系统的破坏。"宇宙飞船经济理论"是循环经济的基础，也是循环经济的思想源头。为了避免这种悲剧，必须改变现行经济增长方式，从"消耗型"改为"生态型"，从"开环式"转为"闭环式"。宇宙飞船理论的提出，将人与自然的关系，从征服者与被征服者的关系转变为平等的、互为命运共同体的关系，人们需要合理利用有限的"宇宙飞船"空间，建立生态的理念。从城镇化生态伦理的视域看，这种空间结构的有限性思想具有重要的借鉴意义。

其三，增长极限论。1972年，唐奈勒·梅多斯等学者发表了《增长的极限》，第一次提出了人类增长极限的观点，对人类社会不断追求增长的发展模式提出了质疑和警告。他们指出，人口的几何级数增长对生态的破坏具有不可逆性，最终将使整个人类世界陷入"增长的陷阱"中。人类要超越增长的极限，实现生态的良性发展，必须实现生态治理由"末端治理"到"清洁生产"再到"工业生态学"的转变。《增长的极限》是在西方第三次环境保护运动兴起的背景下发表的，该报告认识到了当时人类社会面临的巨大困境，并通过一系列的量化分析，得出了相关结论。尽管一些学者认为,增长的极限这一理论带有浓厚的悲观主义色彩,但是这一理论揭示了经济发展对生态环境的影响,在城镇化生态伦理研究过程中考量城镇化人口数量和城市面积比例的辩证关系时具有重要的理论和实践意义。

其四,敬畏生命理论。史怀泽在1963年指导编写的《敬畏生命:50年来的基本论述》一书中,表达了一切生命都是神圣平等的思想。"敬畏生命"思想表达的是对于自然界其他生物的生命权利的尊重。"那时我们必须在1公里多宽的河中沿着一个岛向前行驶。在沙滩的左边,4只河马和它们的幼崽也在向前游动。这时,在极度疲乏和沮丧的我的脑海里,突然出现了一个概念:'敬畏生命'。"[①] "敬畏生命"的生态伦理思想,将一切生命看作是神圣的,尊重自然界的所有生命。史怀泽认为,完备的伦理学应该是敬畏生命的。在我国城镇化进程中,也会出现威胁其他生物生命权利的行为,这也是正确处理人与自然关系的重要方面,如何解决这些问题,需要借鉴"敬畏生命"的生态伦理思想。

其五,生态足迹理论。"生态足迹"又称"适当的承载力""生态占用",最早由加拿大生态经济学家里斯提出,是测量人类经济社会可持续发展的重要方法。"里斯曾将生态足迹形象地比喻为'一只负载着人类与所创造的城市、工厂……的巨脚踏在地球上留下的脚印',这也就是生态足迹思维和概念的起源。此后在其学生瓦克纳格尔的研究和发展下,生态足迹定义进一步完善,被看做是一种资源账户。"[②] 生态足迹理论,是对人类社会能否实现可持续发展的测量,其起源、发展与完善,是在里斯及其学生瓦克纳格尔的努力下完成的。从定义上而言,生态足迹是一种可操作的生态定量方法;从本质上而言,生态足迹是对生态系统能否实现可持续发展的思考,为人类社会可持续发展策略的制定提供依据。中国特色城镇化进程离不开对生态足迹理论的应用,生态足迹对未来中国城镇化的发展具有借鉴意义。

---

① [法] 阿尔贝特·史怀泽:《敬畏生命:50年来的基本论述》,陈泽环译,上海社会科学院出版社1992年版,第7—8页。

② Wackernagel M., Lewan L., "Evaluating the Use of Natural Capital witll the Ecological Footprint", *Ambio*, Vol. 28, No. 7, 1999, pp. 604–612. 参见谭伟文、文礼章、仝宝生、沈佐锐、高觅《生态足迹理论综述与应用展望》,《生态经济》2012年第6期。

其六，可持续发展理论。1980年，国际自然保护联盟（IUCN）、联合国环境规划署（UNEP）以及世界自然基金会（WWF）三大国际性组织在发表的《世界自然资源保护纲要》一书中，首先提出了生物资源保护利用的可持续发展理念。随后，旨在探索治理全球性生态危机的世界环境与发展委员会（WCED）于1983年成立。1987年，该组织向联合国提交了一份名为《我们共同的未来》的报告（又称《布鲁特兰德报告》），明确提出了"可持续发展"的社会发展理念，强调人类与自然、当代与未来要协调发展。2002年，在南非约翰内斯堡召开的联合国可持续发展大会通过了《可持续发展执行计划》和《约翰内斯堡政治宣言》，明确了发展仍是人类共同的主题，并进一步提出经济、社会、环境是可持续发展不可或缺的三大支柱，提出了水、能源、健康、农业和生物多样性等实现可持续发展的五大优先领域。可持续发展理论是城镇化生态伦理研究的重要理论基础。

此外，国外生态伦理理论还包括自然资源保护、生态位、大地伦理、循环使用地球资源、地球是有机生命体、地球资源有限、追求生态平等、环境与经济相协调等众多思想与理论，对中国特色城镇化生态伦理研究也具有一定的参考价值。

（2）国内城镇化生态伦理研究的理论依据

相对西方而言，我国工业化、城镇化起步较晚。自新中国成立至今，城镇化的速度在快慢交替中趋向稳定，质量不断提高，但在这一过程中也出现了一系列的生态环境问题，国内学者通过学习、借鉴、扬弃西方生态伦理思想，对我国城镇化进程中的生态伦理进行了研究。纵观我国城镇化发展过程，仍能清楚地看到西方国家城镇化进程的轨迹，这是一种"人类凭借着一种求生的本能和盲目追求挥霍物质财富的无限欲望，不顾后果地向自然界索取物质财富，以资源和环境为代价换取自己的每一点'进步'"[1]的发展轨迹。刘福森指出，发展伦理学的基本问题是"能""应当"的问题。[2] 在我国的城市化进程中，也应充分借鉴发展伦理学的基本问题，处理好"我们能做的就是应当做的吗？"这一发展难

---

[1] 刘福森：《论发展伦理学——可持续发展观的伦理支点》，《江海学刊》2002年第6期。
[2] 刘福森：《发展伦理学的两个基本理论问题》，《哲学动态》1996年第4期。

题，处理好人与自然的发展关系。

国内与城镇化生态问题相关的发展伦理学理论主要有：其一，科学发展理论。"科学发展观，第一要义是发展，核心是以人为本，基本要求是全面协调可持续，根本方法是统筹兼顾。"① 科学发展观是对毛泽东、邓小平、江泽民关于科学发展论述的继承和发展，它为中国城镇化生态建设指明了方向，尤其是作为科学发展的根本方法，统筹兼顾中关于统筹城乡发展的基本内容为探索新型城镇化道路奠定了理论基础。习近平总书记在党的十九大报告中指出，"发展必须是科学发展"②，一定意义上，科学发展理论是对国外的城镇化生态建设理论的扬弃，是城镇化生态伦理研究的指导思想。李程骅认为在科学发展观的指导下，我国城镇化进程"不仅要在城乡规划、基础设施建设、公共服务一体化等方面实现突破，更要高度重视推动城乡产业互融发展，彻底打破城乡经济二元结构，促进公共资源在城乡之间均衡配置，实现生产要素在城乡之间自由流动，从整体上优化城乡产业布局"③。这是科学发展观指导下走新型城镇化道路的内在要求。同时，熊小林指出："城镇化是经济发展的必然趋势，是解决'三农'问题、破除城乡二元结构的根本出路，是统筹城乡发展的重要方面和必由路径。"④ 在科学发展理论的指导下，城镇化的推进对实施乡村振兴战略、推进新型城镇化建设具有重要意义。黄卫认为，新型城镇化本质上就是要提高城乡发展质量。"新型城镇化，从根本上讲，是要紧紧围绕提高城镇化发展质量，坚持以人为核心，以提高城镇人口素质和居民生活质量为目标……全面提升城乡发展质量和水平。"⑤ 孙全胜则认为："中国城市化不能重复欧美模式，必须节约资源……注重集约发展，建设低碳社区和低碳新城，走循序渐进的生态发展道路。"⑥

---

① 《十七大以来重要文献选编》（上），中央文献出版社2009年版，第11—12页。

② 习近平：《决胜全面建成小康社会　夺取新时代中国特色社会主义伟大胜利——在中国共产党第十九次全国代表大会上的报告》，人民出版社2017年版，第21页。

③ 李程骅：《科学发展观指导下的新型城镇化战略》，《求是》2012年第14期。

④ 熊小林：《统筹城乡发展：调整城乡利益格局的交点、难点及城镇化路径——"中国城乡统筹发展：现状与展望研讨会暨第五届中国经济论坛"综述》，《中国农村经济》2010年第11期。

⑤ 黄卫：《创新规划模式　推进新疆新型城镇化科学发展》，《城市规划》2016年第5期。

⑥ 孙全胜：《中国城市化道路的独特模式和科学发展战略》，《改革与战略》2018年第6期。

由此可见，研究和探索我国城镇化发展道路也是实现统筹城乡发展，贯彻落实科学发展理论、走生态发展道路的路径选择。

其二，生态文明建设论。生态文明建设是中国特色社会主义总体布局的重要组成部分，国内学者的研究主要从五大文明建设角度阐述了人与自然和谐发展的历史必然性和重大意义。陈宇光特别指出生态文明建设在城市化背景下的重要意义："作为对过去传统的以建筑和视觉为中心的城市发展模式的反对，一个以'生态城市'、'山水城市'为符号特征的城市'生态化'浪潮已经生成，在城市化进程中人文与生态的耦合、人与自然协调发展成为历史的必然。"[1] 将生态文明建设融入我国的城镇化建设过程必将成为国家和人民的自觉选择。2012年，党的十八大将"生态文明建设"作为中国特色社会主义"五位一体"总体布局的重要组成部分，2014年，中共中央、国务院发布《国家新型城镇化规划（2014—2020年）》，强调要"把生态文明理念全面融入城镇化进程"[2]，自此，学界关于城镇化进程与生态文明建设的研究更加深入。周跃辉等指出："将生态文明理念融入经济建设包括城镇化建设全过程，是我国当前资源和环境约束强化提出的迫切要求，也是中央提出'走新型城镇化道路'的内在要求。"[3] 包双叶强调："新型城镇化是生态文明建设的重要载体和发展背景，而生态文明建设是新型城镇化的重要保障和内生动力。"[4] 面对当前我国城镇化建设中生态文明建设的缺失，聂英芝等认为生态文明建设与城镇化发展相互融合的过程中还存在一定的制约因素，主要包括"生态文明的思维方式尚未形成"，"生态文明的生产方式有待推广"，"生态文明的生活方式亟需建立"[5]。杨卫军认为："要破解我国在新型城镇化进程中出现的问题，需要生态文明理念的指导。只有将生态文明融入到新型

---

[1] 陈宇光主编：《生态文明建设概论》，南京大学出版社2010年版，第21页。

[2] 中共中央、国务院：《国家新型城镇化规划（2014—2020年）》，2014年3月16日，中华人民共和国中央人民政府网（http://www.gov.cn/zhengce/2014-03/16/content_2640075.htm）。

[3] 周跃辉、全津：《生态文明：我国新型城镇化建设的内在要求》，《中共贵州省委党校学报》2014年第2期。

[4] 包双叶：《论新型城镇化与生态文明建设的协同发展》，《求实》2014年第8期。

[5] 聂英芝、梁俊卿：《探析生态文明建设与城镇化发展融合的制约因素》，《中国人口·资源与环境》2014年第11期。

城镇化的过程中,才能使新型城镇化沿健康方向发展,实现工业化、信息化、城镇化和农业现代化协调发展。"① 可见,生态文明建设对破解我国城镇化进程中的问题具有重要意义。同时,李瑞等强调,"人口城镇化对生态文明建设具有促进效应,产业城镇化和空间城镇化不利于生态文明建设"②。黄承梁指出:"由于我国仍然处于工业化、城镇化、农业现代化历史进程中,污染物新增量依然处于高位,控增量、去存量任务十分艰巨。"③ 因而,妥善处理好相关制约因素的影响,是实现生态文明建设与城镇化发展相互融合的重要突破口。

其三,绿色发展理念。《国家新型城镇化规划（2014—2020年）》强调,要在新型城镇化的过程中"着力推进绿色发展、循环发展、低碳发展"④,"绿色发展理念"作为指导中国特色社会主义事业发展的新发展理念之一,对中国特色新型城镇化进程的推进具有重要意义。习近平在党的十九大报告中指出,"必须坚定不移贯彻创新、协调、绿色、开放、共享的发展理念"⑤,要"形成绿色发展方式和生活方式"⑥。在城镇化的过程中,形成绿色的生产方式和生活方式,恰恰是中国特色城镇化生态伦理的规范性要求。刘湘溶等认为:"绿色发展理念具有多重的内涵……这些理念的生态伦理意蕴丰富而深刻,无不闪烁出生态伦理智慧的光芒。"⑦ 从生态伦理的视角解读绿色发展理念,有利于实现两者的交融。魏后凯等则对绿色发展与城镇化之间的关系进行了分析,认为要"全面

---

① 杨卫军:《新型城镇化进程中生态文明建设面临的困境与突破路径》,《理论月刊》2015年第7期。

② 李瑞、刘婷、张跃胜:《多维视域下城镇化对生态文明建设的影响》,《城市问题》2018年第4期。

③ 黄承梁:《中国共产党领导新中国70年生态文明建设历程》,《党的文献》2019年第5期。

④ 中共中央、国务院:《国家新型城镇化规划（2014—2020年）》,2014年3月16日,中华人民共和国中央人民政府网（http://www.gov.cn/zhengce/2014 - 03/16/content_2640075.htm）。

⑤ 习近平:《决胜全面建成小康社会 夺取新时代中国特色社会主义伟大胜利——在中国共产党第十九次全国代表大会上的报告》,人民出版社2017年版,第21页。

⑥ 习近平:《决胜全面建成小康社会 夺取新时代中国特色社会主义伟大胜利——在中国共产党第十九次全国代表大会上的报告》,人民出版社2017年版,第24页。

⑦ 刘湘溶、曾晚生:《绿色发展理念的生态伦理意蕴》,《伦理学研究》2018年第3期。

推进我国城镇化的绿色转型，切实走一条城镇集约开发与绿色发展相结合……'资源节约、低碳减排、环境友好、经济高效'的绿色城镇化道路"[1]。推动城镇化的绿色转型，既是新型城镇化的实践路径，也是将绿色发展理念渗透到城镇化全过程的路径选择。辜胜阻等学者认为，"新时代推进绿色城镇化是实现绿色发展的重要抓手"[2]，新时代实现城镇化的绿色发展，应"完善绿色技术与绿色金融服务体系，加快传统产业绿色改造、壮大绿色新兴产业，实现城镇产业发展绿色化；大力开发和应用绿色能源，稳步推广绿色建筑，促进绿色交通发展，推动城镇'硬件'低碳化；优化城镇规划建设，促进城镇空间布局集约化、建设管理精细化；构建政府为主导、企业为主体、社会组织和公众共同参与的生态环境治理体系，确保城镇生态环境治理科学化高效化"[3]。李钰指出："我国农村劳动力的转移和城镇化的快速发展提出了生态平衡与经济发展统一适应的问题。"[4] 在绿色发展理念深入践行的背景下，对城镇化提出了更高、更详细的标准与要求。因而，中国特色城镇化生态伦理的构建，既要对绿色发展理念的相关要求做出应答，又要在实践中切实推动新型城镇化向绿色方向转型。

其四，美丽中国理论。党的十九大报告，将"美丽"纳入社会主义现代化强国的目标，即建设"富强民主文明和谐美丽"[5] 的社会主义现代化强国。"美丽中国"目标的实现，需要无数个细微、可操作的目标来予以支撑，新型城镇化是其中一个重要的子目标。习近平总书记"绿水青山就是金山银山"[6] 理论彰显了生态与经济的关系，"良好生态环境是最

---

[1] 魏后凯、张燕：《全面推进中国城镇化绿色转型的思路与举措》，《经济纵横》2011年第9期。

[2] 辜胜阻、李行、吴华君：《新时代推进绿色城镇化发展的战略思考》，《北京工商大学学报》（社会科学版）2018年第4期。

[3] 辜胜阻、李行、吴华君：《新时代推进绿色城镇化发展的战略思考》，《北京工商大学学报》（社会科学版）2018年第4期。

[4] 李钰：《新时代我国生态文明建设的作用、创新及特色发展》，《重庆社会科学》2019年第9期。

[5] 《习近平谈治国理政》第3卷，外文出版社2020年版，第10页。

[6] 习近平：《高举中国特色社会主义伟大旗帜 为全面建设社会主义现代化国家而团结奋斗——在中国共产党第二十次全国代表大会上的报告》，人民出版社2022年版，第50页。

普惠的民生福祉"① 的"福祉论"体现了社会民生对生态文明的要求，"用最严格制度最严密法治"② 的"制度论"彰显了政治与生态的关系，而"推动形成绿色发展方式和生活方式"③ 是发展观的一场深刻革命。"革命论""山水林田湖草是生命共同体"④ 的"共同体论"以及"从系统工程和全局角度寻求新的治理之道"⑤ 的"工程论"，则是从"五位一体"的整体角度强调生态文明建设对其他四个文明建设的重要意义。这些关于美丽中国的论述，是推进城镇化的过程中需要达成的目标。黄渊基等认为："'美丽乡村'是城市化进程中文明寻根的必然产物，是农村重建的内在要求，标志着城乡一体化进入到了以城带乡的新阶段。"⑥ 这意味着，美丽乡村建设是在城镇化的过程中追寻美丽中国目标的要求。建设美丽乡村，是社会主义新农村、乡村振兴、新型城镇化的重要抓手，也是实现美丽中国目标的必由之路。中国特色城镇化生态伦理研究，以美丽强国为目标追求，旨在强调城镇化进程中"应该做"的问题。

发展伦理是人类对自身发展和社会发展的一种哲学反思，它从哲学伦理的角度对人类发展过程中的一些基本问题，诸如发展目标与发展模式的伦理意蕴、人类主体性力量的应然与实然、发展的公平正义、人与自然的关系等问题进行了反思，使得人类对发展的基本规律有了更加深刻的认知。但目前的研究对具体的城镇化生态伦理思考相对不足，有待进一步深入研究。

2. 与城镇化生态问题相关的生态伦理学理论研究成果

生态伦理学产生于20世纪40年代到60年代的西方世界，它是当时西方人在日益严重的环境危机中对人与自然关系进行反思的结果。到20世纪80年代末期，我国学者开始正式引进和研究西方生态伦理思想。张

---

① 《习近平谈治国理政》第3卷，外文出版社2020年版，第362页。
② 《习近平谈治国理政》第3卷，外文出版社2020年版，第363页。
③ 《习近平谈治国理政》第2卷，外文出版社2017年版，第395页。
④ 《习近平谈治国理政》第3卷，外文出版社2020年版，第363页。
⑤ 《习近平谈治国理政》第3卷，外文出版社2020年版，第363页。
⑥ 黄渊基、匡立波：《城市化进程中的"美丽乡村"建设研究——基于城乡一体化视角的分析》，《湖南社会科学》2017年第6期。

云飞的《生态伦理学研究进展》与叶平的《人与自然》以及刘湘溶的《生态伦理学》是较早介绍和研究西方生态伦理思想的著作和文献,从此,国内学界开始了对生态伦理比较系统完整的研究。

国内外对于生态伦理的理论研究主要涉及西方生态伦理思想、中国传统文化中的生态思想以及马克思自然观中蕴含的生态伦理思想等方面。西方生态伦理思想中对生态伦理学的概念或者说研究对象主要有两种不同观点。一种是关系说,代表人物德斯查丁斯,他认为生态伦理学是"系统而全面地说明和论证人与自然环境之间的道德关系的学说"①;一种是义务说,代表人物霍尔姆斯·罗尔斯顿,他在《环境伦理学》一书中说道:"从终极的意义上说,环境伦理学既不是关于资源使用的伦理学,也不是关于利益和代价以及它们的公正分配的伦理学……孤立地看,这些问题都属于一种使环境从属于人的利益的伦理学。在这种伦理学看来,环境是工具性的和辅助性的,尽管它同时也是根本的必要的。只有当人们不只是提出对自然的审慎利用、而是提出对它的恰当的尊重和义务问题时,人们才会接近自然主义意义上的原发型(primary)环境伦理学。"②而刘湘溶在《生态伦理学》一书中对生态伦理的定义是:"生态伦理学研究的是人类与自然之间的道德关系而非人类社会内部人与人之间的道德关系,它实现了伦理学由人际道德向自然道德的拓展。"③这一概述,旨在将生态伦理定位到人与自然之间的关系上,强调人与自然的平等性。

(1)就生态伦理思想的内涵而言:其一,西方生态伦理思想,主要有两大派系,一是人类中心主义,其主要观点是"人是大自然中唯一具有内在价值的存在物,环境道德的唯一相关因素是人的利益"④;二是非人类中心主义,包括"动物解放权利论""生物中心论""生态中心论"

---

① 何怀宏主编:《生态伦理——精神资源与哲学基础》,河北大学出版社2002年版,第292页。
② [美]霍尔姆斯·罗尔斯顿:《环境伦理学》,杨通进译,许广明校,中国社会科学出版社2000年版,第1—2页。
③ 刘湘溶:《生态伦理学》,湖南师范大学出版社1992年版,第1页。
④ 何怀宏主编:《生态伦理——精神资源与哲学基础》,河北大学出版社2002年版,第337页。

等，目前占主流的生态中心论，主要强调"自然之间相互联系相互依存的关系，把物种和生态系统这类非实体的'整体'视为道德关怀的对象"[1]，它将道德义务的对象扩大到了整个生态系统。在此基础上，有学者提出了"生命共同体"的观点，认为"人类的道德义务对象不仅包括社会共同体中的人类成员，它还包括非人类的所有生命成员，包括人类和所有非人类生命成员组成的更大的生命共同体整体"[2]，是在利奥波德提出的"生物共同体"这一概念的基础上做出的补充。

其二，中国传统文化中蕴含的生态伦理思想，具有中国传统哲学所特有的生态智慧。如赵春福等学者研究"道法自然"的道家生态伦理思想，其主要观点是"天人合一""自然无为"，认为人应顺应自然规律的发展，不能恣意妄为[3]；何怀宏从"行为规范""支持精神""相关思想"三个方面对中国古代儒家的生态伦理思想进行分析和阐述，认为儒家所主张的规范可概括为"时禁"，且提出了限度和节欲的观念和"不为己甚"的态度等思想；张有才等人认为佛教的"缘起论""依正论""无情有性"等是生态伦理学的道德哲学基础，并将佛教生态伦理的基本内容概括为"慈悲平等、珍爱自然、戒杀护生、节欲惜福和净心净土"等[4]。学者刘福森在《中国人应该有自己的生态伦理学》一文中强调："民族文化是伦理的基础，不同的民族文化有不同的伦理。要构建中国自己的生态伦理学，就必须超越西方文化的人与自然二元对立的思维定势，还必须以中国文化的'中道'精神取代西方文化的两极对立思维方式……将生态伦理学建立在中国哲学'境界论'的基础上。"[5] 国内学者也纷纷对中国传统的儒家、道家和佛教思想中蕴含的丰富的生态伦理思想加以分

---

[1] 曾建平：《自然之思：西方生态伦理思想探究》，中国社会科学出版社 2004 年版，第 52 页。

[2] 佘正荣：《生命共同体：生态伦理学的基础范畴》，《南京林业大学学报》（人文社会科学版）2006 年第 1 期。

[3] 赵春福、鄢爱红：《道法自然与环境保护——道家生态伦理及其现代意义》，《齐鲁学刊》2001 年第 2 期。

[4] 张有才：《论佛教生态伦理的层次结构》，《东南大学学报》（哲学社会科学版）2010 年第 2 期。

[5] 刘福森：《中国人应该有自己的生态伦理学》，《吉林大学社会科学学报》2011 年第 11 期。

析总结。例如:"道教用道法自然、以无用之用阐释了对自然规律的尊重和万物的价值,并形成了寡欲节用的消费观及贵生戒杀的伦理规范;儒家思想的天人合一、民胞物与、应时而中及圣王之制等思想反映出其生态伦理的精神旨归、文化关怀、行为规范和资源立法等;佛教以众生平等作为其核心价值,并用依正不二来确立生态责任,追求圆融无碍的终极目标。"[①] 这些思想彰显了中国底蕴和中国特色。

其三,马克思主义自然观中蕴含的生态伦理思想,主要强调人与自然关系的辩证统一,认为"人是自然界的一部分"[②],"人对自然的关系直接就是人对人的关系,正像人对人的关系直接就是人对自然的关系"[③],因此有学者在此基础上得出结论,"解决人与自然的矛盾与解决人与人的矛盾必须同时进行"[④]。追求人与人、人与自然的两大和解,是马克思主义自然观的重要内容,人与人的和解、人与自然的和解,相互作用相互影响,处于相互交融、同时推进的状态。在城镇化的过程中,以马克思主义自然观中蕴含的生态伦理思想为指导,既是中国特色社会主义事业实施过程中的必然选择,又是我们"两大和解"的内在要求。朱进东和王艳从辩证唯物主义和历史唯物主义角度阐述了马克思、恩格斯的生态伦理思想,认为其生态伦理观既着重于对资本主义的异化批判,也着重于揭露生态危机的资本主义制度根源。[⑤] 司春燕认为,马克思、恩格斯生态伦理观的理论基点是人类中心主义,核心是人类平等的生态权,而在资本主义制度下,不同主体之间生态权利不平等,利益群体间缺乏公平博弈的平台并达成共识,弱势群体的生态权往往被无形剥夺。[⑥] 可以看出,国内学者对马克思主义生态伦理思想持肯定态度,以此批判资本主义制度和生产方式下展露的各种弊端。

---

① 邵鹏、安启念:《中国传统文化中的生态伦理思想及其当代启示》,《理论月刊》2014年第4期。

② 《马克思恩格斯文集》第1卷,人民出版社2009年版,第161页。

③ 《马克思恩格斯文集》第1卷,人民出版社2009年版,第184页。

④ 曾建平:《自然之思:西方生态伦理思想探究》,中国社会科学出版社2004年版,第289页。

⑤ 朱进东、王艳:《论马克思恩格斯生态伦理观的基本内容与当代价值》,《理论探讨》2011年第5期。

⑥ 司春燕:《论马克思恩格斯的生态伦理观》,《桂海论丛》2014年第2期。

（2）生态伦理学的基本问题就是人类中心主义与非人类中心主义关于自然权利与自然内在价值问题的争论。就国外生态伦理研究而言，霍尔姆斯·罗尔斯顿认为，主张自然内在价值与自然权利的非人类中心主义生态伦理是跨越人际伦理的边界迈向种际伦理，是一种"全新的伦理学"，它"既是激进的也是革命的"。① 而阿尔贝特·史怀泽把这种全新的伦理精神称之为"敬畏生命"② 的情怀。日本的环境伦理思想家岩佐茂认为："自然的'固有价值'可以说是康德所说的不应把人格的人性作为手段而应作为目的来理解这一观点普遍地应用于自然的结果。"③ 20世纪80年代以后，受后现代主义影响，西方生态伦理学的发展出现了一些新的变化，产生了深生态学、社会生态学、生态女性主义等新的理论流派。"它们的共同特点是，从价值观念、思维方式和社会制度等层面去探寻环境问题的原因，并试图通过发起各种形式的环境保护运动，以便从根本上扭转这种局面。"④ 但是有学者对此持反对意见，认为这种超越人际的生态伦理是不可能的，也是不必要的。帕斯莫尔在考察人对自然的态度时选择了"保全"和"有责任的支配"，两者在"本质上是从人的利益出发的，在这个意义上，他仍然是人类中心主义"⑤。弗兰克纳也说："我们需要的并不是某种新伦理学，而是一种新的'道德手段'（moral rearmament）……问题并不出在伦理学，而是由于我们未能按伦理学的要求去生活。"⑥ 由此可见，人类中心主义与非人类中心主义之间的争论一直存在并不断延续，这是国外生态伦理思想形成过程中的一大特色。

国内对于生态伦理的研究基本上继承了这种格局，即在人类中心论与非人类中心论之间展开论争，而这一论争的焦点之一就是自然是否具

---

① ［美］霍尔姆斯·罗尔斯顿：《环境伦理学》，杨通进译，许广明校，中国社会科学出版社2000年版，序言第3页。

② ［法］阿尔贝特·史怀泽：《敬畏生命：50年来的基本论述》，陈泽环译，上海社会科学院出版社1992年版，第8页。

③ ［日］岩佐茂：《环境的思想：环境保护与马克思主义的结合处》，韩立新等译，中央编译出版社1997年版，第103页。

④ 徐雅芬：《西方生态伦理学研究的回溯与展望》，《国外社会科学》2009年第3期。

⑤ 韩立新：《论人对自然义务的伦理根据》，《上海师范大学学报》（哲学社会科学版）2005年第3期。

⑥ ［美］W. F. 弗兰克纳：《伦理学与环境》，《哲学译丛》1994年第5期。

有内在价值。刘湘溶认为自然权利与自然内在价值相结合,"构成了自然道德的基础,离开了这一基础,自然道德就无法建立"①。余谋昌主张:"生物和自然界有权利,因为它具有内在价值。"② 自然具有内在价值,则从逻辑上可以推出自然具有权利,这便构成了非人类中心主义的基本观点。但是另外一方面,很多学者反对这种伦理立场,傅华认为权利"作为一个社会法律关系或道德关系范畴,……存在于人类社会具有法律关系和道德关系的生活领域,不存在于非人类自然界的动物生活领域和植物生活领域"③。林兵认为:"内在价值论者所主张的生态价值、自然界的价值实际上指的是生态事实、自然界的实在性,而不是价值性……生态伦理学混淆了'是'与'应当'的逻辑悖论。……生态伦理学的理论失误就在于把事实与价值等同起来,而没有意识到二者不是等价的。"④ 刘福森也持这种观点并认为这是非人类中心论所面临的主要的理论困境。⑤ 杨建玫则通过对乔伊斯·卡罗尔·欧茨小说中的生态伦理思想进行研究,认为应走出人类中心主义的藩篱。苑银和从环境正义的法学理论基础入手对主流观点进行评判,认为环境正义的实现应以环境义务为本位,遵循普遍义务和共同但有区别责任原则以及能者多劳原则,在国内及国际间公平平等地分配义务和责任而非主张环境权。这种论争延绵不断。由此可见,国内外生态伦理研究的核心问题就是人与自然关系的伦理性质问题,在这个问题上产生了人类中心论与非人类中心论的对立,并由此衍生出一系列生态伦理学基本问题。这些生态伦理学的基本问题也恰恰是城镇化进程中最需要妥善处理的问题。

(二) 中国特色城镇化进程中的成就、问题与对策研究

中国特色城镇化发展进程研究,其所涉及的内容主要包含三个方面:一是中国特色城镇化进程中取得的成就;二是中国特色城镇化进程中存在的问题;三是针对中国特色城镇化进程中存在的问题所提出的对策

---

① 刘湘溶:《生态伦理学》,湖南师范大学出版社1992年版,第69页。
② 余谋昌:《生态伦理学——从理论走向实践》,首都师范大学出版社1999年版,第81页。
③ [美] W. F. 傅华:《生态伦理学探究》,华夏出版社2002年版,第226页。
④ 林兵:《从生态伦理到实践伦理》,《吉林大学社会科学学报》1998年第3期。
⑤ 刘福森:《自然中心主义生态伦理观的理论困境》,《中国社会科学》1997年第3期。

建议。

1. 改革开放以来，中国城镇化飞速发展，取得了一定的成就

主要表现在：其一，城镇化水平的提高。我国城镇化水平的提高，不仅仅表现在城镇数量的迅猛增长上，近几年，也逐渐由注重城镇数量的增加向注重城镇质量的转变，并使得部分地区的城镇化水平总体得到提升。同时，人口向城镇的集聚和城市空间的扩大，在一定程度上促进了城镇地区的产业升级，整合了城市和农村地区的经济和社会发展。近年来，中国第二、第三产业的发展迅速，并且第三产业占GDP的比重处于稳健增长的态势。从2016年到2020年，第三产业增加值占国内生产总值的比重从52.4%增加到54.5%（参见图1-5），远远超过了第二产业所占比重。[①] 城市群逐渐成为城镇化建设的主体形态。城市群的发展战略能有效实现资源的优化配置，增强北上广等特大城市或省会城市作为核心城市的经济辐射功能和带动功能。

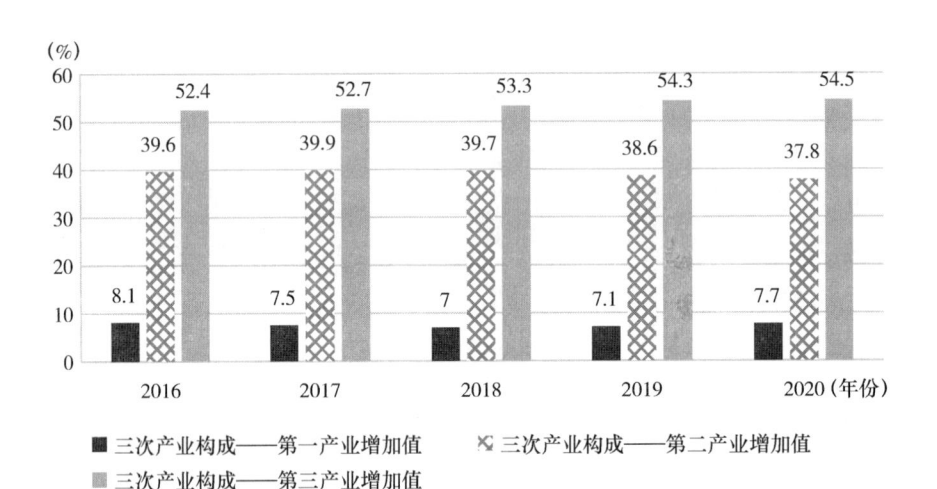

图1-5 2016—2020年三次产业增加值占国内生产总值比重

数据来源：国家统计局网站。

其二，重大技术成果与理论成果的取得。自2006年《国家中长期科

---

① 《中华人民共和国2020年国民经济和社会发展统计公报》，2021年2月28日，国家统计局网站（http://www.stats.gov.cn/tjsj/zxfb/202102/t20210227_1814154.html）。

学和技术发展规划纲要（2006—2020）》颁布以来，取得了一批与城镇化相关的重大技术成果。城镇区域规划的技术创新和集成能力迅速提高，促进了规划覆盖范围的不断扩大，全国大部分地区的城镇和人口空间布局得到优化；"城市轨道交通建设和地下空间开发利用技术取得重大突破"；"污水处理技术和垃圾无害化处理技术水平大幅提升"[1]。自2014年实施《国家新型城镇化规划（2014—2020年）》以来，国内学术界对新型城镇化也进行了深入的探索和研究。北京大学中国生态城镇化建设研究课题组组长袁成达致力于研究"生态城镇化"，他指出："生态城镇化是在实现自然生态系统良性循环的前提下，以生态经济体系为核心，以实现社会可持续发展为目的，使城镇经济、社会、生态效益实现最佳结果。具体到实践中是指坚持以人为本，以生态产业化为动力，以因地制宜，优势互补，统筹兼顾，相辅相成为原则，以生态文明建设为主体，推进大中小城市和农村小城镇的生态化、集群化、现代化的发展，全面提升城镇化的质量和水平，走科学发展、集约高效、功能完善、环境友好、社会和谐、个性鲜明、城乡一体、大中小城市和小城镇协调发展的生态文明城镇之路。"[2] 生态城镇化的核心就是将生态文明建设思想融入并指导我国的城镇化建设，进而使城市打破原有含义，发展成为人与自然和谐相处的有机生态系统。陈肖飞等则"提出了树立资源节约型的城乡统筹理念、确立健康城市化的城乡统筹方向、从区域空间角度认识城乡统筹问题、着力解决城乡统筹的土地问题等观点，并指出了新型城镇化背景下城乡统筹主要优化方向：优化重点区域发展、优化空间布局形态、优化集群产业结构、优化发展美好环境、优化市场导向机制"[3]。李子联等学者认为："新型城镇化的推进是促进区域协调发展的重要举措。"[4]

---

[1] 王孟迪：《我国"十二五"城镇化与城市发展领域科技创新取得阶段性成果》，《专题报道》2013年第6期。

[2] 北京大学政府研究管理中心：《中国生态城镇化建设研究课题》（2013年7月23日），2016年6月1日，北京大学政府研究管理中心网（http://www.gmc.pku.edu.cn/urbanization/html/zw/20130723/2.html）。

[3] 陈肖飞、姚士谋、张落成：《新型城镇化背景下中国城乡统筹的理论与实践问题》，《地理科学》2016年第2期。

[4] 李子联、崔苧心、谈镇：《新型城镇化与区域协调发展：机理、问题与路径》，《中共中央党校学报》2018年第1期。

更多学者逐步关注生态城镇化发展进程中出现的困境,有针对性地提出解决的步骤,诸如"制定统筹全局的生态城镇发展规划,重视生态中、小城镇的建设;深化对生态城镇内涵的认识,大力发展循环经济;建立社会公众参与生态城镇建设的机制;构建促进生态城镇化的法律制度体系;以科技创新支撑生态城镇建设"[1] 等。随着城镇化的不断推进,学者们对新型城镇化的研究逐步深入,城乡统筹理念、以新型城镇化促进区域协调发展的理念,值得我们在建设中国特色城镇化生态伦理的过程中予以借鉴。

其三,顶层设计上对城镇化进程的重视。随着我国城镇化进程的不断推进,环境破坏和生态恶化使得早期人与自然基本和谐的状态被打破,人与自然的关系呈现矛盾甚至冲突的状态。在这样的发展态势下,党中央积极探索和深化对我国城镇化进程的理性认识和科学定位。党的十六大报告首次提出要"走中国特色的城镇化道路"[2],党的十七大报告将中国特色城镇化道路补充完善为是一条"按照统筹城乡、布局合理、节约土地、功能完善、以大带小的原则,促进大中小城市和小城镇协调发展"[3] 的道路。在此基础上,党的十八届三中全会鲜明指出要"坚持走中国特色新型城镇化道路"[4],党的十九大报告指出,要"推动新型工业化、信息化、城镇化、农业现代化同步发展"[5],并提出要"实施乡村振兴战略。农业农村农民问题是关系国计民生的根本性问题,必须始终把解决好'三农'问题作为全党工作重中之重。要坚持农业农村优先发展,按照产业兴旺、生态宜居、乡风文明、治理有效、生活富裕的总要求,建立健全城乡融合发展体制机制和政策体系,加快推进农业农村现代化"[6]。党的二十大报告指出:"深入实施区域协调发展战略、区域重大战略、主体功能区战略、新型城镇化战略,优化重大生产力布局,构建优势互补、

---

[1] 邓大松、黄清峰:《中国生态城镇化的现状评估与战略选择》,《环境保护》2013 年第 5 期。

[2] 《十六大以来重要文献选编》(上),中央文献出版社 2005 年版,第 18 页。

[3] 《十七大以来重要文献选编》(上),中央文献出版社 2009 年版,第 19 页。

[4] 《十八大以来重要文献选编》(上),中央文献出版社 2014 年版,第 524 页。

[5] 习近平:《决胜全面建成小康社会 夺取新时代中国特色社会主义伟大胜利——在中国共产党第十九次全国代表大会上的报告》,人民出版社 2017 年版,第 21—22 页。

[6] 《十九大以来重要文献选编》(上),中央文献出版社 2019 年版,第 22—23 页。

高质量发展的区域经济布局和国土空间体系。"① 中国特色新型城镇化发展道路、乡村振兴战略的提出是党中央在辩证否定传统发展模式的基础上，基于当前我国特定的现实国情和社会条件对城镇化发展的新定义。这一新定义，为我国加快推进新型城镇化建设，实现人与自然的和谐相处提供了重要的指导思想。习近平在"中央城镇化工作会议"上，将"以人为本""优化布局""生态文明""传承文化"②作为我国城镇化建设的基本原则，并在党的十九大报告中将"美丽"作为强国标准，党的二十大报告提出要"加快发展方式绿色转型"③。由此可见，在城镇化建设中融入生态文明、绿色发展、美丽中国等理念和原则已经成为时代发展的必然趋势。

2. 目前，在中国城镇化的进程中涌现出一系列问题，制约着城镇化的进一步发展

主要有以下几方面：

其一，土地资源利用不合理问题。首先，土地城镇化和人口城镇化严重失调。部分城市侧重土地急速扩张，致使土地城镇化速度远远快于人口城镇化速度，许多城市郊区化泛滥，许多单位大量占用土地，开发区、大学城大量涌现。④ 其次，"土地市场供不应求与土地资源浪费严重并存，土地瓶颈制约逐渐加剧"⑤。部分地方政府盲目采用大规模投放土地的单一手段来推动城镇化的发展，土地资源开发利用极不合理，土地利用率过低，导致土地资源的严重浪费，空间资源的整合度、紧凑度、共享度较低。

其二，"半城镇化""半融入"问题。我国目前的城镇化是一种不完全的城镇化，即农村人口向城市人口转移的过程中并未实现完全的融入和市民化。"大量进城务工的农民工、郊区就地转化的农转非居民以及城

---

① 习近平：《高举中国特色社会主义伟大旗帜　为全面建设社会主义现代化国家而团结奋斗——在中国共产党第二十次全国代表大会上的报告》，人民出版社2022年版，第31—32页。
② 《十八大以来重要文献选编》（上），中央文献出版社2014年版，第592页。
③ 习近平：《高举中国特色社会主义伟大旗帜　为全面建设社会主义现代化国家而团结奋斗——在中国共产党第二十次全国代表大会上的报告》，人民出版社2022年版，第50页。
④ 姚士谋等：《中国新型城镇化理论与实践问题》，《地理科学》2014年第6期。
⑤ 辜胜阻：《城镇化要从"要素驱动"走向"创新驱动"》，《人口研究》2012年第6期。

镇扩区后存在的大量农民，虽然常住在城镇地区，并被统计为城镇居民，但他们并没有真正融入城市"①，在劳动报酬、子女就学、社会保障以及住房购买等许多方面仍然不能与城镇居民享受同等待遇。"'进城农民'与'城里人'之间的不平等，会促使原来农村与城市的老二元结构转化为城镇内部户籍居民与流动人口的新二元分割，从而阻滞城镇化过程中的社会融合。"② 同时，这种人口城镇化滞后于人口非农化的现象，使城乡二元结构向城镇内部二元结构转变，城镇居民之间的文化鸿沟依然存在，也不利于产业结构的优化升级。

其三，城镇化的地区差异问题。中国的城镇化水平具有明显的地区差异特征。"根据一般经验，在人口密度较高的地区，相应的城镇化水平较高。人口密度较高，人均耕地面积少，有限的土地不能提供足够的生活资料，他们有更强的压力和动力从事工业生产和服务业。城镇发达的工业和第三产业，给城镇居民提供了较高的收入，这又促使乡村人口大规模向城镇转移。"③ 东部地区城市密集，城镇化水平普遍较高，以长三角、珠三角地区和环渤海地带为主。而中西部地区城镇化明显滞后于东部地区，且差距呈现扩大趋势。张跃胜运用锡尔指数和基尼系数分析方法对中国 30 个省级行政区的城镇化水平进行了测度。结果显示："中国城镇化水平总体上呈现东高西低的空间格局；区域间的差距对中国城镇化区域差异的形成贡献最大，区域内的差距对此的贡献较小；对中国城镇化区域差异影响较大的因素依次为基础设施、居民生活质量、信息服务、科教文卫和社会保障等要素。"④ 区域之间城镇化水平的差异由历史、地理、政治、经济、文化等多重因素造成，在中国特色城镇化生态伦理研究的过程中应总体把握这种差异。

其四，城镇体系不合理问题。中国城镇规模结构两极化倾向突出，

---

① 魏后凯：《中国城镇化——和谐与繁荣之路》，社会科学文献出版社 2014 年版，第 26 页。
② 陈云松、张翼：《城镇化的不平等效应与社会融合》，《中国社会科学》2015 年第 6 期。
③ 马孝先：《中国城镇化的关键影响因素及其效应分析》，《中国人口资源与环境》2014 年第 12 期。
④ 张跃胜：《中国城镇化区域差异的空间和要素的双重解读》，《城市问题》2017 年第 4 期。

大城市数量不断增加，少数大城市规模过大，中小城市数量下降，小城镇数量过多，而"不同规模城市数量结构的不合理直接导致了城市平均规模过小、集中度偏低"①。2000 年以来，50 万人口以上的大城市数量不断增加，与此同时中小城市数量萎缩。而规模偏小、实力较弱的小城镇激增，至 2016 年底，建制镇数量由 1978 年的 2173 个增加至 20883 个②。同时，"城市群内部也出现了各自为政、市场分割、产业同构、重复建设等问题"③。另外，部分特大城市规模巨大，至 2011 年，北京、上海、重庆的人口均已超过 1000 万，且规模仍在进一步膨胀；至 2019 年，我国已有北京、上海、重庆等十个城市的人口均已超过 1000 万，且规模仍在进一步膨胀。

其五，生态环境问题。城镇化进程中的生态问题一直备受关注，"长期以来，中国走的是一条'高消耗、高排放'的城镇化道路"④。一方面，过度的开发利用使资源承载能力日渐下降，煤炭、石油、天然气等能源的供求矛盾突出，水资源也严重供不应求；另一方面，"三废"——废气、废水、固体废弃物的排放量迅速增长，加剧了生态环境的恶化。近年来，全球气候恶变，城市环境质量下降，中国部分北方城市沙尘暴天数不断增加，南方城市水灾造成的损失越来越大。⑤但随着我国城镇化水平的不断提高，粗放型"三高"的发展模式也得到一定程度的改善，传统能源驱动型产业的转型升级与技术进步缓解了能源压力，但随着人口规模的扩张成为能源可持续发展的掣肘，摊大饼式空间低密度蔓延加剧了能源消费，人口集聚的规模效应对生活能耗波动具有负向贡献。⑥在

---

① 简新华、罗钜钧、黄锟：《中国城镇化的质量问题和健康发展》，《当代财经》2013 年第 9 期。

② 《中国统计年鉴 2017 年》，2018 年 2 月 1 日，国家统计局（http://www.stats.gov.cn/tjsj/ndsj/2017/indexch.htm）。

③ 王德利：《中国城市群城镇化发展质量的综合测度与演变规律》，《中国人口科学》2018 年第 2 期。

④ 魏后凯：《中国城镇化——和谐与繁荣之路》，社会科学文献出版社 2014 年版，第 30 页。

⑤ 姚士谋等：《顺应我国国情条件的城镇化问题的严峻思考》，《经济地理》2012 年第 5 期。

⑥ 严翔、成长春、贾亦真：《中国城镇化进程中产业、空间、人口对能源消费的影响分解》，《资源科学》2018 年第 1 期。

生态文明建设、绿色发展理念和美丽中国的战略安排下，部分生态问题得到解决或缓解，但是与建设社会主义现代化美丽强国的目标仍存在差距，生态问题的解决可谓任重而道远，尤其是生态失衡问题尚未解决。2016年，北京、福建的绿色发展指数高达83.71、83.58，西藏、新疆两地则仅有75.36、75.20；而公众满意程度统计中，西藏以88.14%位居榜首，河北、北京两地低至62.50%和67.82%[1]——各地区存在严重的发展不平衡问题。以西藏、新疆等地为代表，因生产力、科技等方面相对落后，使得这些地区绿色发展指数较低，生态文明发展不充分。

3. 根据城镇化过程中出现的一系列问题，不少学者提出了针对性的对策建议

李爱民提出"以产业为核心，促进人口城镇化和土地城镇化协调发展"[2]的建议，以产业化推动城镇化的发展，深化土地制度改革以及优化户籍制度。"土地是中国城镇化挑战的核心，是改革的重中之重。"[3]通过土地制度改革，防止城市过度蔓延，并提高土地的有效利用率。"城乡一体化"是目前我国为了逐步消除城乡差异、走向融合采取的对策。改变长期以来阻碍城镇化健康发展的城乡二元结构，为城乡资源的合理配置提供条件。《国家新型城镇化规划（2014—2020年）》指出："要以人的城镇化为核心，合理引导人口流动，有序推进农业转移人口市民化，稳步推进城镇基本公共服务常住人口全覆盖，不断提高人口素质，促进人的全面发展和社会公平正义，使全体居民共享现代化建设成果。"[4] 也有学者进一步提出"经济融合""行为融合""心理融合""身份融合"[5]

---

[1] 国家统计局、国家发展和改革委员会、环境保护部、中央组织部：《2016年生态文明建设年度评价结果公报》，2017年12月26日，国家统计局网站（http://www.stats.gov.cn/tjsj/zxfb/201712/t20171226_1566827.html）。

[2] 李爱民：《我国新型城镇化面临的突出问题与建议》，《城市发展研究卷》2013年第7期。

[3] 国务院发展研究中心和世界银行联合课题组：《中国：推进高效、包容、可持续的城镇化》，《管理世界》2014年第4期。

[4] 中共中央、国务院：《国家新型城镇化规划（2014—2020年）》，2014年3月16日，中华人民共和国中央人民政府网（http://www.gov.cn/zhengce/2014-03/16/content_2640075.htm）。

[5] 陈云松、张翼：《城镇化的不平等效应与社会融合》，《中国社会科学》2015年第6期。

等具体步骤,致力于消除"半城镇化"现象,以人为本,使农民享受与城镇居民同等的社会保障与福利制度。针对地区城镇化不平衡的问题,简新华等学者提出要"加快中西部城镇化步伐,形成新的城市群'增长极'"①。加快推进中西部城镇化,在中西部形成新的城市群"增长极",发挥集聚、辐射作用,带动中西部和全国的经济发展。面对我国城镇规模结构两极化倾向突出等一系列城镇体系不合理的问题,"首先,要鼓励发展大城市,发挥大城市的辐射带动作用。其次,积极发展中小城市,发挥其在城镇化中承上启下的作用。再次,要有重点地发展小城镇,发挥小城镇在城乡间的衔接作用,这是我国推动城镇化的最佳方式,也是目前我国城镇化的工作重心"②。城镇建设与生态环境的协调统一,是目前国内外城市建设共同面临的重大问题。宏观上,要加强生态环境保护立法,构建和完善环境保护机制③。孙全胜建议"转变政府职能,健全市场经济体制,制定科学的城市空间规划,转变城市空间生产模式"④,以改变我国城镇化现状。刘夏阳则认为:"高度重视并始终贯彻公平正义原则,是事关新型城镇化健康发展的重大问题。"⑤ 从 2020 年相关政策举措来看,陈亚军指出提高农业转移人口市民化质量、优化城镇化空间格局、提升城市综合承载能力、加快推进城乡融合发展,实现 1 亿非户籍人口在城市落户目标和国家新型城镇化规划圆满收官。⑥ 这为我们在中国特色城镇化进程中建设生态伦理提供了参考。微观上,可以通过提供具有可持续性的城市交通,使用更清洁的能源,平衡使用市场手段与行政命令降低工业能耗,鼓励能效更高、更清洁的建筑,将供水管理与污染管理相结合⑦等措施推动更绿色的城镇化发展。虽然产业层面的结构调整与技

---

① 简新华、罗钜钧、黄锟:《中国城镇化的质量问题和健康发展》,《当代财经》2013 年第 9 期。
② 熊辉、李智超:《论新时期中国特色城镇化思想》,《马克思主义与现实》2013 年第 5 期。
③ 王丹:《我国城镇化进程中的生态问题探究》,《贵州社会科学》2014 年第 5 期。
④ 孙全胜:《当代中国城镇化的矛盾及对策》,《当代经济管理》2018 年第 8 期。
⑤ 刘夏阳:《高度重视新型城镇化进程中的公平正义》,《现代经济探讨》2016 年第 3 期。
⑥ 陈亚军:《新型城镇化建设进展和政策举措》,《宏观经济管理》2020 年第 9 期。
⑦ 国务院发展研究中心和世界银行联合课题组:《中国:推进高效、包容、可持续的城镇化》,《管理世界》2014 年第 4 期。

术进步对能耗的削减效应仍存在，但更应关注人口层面的居民消费方式及用能习惯的改良，释放空间层面的资源配置对降低能耗的新功能，努力实现共享经济以缓解能耗压力。诸如从"强化生态能源约束，发展知识密集产业""推进生态文明建设，倡导绿色用能方式""空间格局紧凑规划，实现低碳共享模式"[①] 等方面践行。

二　中国特色城镇化生态伦理建设研究的不足之处

综合来看，国内外学者对城镇化生态伦理的研究取得了突出成就，尤其是对生态伦理的产生背景、城镇化进程中发展观念的转变和对未来新型城镇化的发展范式、生态伦理原则的初步探索方面的研究，为中国特色城镇化生态伦理研究奠定了坚实的基础。虽然通过这些问题的研究人们对人与自然的关系有了更加深入的理解，对中国特色社会主义新型城镇化道路有了科学的认识和定位，但是人类中心主义与非人类中心主义这两种理论的基本立场的对立并未根本消除。并且生态伦理研究的总体态势还是停留在抽象理论的形而上层面的探讨。尤其是对中国特色城镇化生态伦理的宏观体系、中观结构和微观内容没有进行深入研究。

（一）中国特色城镇化生态伦理的宏观体系应如何构建？

其理论基础有哪些？从全球发展的宏观视野看，生态伦理在国内外学者的研究下逐渐丰富与发展，尤其是在人类中心与非人类中心主义两大阵营的争论中，西方生态伦理逐渐趋于成熟。但是，关于中国特色城镇化生态伦理的研究可谓凤毛麟角，一方面是因为中国城镇化起步晚，发展速度相对缓慢，另一方面则是因为在具体的历史文化环境、地理环境以及人文环境不同的背景下，国外生态伦理思想对中国特色城镇化进程的生态伦理思想不具有完全适用的指导作用。同时，我国学者最初对生态伦理的研究，主要集中于生态伦理学本身，虽然对如何处理好人与自然的关系进行了伦理层面的研究，却未将生态伦理的相关理念与中国特色城镇化相结合，未能针锋相对地阐述中国特色城镇化生态伦理构建的理论基础，更没有构建出中国特色城镇化生态伦理的宏观体系。

[①] 严翔、成长春、贾亦真：《中国城镇化进程中产业、空间、人口对能源消费的影响分解》，《资源科学》2018年第1期。

(二)中国特色城镇化生态伦理的中观结构应如何组成?

理念、原则、制度、规范包括什么?同理,宏观体系未能构建,使得中观结构无法组成。中国特色城镇化生态伦理,侧重于对城镇化进程中人如何处理自身与生态环境的伦理原则、生态道德的研究,这与生态伦理作为一门学科是不同的。因此,虽然我国学者在生态伦理学这一学科的研究方面有所建树,但是将生态伦理放置于中国特色城镇化的具体语境中尤其是放置于中国特色新型城镇化的具体语境中时,其中观结构应如何组成仍需要进行具体的探索。其理念、原则、制度、规范等包括什么?体现怎样的生态伦理智慧?当下中国,生态伦理智慧要发挥作用,就必须能够进入新型城镇化建设的具体语境中,将生态伦理的基本理论与中国新型城镇化进程中的问题、影响因素相结合。

(三)中国特色城镇化生态伦理的微观内容应包含什么?

如何与网络信息技术平台相结合?对生态伦理的抽象思考如何观照现实具体的生态问题,如何实现抽象与具体、普遍与特殊的结合,从而为人类的生态文明发展提供实质性的生态智慧等问题,即对中国特色城镇化生态伦理的微观内容的研究目前尚有所欠缺的地方,例如,如果利用网络信息技术平台助力中国特色城镇化生态伦理的构建与实施等问题需要在当今的时代背景下进行充分的探索。特别是随着新型城镇化进程的全面展开,城镇化中的生态问题已成为目前我国生态文明建设最重要的影响因素。具体而言,一方面要继续生态伦理基本理论的探究,提炼其中的生态智慧。另一方面,则是把这种生态伦理智慧与城镇化建设中的具体问题,诸如制度规划、行为规范、文化理念等问题相结合,从而能够真正地通过一定的技术平台,使中国特色新型城镇化建设实现一种科学与伦理相统一的发展。

(四)中国特色新型城镇化建设如何实现生态与智慧的相互融合?

如何建设智慧生态城镇?随着信息革命时代的到来,网络信息技术已经渗透到人们生活的方方面面。在中国特色城镇化生态伦理构建的过程中以及在以中国特色城镇化生态伦理理论体系为指导进行新型城镇化建设的过程中,将生态与智慧紧密结合,实现两者在智慧生态城镇建设过程中的融合,成为必然趋势。但是,国内外学者尚未对相关问题进行系统的研究与探索。智慧生态城镇应该在怎样的理念下进行创建?有怎样的思维框架和发展态势？对这些基本问题的回答是我们研究中国特色城镇化生态伦理问题的主要外延。智慧生态城镇既要将网络信息技术应用到城镇化进程的生态环境保护中，又要用生态伦理的理念指导网络信息技术在中国特色城镇化进程中的运用。解决这些问题，是中国特色城镇化生态伦理的基本任务。

总体而言，西方城镇化生态伦理研究在理论上提供了许多值得借鉴的成果，但在理论层面缺乏对生态问题本质的认识；更重要的是，西方的生态伦理理论更多基于西方自身的、过去的理论基础和历史实践，没有面向新时代我国的城镇化实践与需求，中国特色的城镇化需要走中国特色的道路，从中国的实践出发探索中国特色的理论。中国作为全心全意为人民服务的社会主义国家，可以从根本上摆脱生态伦理理论与实践相脱节的困境，在现实中逐步实现理论与实践的深度融合，而只有这种深度融合，才能推进中国特色城镇化生态伦理建设健康有序发展。

以习近平同志为核心的党中央，以解决时代之问为逻辑起点，在经济层面提出经济发展新常态、政治层面提升人民民主新境界、文化层面强调文化自信、社会层面切实维护社会公平正义、党建层面以刮骨疗毒的气魄促进党的自我革新，而在生态层面为我们提出了绿水青山的要求、美丽中国的目标。中国特色城镇化生态伦理建设不局限于生态层面对于环境破坏的被动应对，而是涉及经济、政治、文化、社会等方方面面的社会系统工程，这就需要我们用马克思主义的基本立场、观点和方法理性分析、精准辨识、科学预判中国特色城镇化生态伦理建设中所出现的一系列问题。

第三节　中国特色城镇化生态伦理研究出场的实践之基

随着中国特色城镇化步伐的逐步加快，中国特色城镇化生态伦理思想开始形成、发展，并处于不断完善的过程中。中国特色城镇化既具有和西方城镇化类似的进程，也因具体国情的不同而呈现自身的特点。随着我国经济发展速度的突飞猛进，城镇化呈现迅猛发展态势的同时彰显着中国特色社会主义的优势，因为城镇化进程与中国特色社会主义事业的发展紧密相关。党的十八大以来，我国的生态环境得到明显改善，虽然距离满足人民日益增长的美好生态环境需要仍存在一定的差距，但是在城镇化实践中积累的先进经验，尤其是新型城镇化进程中如何处理人与自然关系的实践，为中国特色城镇化生态伦理的出场奠定了现实基础。

一 探索"先规划，再发展"的城镇化模式

中国特色城镇化生态伦理的出场，与中国特色城镇化建设进程密切相关，在总结西方城镇化进程中"先污染后治理"的惨痛教训的基础上，中国特色城镇化进程中在规避"先污染后治理"所带来的风险的同时，逐步探索出"先规划，再发展"的城镇化模式，为解决中国特色城镇化进程中的生态问题提供了出路，为中国特色城镇化生态伦理的出场奠定了实践基础。

中国城镇化进程始于新中国成立初期，但是发展最快、对国民经济发展推动最为明显的是改革开放以来的城镇化。在这一发展阶段，中国城镇化取得的成就举世瞩目，被称为"中国奇迹"的城镇化进程就是在这一时期创造的。但是，城镇化是把双刃剑，成就与问题并存。城镇化水平不断提高的同时，人口问题、交通问题、环境问题接踵而至。尤其是生态隐患，成为中国城镇化发展道路上遇到的荆棘。江苏无锡太湖蓝藻事件的爆发、云南滇池水污染事件等一系列环境问题的出现，使我们不得不重新思考中国特色城镇化道路该何去何从。虽然随着生产力水平不断提高，人类影响和改变自然的能力不断提升，但"我们不要过分陶醉于我们人类对自然界的胜利。对于每一次这样的胜利，自然界都对我们进行报复"[①]。自然界给予人类社会的报复，使人类社会的发展受到重挫，同时警醒人们开始思考生态伦理建设这一重要问题。人们逐渐意识到城镇化不仅仅是追求经济的发展，追求 GDP 总额的增加，更应该在长远谋划、规划的基础上把握城镇化合规律合目的的建设进程。

近几年，随着中国特色城镇化道路的推进，我国城镇化在总体上开始向保护生态环境的趋势发展。总的来看，在城镇化道路上的生态环境保护主要分为"先污染后治理，在治理中取得明显成效"和"先规划，

---

① 《马克思恩格斯文集》第 9 卷，人民出版社 2009 年版，第 559—560 页。

再发展,尽量避免环境污染"两大类型。前者以云南滇池的治理为代表,相对于十几年前的污染状况,滇池近几年在治污方面取得突出成就,并成为全国典范;后者以苏州工业园区为代表,该地区避免了"先污染,后治理"的老路,在发展之前进行了总体的环境规划,在保证经济发展速度的同时,也保证了优良的生态环境。此外,浙江云栖小镇在城镇化的进程中坚持生产、生活、生态融合发展,推进产业、文化、旅游、社区功能四位一体,着力建设以云计算为核心、大数据和智能技术为产业特点的特色小镇;被誉为"梦里小江南,西南第一州"的贵州旧州特色小镇,一方面发挥生态和文化优势,建设绿色旅游小镇,另一方面探索就地就近城镇化路径,建设美丽幸福小镇①。这些先进经验的形成,反映了中国特色城镇化进程中生态伦理思想的指导作用。"人无远虑,必有近忧。"②虽然第一种策略最终也能部分恢复生态环境,但是前者是污染后的治理,投入大、周期长,总体付出代价大,加之一些生态破坏在短时间内无法弥补,更加警示我们要避免走"先污染后治理"的老路。由此可见,走新型城镇化道路是我们的必然选择,而建设中国特色城镇化生态伦理体系是设计新型城镇化道路的重要前提。

二 坚持旧城改造与新区开发相结合

中国特色城镇化的进程不断加快,大量新兴城市和新社区不断开发。但在城镇化过程中,不仅需要注意对旧城区在原有的基础上改造升级,也要注重对于新区的合理建设,特别是在生态建设方面。在城镇化过程中对旧城区的改造以及对新区的合理开发,为中国特色城镇化的伦理建设创新了发展途径。

中国特色城镇化的发展体现了中国城市发展方向。在旧城区中,随着城市发展需要,大量外来人口进入城市,加快城市发展,但是人多必定会带来资源的不足,以及公共基础设施的条件相对滞后、土地承载力下降,生态水平降低,因此在进行城镇化过程中需要特别注意旧城改造

---

① 《特色小镇:新型城镇化成功样本》(2017年6月27日),2018年6月20日,中国社会科学网(http://www.cssn.cn/zx/shwx/shhnew/201706/t20170627_3560642.shtml)。

② 《论语》,张燕婴译注,中华书局2006年版,第237页。

与新区开发相结合，提高居民生活水平，不仅要增强交通基础设施建设、增强路网的系统性。还要完善新区布局，增加配套设施建设，以实现对旧城区的提升，提高旧城区的利用效率。以苏州古城区同苏州工业园区与高新区的协同发展为例，苏州市正是以苏州古城区为核心向外扩张发展，在保留古城区发展底蕴的基础上对其合理改造，保护其生态环境，正确处理人与自然的关系。同时，在新区开发过程中各级政府科学制定城市总体规划并严格实施。

近几年，随着中国特色城镇化道路的推进，逐步重视城市发展以及新区开发过程中的生态伦理问题。我国的特色城镇化不仅注重发展速度，也越发关注发展质量。如福州发布了《福州市历史文化名城保护条例》明确了包括三坊七巷等历史文化街区应符合保护规划要求，张掖市发布了《张掖历史文化名城保护管理办法》，依法推进历史文化名城保护。而对于新区发展，在规划之初就着重关注海绵城市与垃圾分类等措施的建设。中国特色城镇化发展道路，一方面加强了对旧城区的保护与改造，一方面提高了新城市和新社区的开发水平与发展水平。

三 从注重城镇化发展速度向注重城镇化发展质量转变

中国特色城镇化的发展速度相对于西方国家而言总体偏快，城镇数量突飞猛进。近几年，我国在推进城镇化建设的进程中，更加关注城镇化的质量，实现了从注重数量向注重质量的转变，尤其是更加注重城镇化过程中的生态质量。生态质量是城镇化质量指数的重要方面，在城镇化进程中注重生态环境的改善和生态质量的提升，为中国特色城镇化生态伦理建设奠定了重要基础。

中国特色城镇化的进程切实反映了中国经济发展的历程，与发达国家城镇化的速度相比，我国将城镇化的用时缩短了近七十年，这是中国特色城镇化所取得的突出成就，是对"发展才是硬道理"[1]的力证。但也不得不承认，仅仅有体量、有规模的城镇化并不是真正意义上的城镇化。在中国特色城镇化的进程中，人们的实践活动伴随时代的发展、城镇化的深入在不断发生改变，日益关注城镇化的质量。习近平在党的十九大

---

[1] 《邓小平文选》第3卷，人民出版社1993年版，第377页。

报告中指出:"发展必须是科学发展,必须坚定不移贯彻创新、协调、绿色、开放、共享的发展理念。"① 行动是思想的展现,中国特色城镇化的实践活动在践行"创新、协调、绿色、开放、共享"新发展理念的过程中逐步推进,并不断寻找新发展理念与中国特色城镇化生态伦理之间的转化媒介。新型城镇化是以城乡统筹、城乡一体、产业互动、节约集约、生态宜居、和谐发展为基本特征的城镇化,对这些基本特征的满足,建立在对中国特色城镇化生态伦理实践的基础上。质量型城镇化建设,更加关注人们在城镇化建设进程中的主观感受。

近几年,我国城镇化进程中越来越注重恰当处理人与自然的关系,在实践中探索新型城镇化建设的路径,并在质量型城镇化建设的进程中对生态伦理建设进行了探索。这些对如何处理人与生态环境关系的思考构成了中国特色城镇化进程中生态伦理建设的初步探索,为中国特色城镇化生态伦理的出场奠定了实践基础。我国近几年在城镇化的进程中,更加注重城镇建设的质量,并不是仅仅将城镇化等同于水泥化,而是通过技术创新、科技创新等方式,充分考虑城市长远发展和人在城镇化进程中的舒适程度;同时,质量型城镇化的进程并不是某一个地区、某一个城镇的城镇化,而是整体的、协调的城镇化。浙江温州龙港镇、贵州安顺市、湖北咸宁赤壁市等地抢抓国家新型城镇化综合试点机遇,紧紧围绕"人的城镇化"这个核心和"高质量发展"这个关键,大胆探索,勇于实践,为高质量城镇化建设奠定了坚实基础。其中,龙港镇坚持把招大引强作为推动高质量发展的关键一招,安顺市探索走出一条具有山地特色的城乡融合发展之路②,赤壁市则将新型城镇化建设与生态保护、经济建设、产业发展、全域旅游深度结合推进新型城镇化建设③。诸如此类注重质量的城镇化建设,尤其是对城镇化建设进程中生态质量的关注,

---

① 习近平:《决胜全面建成小康社会 夺取新时代中国特色社会主义伟大胜利——在中国共产党第十九次全国代表大会上的报告》,人民出版社2017年版,第21页。

② 安顺市发展改革委:《安顺市高质量推进新型城镇化建设 促进城乡融合发展》,2018年3月28日,贵州省发展和改革委员会网站(http://fgw.guizhou.gov.cn/fggz/sxdt/201803/t20180328_62012117.html)。

③ 李瑞丰:《赤壁市高质量推进新型城镇化建设》(2018年7月25日),2020年7月20日,赤壁市人民政府门户网(http://www.chibi.gov.cn/xxgk/zfld/swj/szzj/201807/t20180725_1265505.shtml)。

体现着城镇化生态伦理在城镇化建设进程中的作用。中国特色城镇化生态伦理的构建，正是在推进质量型城镇化建设的过程中逐步实现的。

四 注重信息技术在城镇化进程中的运用

信息化与城镇化的深度融合，是未来新型城镇化建设的必然趋势，两者的融合，尤其是在城镇化进程中对信息技术的运用，加速了城镇化的进程，也在一定程度上提升了城镇化的质量。信息技术时代的城镇化，在高新信息技术的影响和推动下，步伐不断加快，质量不断提高，城镇化进程中的生态问题因信息技术的有效运用得到恰当解决，信息技术的合理运用为城镇化进程中的生态文明建设奠定了科技基础，为中国特色城镇化生态伦理建设的出场提供了技术支持。

人们可以通过对信息技术的利用，客观理性地认识和分析自身与生态环境之间的关系，"我们只能在我们时代的条件下去认识，而且这些条件达到什么程度，我们就认识到什么程度"[1]。信息技术的发展日新月异，城镇化进程中对信息技术的运用也表现在多个层面，为中国特色城镇化生态伦理建设奠定坚实基础，主要表现在信息技术在城镇化进程中恰当处理人与自然关系方面的应用。新型城镇化建设进程本身要求信息化与城镇化的深度融合，尤其是在生态环境保护、生态问题的处理以及生态修复、生态问题预防等方面正确使用信息技术，对城镇化进程中的生态文明建设具有重要的推动作用。因此，最为关键的问题就是如何在实践中正确使用信息技术，并促使信息技术与城镇化实现融合，因时因地恰当使用信息技术，进而保证城镇化建设质量尤其是生态质量，实现不同地区城镇化建设进程中人与自然和谐共处，是中国特色城镇化生态伦理建设应发挥的作用。例如，在城镇化进程中，运用卫片（卫星图片）技术对土地利用状况进行检查，掌握行政区域内的新增建设用地情况，及时发现、查处并制止违法用地，抓好卫片执法问题整改工作，提高土地利用率，减少土地浪费状况。同时，进行信息化与城镇化的深度融合，运用大数据的思维方式，在城镇化过程中不仅注重城镇人口比重的上升，更要担负起经济转型和消费升级搭好平台的重任，不断优化产业布局、

---

[1] 《马克思恩格斯文集》第9卷，人民出版社2009年版，第494页。

人口结构和生态环境，智慧城市日渐取代粗放城市化。

近几年，在城镇化深入发展的关键时期，我国对城镇化道路开展了进一步规划。擘画新型城镇化图景，标志着中国特色城镇化道路进入新阶段，这是由我国现阶段的发展与城镇化的具体情况决定的。中国特色城镇化发展进程中的经验和教训要求新型城镇化必须更好地处理人与生态环境的关系，使中国特色城镇化向"智能化""人本化""绿色化"方向发展。天津塘沽湾在城镇化进程中探索的"微城市"建设成为值得推广的先进经验。"所谓'微城市'，就是将人、自然、产业有机结合起来，通过生态城市、绿色城市、海绵城市、智慧城市实现规划蓝图，建立相对独立、宜居便捷、和谐美好的城市。"[①] 在中国城镇化建设的进程中，"微城市"建设是新型的城镇化模式，在城镇化的进程中注重了人与自然之间关系的处理。同时，我们也必须意识到，高新信息技术也可以是帮助我们保护生态环境的利器，我们可以借助卫星定位等高新技术进行生态环境的总体规划。因而，科技越发达，城镇化水平越高，我们越需要在城镇化进程中构建生态伦理体系，以指导人的现实行动。注重信息技术在城镇化建设进程中的运用，呼唤中国特色城镇化生态伦理的智能化、智慧化、物联化建设。

本章小结

中国特色城镇化生态伦理研究的出场，既从中国特色城镇化生态伦理建设的客观实际状况出发，又从中国特色城镇化生态伦理建设研究成果和问题出发，并从中国特色城镇化生态伦理建设已有的相关探索出发，其出场具有历史的必然性。从建设的客观实际状况看，是在中国特色城镇化进程中，面对生态伦理建设既取得一定成果又存在一定问题、生态伦理意识未能深入人心的现状，究竟选择"先污染后治理"的发展模式还是走"先规划后建设"之路这一现实问题的逻辑应答。从中国特色城

[①] 《在2017中国新型城镇化高峰论坛上，与会嘉宾共论新型城镇化热点话题——从"人、钱、地"入手提升城镇化品质》，2021年2月8日，《经济日报》2017年8月9日第13版，经济日报网站（http://paper.ce.cn/jjrb/html/2017-08/09/content_341033.htm）。

镇化生态伦理建设研究成果和问题看，现有研究总体按照人与自然关系张力大小变化的脉络向前发展，尤其在城镇化速度加快的背景下，生态伦理的内容不断丰富，包括城镇化生态伦理的理论研究和中国特色城镇化进程中的成就、问题与对策研究等，但生态伦理研究的总体态势仍以抽象理论的形而上层面为主，中国特色城镇化生态伦理研究的出场是对相关研究在宏观体系、中观结构和微观内容上的有效延展。从实践的视角看，是在既有的关于城镇化生态伦理建设的经验与教训的基础上，立足我国中国特色城镇化生态伦理建设已有的相关探索，包括探索"先规划，再发展"的中国特色城镇化模式，坚持旧城改造与新区开发相结合，从注重城镇化发展速度向注重城镇化发展质量转变，注重信息技术在城镇化进程中的运用等，并针对仍需进一步完善和关注的问题而出场的。在明确其出场语境的背景下，我们需要以科学的理论为指导，立足中国特色城镇化的具体过程，分析探讨中国特色城镇化生态伦理研究的理论思维框架、理念和原则、制度和规范，充分应用信息技术最新成果，为美丽城镇建设提供生态伦理支持。

第 二 章

中国特色城镇化生态伦理研究的理论基础

中国特色城镇化生态伦理研究旨在为中国特色城镇化建设过程中出现的生态问题提出伦理解答与指向，目标指向实现中华民族伟大复兴的中国梦，这是推进新型城镇化建设的责任担当和历史使命，更是我国在社会主义现代化建设过程中不可缺少的重要一环。因此，中国特色城镇化生态伦理建设将规避诸多现实困境，始终坚持贯彻马克思主义的立场、观点和方法。马克思主义生态观、马克思主义伦理观、马克思主义发展观是中国特色城镇化生态伦理研究的理论基础，能够为中国特色城镇化生态伦理建设提供强有力的理论指引。"实践没有止境，理论创新也没有止境。"[①] 习近平新时代中国特色社会主义思想是对当代中国发展过程中所面临的重大问题的理论应答，其中习近平生态文明思想蕴含了对中国特色城镇化生态伦理相关问题的逻辑应答，是马克思主义生态观、伦理观和发展观的当代诠释和最新成果。梳理中国特色城镇化生态伦理研究的理论基础，可以帮助我们更好地搭建中国特色城镇化生态伦理的基本理论框架。

第一节 马克思主义生态观

生态问题作为全球性问题发展到今天，已经影响到人类社会的可持

---

① 习近平：《高举中国特色社会主义伟大旗帜 为全面建设社会主义现代化国家而团结奋斗——在中国共产党第二十次全国代表大会上的报告》，人民出版社2022年版，第18页。

续发展。在这种情况下，人们不得不反思传统的、片面的生态观，重新审视人与自然之间的关系。中国特色城镇化生态伦理研究更应当基于马克思主义的基本立场、观点和方法，解决中国城镇化中出现的环境问题和生态危机，构建符合我国国情发展的生态伦理理念和原则，这就需要将马克思主义生态观作为指导思想之一，深入理解马克思主义生态观的核心内容对研究中国特色城镇化生态伦理发挥重要作用。马克思主义生态观以解决人和自然之间的关系为核心，揭示了生态问题的社会根源，从理论上分析了解决生态问题的根本出路。以马克思主义生态观分析和处理当代中国特色城镇化生态伦理问题，对进一步促进中国特色城镇化可持续发展具有重大现实意义。

一　人与自然是不可分割、内在统一的辩证关系

马克思主义经典作家没有对具体特定国家城镇化生态建设或是生态伦理建设问题给出明确的回答，但在其生态观中蕴含的理性尺度和价值尺度、以及平衡两者之间关系的辩证思维的内容却足以成为推进中国特色城镇化生态伦理研究的理论武器。

在解决生态问题时，如何解决主客体之间矛盾是问题的关键。马克思主义生态观区别于旧唯物主义和唯心主义这两种片面的生态观，强调人与自然之间的理性尺度与价值尺度。马克思在《关于费尔巴哈的提纲》第一条中指出："从前的一切唯物主义（包括费尔巴哈的唯物主义）的主要缺点是：对对象、现实、感性，只是从客体的或者直观的形式去理解，而不是把它们当做感性的人的活动，当做实践去理解，不是从主体方面去理解。因此，和唯物主义相反，唯心主义却把能动的方面抽象地发展了，当然，唯心主义是不知道现实的、感性的活动本身的。"[1] 其中包含着两层含义：其一，马克思试图批判旧唯物主义在解决主客体之间矛盾的过程中仅强调从"客体或者直观的形式"出发，即在人与自然关系中，更加注重对自然界的夺取和改造，肆意获得资源和及时利益，而无视这种行为对人、社会发展造成的诸多影响，显然这样的做法和思路必然导致社会、环境等问题日渐凸显，直至自我消亡。其二，马克思试图批判

---

[1] 《马克思恩格斯文集》第1卷，人民出版社2009年版，第499页。

的是唯心主义在解决主客体之间矛盾的过程中只强调主体的能动性的做法。唯心主义在处理与自然的关系时只从主体角度出发，并且这种主体是脱离客体存在的"空身"主体，也是导致乌托邦结局的本质原因。马克思立足于对这两种片面思想的批判和反思，从实践的两层尺度出发更好地理解人与自然之间内在的辩证统一关系，即如何看待主客体间矛盾问题。这对于解决人的生存和发展问题，以至于更好地实现人、自然、社会的和谐共生有重要意义。一方面，人根据对自然认识的客观规律，实现对自然的合理改造，这是合规律性的，体现为人的实践活动的理性尺度。正如马克思所言："没有自然界，没有感性的外部世界，工人什么也不能创造。"① 只有把握住自然界，找到自然界的客观规律，才能实现人类实践的理性维度。失去这种理性尺度，而只在乎人的主体思维，导致主体性力量的过度张扬。另一方面，被人类改造的自然对人类本身是有价值和意义的，这是合乎价值性的。"被抽象地理解的、自为的、被确定为与人分隔开来的自然界，对人来说也是无。"② 体现出人的实践活动的价值尺度。失去此价值尺度，没有关注对人的生存和发展产生的意义，会引来环境、社会等危机。同时，马克思、恩格斯为中国特色城镇化生态伦理建设规定了理性尺度和价值尺度的辩证关系。恩格斯在《英国工人阶级状况》中，揭露了英国工人阶级恶劣的生存环境和苦难的生活状况，批判资本主义社会人与自然、人与人、人与社会之间的异化关系，描绘了以"两大和解"为内在价值追求的共产主义社会。

中国化马克思主义生态观继承和发展了经典马克思主义作家生态观，结合现实生态问题提出了一系列关于人与自然关系的重要论断。毛泽东认为："如果对自然界没有认识，或者认识不清楚，就会碰钉子，自然界就会处罚我们，会抵抗。"③ 正确认识自然界、把握内在规律是人类实践活动的先决条件。邓小平指出，"我们必须按照统筹兼顾的原则来调节各种利益的相互关系"④，"所谓因地制宜，就是说那里适宜发展什么就发

---

① 《马克思恩格斯文集》第1卷，人民出版社2009年版，第158页。
② 《马克思恩格斯文集》第1卷，人民出版社2009年版，第220页。
③ 《毛泽东文集》第8卷，人民出版社1999年版，第72页。
④ 《邓小平文选》第2卷，人民出版社1994年版，第175页。

什么，不适宜发展的就不要去硬搞"①，要强调"植树造林，绿化祖国，造福后代"②。人们在进行社会经济发展时，应兼顾人与人、人与社会、人与自然的关系，特别是要重视人与自然间的关系，基于此，才能实现经济效益的长久。江泽民指出："环境保护很重要，是关系我国长远发展的全局性战略问题。……如果在发展中不注意环境保护，等到生态环境破坏了以后再来治理和恢复，那就要付出更沉重的代价，甚至造成不可弥补的损失。"③一味追求对人类自身欲望的满足而不顾自然界的和谐发展，最终造成的损失将不可逆，我国的全局发展规划也必须将生态保护作为重要衡量指标。胡锦涛这样形容自然界对于人类的意义和地位："自然界是包括人类在内的一切生物的摇篮，是人类赖以生存和发展的基本条件"④，强调"开发利用自然首先要认识自然、尊重自然、按自然规律办事"⑤。自然界作为"摇篮"，是人们赖以生存和发展的关键，充分展现自然界的先在性。进入新时代，习近平总书记聚焦人与自然内在逻辑关系，既立足本国国情又着眼全球视野提出了一系列处理人与自然关系的重要原则和整体规范。习近平鲜明地提出，"自然是生命之母，人与自然是生命共同体"⑥，揭示了人与自然的内在有机联系，即人与自然归属于自然共同体，没有自然生态环境就不可能有人的生命活动，人与自然之间是你中有我、我中有你、相互依存、密不可分并相互作用的交互关系。习近平指出："人的命脉在田，田的命脉在水，水的命脉在山，山的命脉在土，土的命脉在树。"⑦这不仅具化了人与自然的依存关系，还表明生态内部也是一个紧密联系的有机链条，体现了系统整体、联系发展的思维方式。从自然生态与人类文明的辩证关系角度，习近平强调"生态兴则文明兴，生态衰则文明衰"⑧，这一重要论断揭示了人与自然最本

---

① 《邓小平文选》第2卷，人民出版社1994年版，第316页。
② 《邓小平文选》第3卷，人民出版社1993年版，第21页。
③ 《江泽民文选》第1卷，人民出版社2006年版，第532页。
④ 《胡锦涛文选》第2卷，人民出版社2016年版，第171页。
⑤ 《胡锦涛文选》第3卷，人民出版社2016年版，第135页。
⑥ 习近平：《在纪念马克思诞辰200周年大会上的讲话》，《人民日报》2018年5月5日第2版。
⑦ 《习近平谈治国理政》第1卷，外文出版社2018年版，第85页。
⑧ 习近平：《生态兴则文明兴——推进生态建设 打造"绿色浙江"》，《求是》2003年第13期。

质的关系，人是大自然的产物，大自然是人类的母亲。生态环境的任何变化和发展都直接影响到人类文明的发展和兴衰。生态文明作为人类文明的基本范畴和题中应有之义，与人类文明的发展同向而行。许多国家为追求经济增长，纷纷走上"先污染后治理"的道路，尤其是西方发达国家在推进传统工业化的进程中无一例外地走了"先污染后治理"的道路，其实质是没有认清自然发展规律，违背了自然发展规律，在一定意义上是根据资本逻辑追寻最大的剩余价值，对生态环境造成了严重破坏。从某种意义上来说，人类文明的进步史和发展史，就是人与生态环境的互动关系史。

二 人与自然的关系实质上指向人与人的关系

人类社会的发展依靠人并旨在发展人、造福人。人从自然界中诞生，人与自然之间的矛盾化解、关系缓和，首先基于和谐的人际关系。中国特色社会主义城镇化的实现旨在优化人与自然的关系，其实质应为优化人与人的关系。正如习近平总书记强调："社会主义初级阶段是当代中国的最大国情、最大实际。我们在任何情况下都要牢牢把握这个最大国情，推进任何方面的改革发展都要牢牢立足这个最大实际。"[①] 由此，解决中国特色城镇化进程中的生态问题，要牢牢把握我国现阶段最大的国情，探索相关的伦理理念、伦理原则、道德规范和行为准则。

（一）马克思、恩格斯关于人与人关系的相关思想

马克思主义生态观建立在唯物史观的基础上，对人与自然的辩证统一关系有着正确的认识。人与自然的辩证统一关系建立在人的生产劳动（实践）基础上，只有通过实践才能将人与自然相联系。人的生产活动依赖于自然界，自然界是人生产劳动的必要条件，同时，人的生产和实践赋予自然积极价值，没有人的生产劳动，自然界的发展对人而言也就无所谓意义。

其一，人不仅是自然存在物，还是社会存在物。马克思指出："只有在社会中，自然界才是人自己的合乎人性的存在的基础，才是人的现实

---

① 《习近平谈治国理政》第1卷，外文出版社2018年版，第10页。

的生活要素。"① 可见,人的本质更多地体现在他的社会属性上。只有在把握人与人的社会关系的基础上,才能解决人与自然的矛盾。根据这一逻辑,马克思、恩格斯通过对资本主义社会的分析指出资本主义生产方式是生态问题产生的社会制度根源,这就涉及"劳动异化"的问题。

其二,异化劳动造成人与自然关系的异化。主要表现在四个方面:第一,劳动者同自己劳动产品的异化。劳动者生产的越多,所拥有的就越少。第二,劳动者同自己的劳动活动本身的异化。此时的劳动对工人而言是外在的东西,不是出于自愿,是没有幸福感的强制性活动。实际上,劳动者同自己产品之间的异化关系是劳动活动本身异化的结果。在这种异化劳动中,人本身也发生了异化。第三,人同自己的类本质相异化。人失去自由自觉的活动,将自然界视为满足人类生存的物质手段,将人类生活变成了维持生存的东西。在这个过程中"人同自己的劳动产品、自己的生命活动、自己的类本质相异化的直接结果就是人同人相异化"②。第四,人同人相异化。人与人之间的关系开始变得不和谐,是人与自己类本质间扭曲关系的延伸,是"异化劳动"的结果,为人与自然界的和谐带来挑战。这是在前面三方面异化的基础上最终导致的结果。

其三,以人为本是调适好人与自然关系的真正出路。资本主义社会的生产劳动,以获取最大利益为根本,必然会造成人与自然、人与人的关系出现不可调和的矛盾;社会主义社会的发展建立在以人的全面发展为目标,较少出现劳动的异化、人的异化,人与自然的异化也很难发生,只要在实践中,始终遵循客观规律,以实现发展的可持续性,便能找到正确的人与人之间的关系,实现人与自然和谐发展的出路。

(二)列宁关于人与人关系的相关思想

马克思主义的继承者列宁实现了由普遍性到特殊性的过渡,提供了一种结合本国国情实现发展的思维模式。这一思维模式体现在列宁所提出的"新经济政策",也可视为列宁社会主义发展观的一个转折点,即不再完全僵化、教条地学习马克思主义理论,而是在认清本国国情的基础

---

① 《马克思恩格斯文集》第1卷,人民出版社2009年版,第187页。
② 《马克思恩格斯文集》第1卷,人民出版社2009年版,第163页。

上,将马克思主义理论加以运用和改造,"根据经验来谈论社会主义"[①],从而探索出一条符合本国国情的发展之路。

列宁基于本国国情基础上的发展观在实践中更进一步深入辩证逻辑思维,为中国特色城镇化生态伦理提供一种宝贵的思维模式。列宁《再论工会、目前局势及托洛茨基同志和布哈林同志的错误》一文中提供四种辩证逻辑要求,即"要求我们把握住、研究清楚事物的一切方面、一切联系,要求我们从事物的自身发展变化中考察事物,要求我们必须注重人的实践,并将其作为真理的标准,要求我们注重具体的真理"[②]。这四个辩证逻辑要求为解决我国城镇化过程中出现的生态问题找到恰到好处的哲学解释和回答,提供了正确处理人与自然、人与社会、人与人关系的思维方式,为中国特色城镇化生态伦理建设奠定重要理论基础,成为我国处理生态问题,建设生态伦理的基本立场:(1)面对城镇化过程中人类没有遵循自然规律而导致的环境危机,我们要时刻意识到人与自然、人与社会、人与人之间的必然联系,不能孤立、静止、片面地看待问题,找到事物与事物之间的内在联系,更有助于把握事物发展的客观规律。正所谓,今天危害自然,明日自然会加倍奉还。(2)对于已出现的生态、环境危机,我们要善于观察分析事物产生变化、发生危机的原因,这里不仅仅是自然界内在自身的变化,更重要的是人与自然关系发生变化的整个过程,只有洞察事物发展的过程,才能找到问题的源头。(3)无论是人与人之间的关系,还是人与自然的关系,都脱离不了人类实践活动在其中发挥的重要作用,人类实践活动的正确与否,即是否遵循客观规律,直接决定着事物发展的方向和动态,因此,注重人的实践活动,并加之以伦理规范和约束,应该对于解决城镇化生态问题起到事半功倍的作用。同样,在实践中不仅可以解决问题,也可以经过实践检验认识的真理性,对事物发展过程中的认识论产生总结性、阶段性的真理认识。(4)认识是否具有真理性,对于实践活动具有重要的指引作用,在生态问题上亦是如此。我们要在实践活动中遵照具体的规律,规避风

---

① 《列宁全集》第 34 卷,人民出版社 1990 年版,第 466 页。

② 刘同舫:《列宁的辩证唯物主义和历史唯物主义思想及其当代意义》,《马克思主义研究》2010 年第 12 期。

险和危机。反之，错误认识势必会加速问题的出现和恶化，诸如西方的"先污染、后治理"理念，在实践中我们必须规避。综上，辩证逻辑观照下具体实践方式的展开归根结底也是从解决人的生存和发展问题的角度出发，满足人的自身需要。这不仅是中国特色城镇化生态伦理建设的理论奠基，也是其重要的特征之一。

（三）中国化马克思主义关于人与人关系的相关思想

资源的有限性和人类需求的扩张性矛盾引发了人类对自然资源的竞争性夺取，从而容易导致人与人之间关系陷入紧张。人是自然界中富有主体意识、具备创造活力的要素，处理好人与社会、人与自然关系归根到底是要发挥人的主观能动性，处理好人与人之间的关系。中国化的马克思主义生态观在解释人与自然关系的同时，也关注到了人与人的和谐关系对解决人与自然矛盾冲突的重要意义，形成了中国化马克思主义关于人与人关系的相关思想。新中国成立初期，毛泽东特别强调人与人之间的平等关系，指出："必须使人感到人们互相间的关系确实是平等的。"① 毛泽东认为人与人的和谐是最基本的和谐，强调人与人之间平等和民族团结的重要性。没有人与人之间关系的和谐，就没有社会的稳定、文明的繁荣，人对自然的改造就可能会朝着野蛮的方向发展。改革开放和社会主义现代化建设时期和谐社会思想得到了继承和发展，人与人的关系问题以及人的主体性越发受到重视。

党的十八大以来，习近平针对生态文明问题提出了建设美丽中国的思想，面对突如其来的新冠疫情突出强调了"人民至上、生命至上"② 思想。美丽中国建设，是为了人民的生命健康与安全，这归根结底是要处理和协调好人与人之间的关系。习近平指出："我国社会主要矛盾已经转化为人民日益增长的美好生活需要和不平衡不充分的发展之间的矛盾。"③ 其中，人民对美好生活的需要就包括了对美好生态环境的需要，有了良好的生态环境，才会有人民群众的安居乐业，这是新时代解决社会主要

---

① 《毛泽东文集》第 7 卷，人民出版社 1999 年版，第 354—355 页。
② 习近平：《高举中国特色社会主义伟大旗帜　为全面建设社会主义现代化国家而团结奋斗——在中国共产党第二十次全国代表大会上的报告》，人民出版社 2022 年版，第 3 页。
③ 《习近平谈治国理政》第 3 卷，外文出版社 2020 年版，第 9 页。

矛盾的重要抓手之一。而不平衡不充分的发展体现在个体身上实际是指人与人之间对于需要满足的差异性。一定意义上，人与自然和谐关系的建构，需要从人与人的关系入手，提倡个人思想美、社会和合美。即是说，生态美好不仅体现于表象的美丽或赏心悦目，深入其本质应为人与人、人与社会、人与自然间关系的和谐可持续。从人的主体性视角来看，生态是经过了一定人化的生态，生态美的实现与人性美密切相关，人性美还内在包含了"真"和"善"。"真"是对科学技术、生产力、改造自然的合乎规律的追求；"善"是实现人与社会、人与人和谐相处的重要标准，"真"与"善"的实现，其实质上是对平等关系的追求，也是对发展动力的持续性关注，以及平衡发展与公平的重要关系。以适度的原则指导事物的运行，才能达到事物内部以及事物之间的平衡，最终实现平衡、充分。此外，习近平总书记将人与自然关系所指向的人与人的关系扩展到了对中国人民与世界人民、当代人与后代人的关系范畴。正如习近平总书记所说："人与自然是生命共同体"[1]，"在资源利用上线方面，不仅要考虑人类和当代的需要，也要考虑大自然和后人的需要。"[2] 习近平将生态文明美的实现延伸至人们对"美"的更深入了解与认知以提升人们的内在美，渗透于以人为基础的社会美、共同美、持续美之中，强调生态问题的解决应当回归于人与人的关系上，而基于和谐、和合、平衡理念的人与人的关系正是解决生态问题的关键。

三 和谐共处意识是解决生态问题的最终归宿

人与人的和谐共处，实现了人的本质复归，成为生态问题得以解决的必经之路。与资本主义制度不同的是，社会主义的本质致力于消灭剥削和两极分化，消除人与其类本质以及人与人之间的异化，在人的全面发展过程中才能实现人与人的和解。因此，我们认识到解决中国特色城镇化进程中的生态问题，要处理好人与人之间的关系，必须提高人的意识，包括保护生态的意识、和谐发展的意识等等。胡锦涛曾强调："要在全社会营造爱护环境、保护环境、建设环境的良好风气，增强全民族环

---

[1] 《习近平谈治国理政》第3卷，外文出版社2020年版，第360页。
[2] 《习近平谈治国理政》第3卷，外文出版社2020年版，第362页。

境保护意识。"① 人的意识和素质对于社会问题的解决至关重要。

当前城镇化进程快速推进,生态问题成为关注焦点,处理人与自然之间的关系迫切需要增强人与自然和谐相处的共同体意识。科学发展观内在展现的价值共同体为中国特色城镇化生态伦理建设提供良好的方向引导。第一,"打造人与自然和谐共同体"②。"这就要求我们在推进发展中充分考虑资源和环境的承受力,统筹考虑当前发展和未来发展的需要,既积极实现当前发展的目标,又为未来的发展创造有利条件,积极发展循环经济,实现自然生态系统和社会经济系统的良性循环,为子孙后代留下充足的发展条件和发展空间。"③ 科学发展观是在经济、社会发展的过程中寻找一条促使人与环境之间辩证统一关系的出路,只有将人类的未来命运与环境、资源、生态等相联系,才能找到人与自然和谐共生的平衡点。这也为中国特色城镇化生态伦理建设指明了未来出路和价值选择。针对我国城镇化过程出现的伦理原则和道德规范缺失以及生态伦理意识不自觉等问题,科学发展观所预设的人与自然的共同体是一条具有发展前景的未来之路。第二,打造科学发展与社会和谐的共同体。"社会和谐是中国特色社会主义的本质属性。科学发展和社会和谐是内在统一的。没有科学发展就没有社会和谐,没有社会和谐也难以实现科学发展。"④ 在中国特色城镇化过程中,不仅要实现社会、经济、科学的快速进步,同时要实现人、社会、自然之间的和谐关系。这就"要按照民主法治、公平正义、诚信友爱、充满活力、安定有序、人与自然和谐相处的总要求和共同建设、共同享有的原则,着力解决人民最关心、最直接、最现实的利益问题,努力形成全体人民各尽其能、各得其所而又和谐相处的局面,为发展提供良好社会环境"⑤。第三,打造区域发展共同体。在中国特色城镇化建设中,会出现区域发展不平衡等问题,这在一定程

---

① 《胡锦涛文选》第 2 卷,人民出版社 2016 年版,第 171 页。
② 姜建成:《科学发展观——现代性与哲学视域》,江苏人民出版社 2007 年版,第 276 页。
③ 《胡锦涛文选》第 2 卷,人民出版社 2016 年版,第 168—169 页。
④ 《中国共产党第十七次全国代表大会文件汇编》,中央文献出版社 2007 年版,第 16—17 页。
⑤ 《中国共产党第十七次全国代表大会文件汇编》,中央文献出版社 2007 年版,第 16—17 页。

度上阻碍了解决城镇化过程中生态问题的脚步。因此，我们要统筹兼顾，将各区域城镇化的发展相联系，这对构建生态问题的伦理规范才更行之有效。因此，"统筹区域发展，就是要继续发挥各个地区的优势和积极性，逐步扭转地区差距扩大的趋势，实现共同发展。"① "坚持人与自然和谐共生"② 这一重要论述则揭示了人与自然的正确相处之道，是马克思、恩格斯辩证自然观在中国的当代表达。"人类对大自然的伤害最终会伤及人类自身，这是无法抗拒的规律。"③ 促进人与自然间的和谐共生，不仅是对人类现实存在的观照，也是对人类未来存在的考虑，概言之，是为了代内和代际间的可持续发展。习近平在党的二十大报告中指出，"中国式现代化是人与自然和谐共生的现代化"④，将"人与自然和谐共生"作为中国式现代化的重要特征之一，打破了单纯以物质文明的进步来判断现代化标准的刻板印象，从生态角度为我国建设社会主义现代化指明了发展方向，为中国特色新型城镇化的推进提供了指导。

四 "绿水青山就是金山银山"理论是处理生态与经济关系的科学论断

人与自然和谐共处是始终贯彻于马克思主义生态观的基本论点。在此基础上，习近平统筹生态保护与经济社会发展两个大局，高瞻远瞩地提出了"绿水青山就是金山银山"⑤ 的科学论断，这一理念通俗易懂而意蕴深刻，生动揭示了生态环境保护与经济社会发展之间的内在逻辑关系，阐明了生态环境在一定意义上就是潜在的生产力的道理，指出了经济发展与生态保护协同互促的新发展路径。这一政治命题既是新时代重要的发展理念，又是推进中国式社会主义现代化建设的重大原则。习近平总书记指出："保护生态环境就是保护生产力、改善生态环境就是发展生产

---

① 《十六大以来重要文献选编》（上），中央文献出版社 2011 年版，第 765 页。
② 《习近平谈治国理政》第 3 卷，外文出版社 2020 年版，第 360 页。
③ 《习近平谈治国理政》第 3 卷，外文出版社 2020 年版，第 360—361 页。
④ 习近平：《高举中国特色社会主义伟大旗帜　为全面建设社会主义现代化国家而团结奋斗——在中国共产党第二十次全国代表大会上的报告》，人民出版社 2022 年版，第 23 页。
⑤ 《习近平谈治国理政》第 3 卷，外文出版社 2020 年版，第 361 页。

力。"① 发展是硬道理，但发展生产力说到底是为了人民，保护和改善生态环境就是为了使人能够生存并生存得更好，生态保护和经济发展应是互促共进的关系。以牺牲生态环境为代价的发展是摧残人类自身生存环境的发展，是本末倒置的发展。从这个意义上讲，保护生态环境就是在保护生产力。生态文明建设做得越好，人类所处的生态环境越优美，人们越容易创造巨大的生产力。从更深的层面看，发展生产力创造巨大的生产力的目的首先是让人的生命得以存在，让人们的生活更加美好，如果生态环境恶化，人无法生存更谈不上美好的生活，那么，这种生产力的发展就毫无价值，所以优化完善生态环境，就是发展生产力。归根结底，良好的生态环境是人得以生存的首要条件，人饮用污染后的水可引起一系列恶性肿瘤，吸入了严重污染的空气，可能诱发一系列呼吸系统疾病，被污染的土壤生长的植物通过食物链作用进入人体同样可以引起毒素在人体内积聚，引发一系列疾病。在此意义上，只有绿水青山才能确保每个人的生命安全，保证生产发展，保障生活幸福，形成健康的生活方式和发展方式。何以贯彻落实绿水青山就是金山银山的发展理念？习近平总书记在党的二十大报告中提出"提升生态系统多样性、稳定性、持续性""积极稳妥推进碳达峰碳中和"② 等改善生态环境的具体要求，为我国乃至全球生态文明建设提供了价值遵循和行动指南，同时也为我国城镇化生态伦理问题的解决提供了理论指引和实践导向。贯彻落实"绿水青山就是金山银山"的发展理念，首先就是要充分理解，同时依照相关的理念和原则、制度和规范切实保护生态环境，让天更蓝、山更绿、水更清。

习近平总书记指出："尊重自然、顺应自然、保护自然，是全面建设社会主义现代化国家的内在要求。必须牢固树立和践行绿水青山就是金山银山的理念，站在人与自然和谐共生的高度谋划发展。"③ 人的生存离不开自然，人类社会的可持续发展更离不开自然，人与自然是生死与共

---

① 《习近平谈治国理政》第 3 卷，外文出版社 2020 年版，第 361 页。

② 习近平：《高举中国特色社会主义伟大旗帜　为全面建设社会主义现代化国家而团结奋斗——在中国共产党第二十次全国代表大会上的报告》，人民出版社 2022 年版，第 51 页。

③ 习近平：《高举中国特色社会主义伟大旗帜　为全面建设社会主义现代化国家而团结奋斗——在中国共产党第二十次全国代表大会上的报告》，人民出版社 2022 年版，第 49—50 页。

的生命共同体，"绿水青山就是金山银山"理念为中国特色城镇化生态伦理构建指明了发展方向，对美丽中国的建设提出了具体的设想，习近平总书记指出："我们要推进美丽中国建设，坚持山水林田湖草沙一体化保护和系统治理，统筹产业结构调整、污染治理、生态保护、应对气候变化，协同推进降碳、减污、扩绿、增长，推进生态优先、节约集约、绿色低碳发展。"① 无论是"绿水青山就是金山银山"理念还是美丽中国建设的思想，都为美丽城镇建设提供了核心理念和基本原则。

概言之，马克思主义生态观认为，人可以通过劳动改造自然，人对自然的改造活动是必然性与必要性的统一，也是合规律性和合目的性的统一；人与自然是不可分割、内在统一的辩证关系；坚持人与人、人与自然和谐共生是人类社会持续向前发展的必然要求，坚持绿水青山就是金山银山是人与自然共生发展的科学理念。马克思主义生态观为中国特色城镇化生态伦理研究提供了理性尺度和价值尺度，即人合规律性和合目的性地改造自然和被合理改造的自然界对人类更赋价值，人与自然之间是内在统一的辩证关系。

第二节　马克思主义伦理观

马克思主义伦理观是以马克思主义为指导思想的伦理观，是将马克思主义应用于伦理学思考和研究的成果。在马克思主义伦理观看来，道德的本质不是抽象人性的表现，而是人与人之间处理利益关系的观念、规范、原则，即通过对道德发展规律的认识去逐步塑造人们的思想，并在实践中逐步追寻共产主义道德，实现人的全面解放和自由全面发展。我国马克思主义伦理观的奠基人罗国杰先生如此概括："道德，就是人类现实生活中所特有的，由经济关系决定的，依靠人们的内心信念和特殊社会手段维系的，并以善恶进行评价的原则规范、心理意识和行为活动的总和。"② 只要存在人与人的关系就会产生道德关系，道德是社会生活

---

① 习近平：《高举中国特色社会主义伟大旗帜　为全面建设社会主义现代化国家而团结奋斗——在中国共产党第二十次全国代表大会上的报告》，人民出版社2022年版，第50页。

② 罗国杰：《马克思主义伦理学》，人民出版社1982年版，第4页。

中极为重要的部分，存在于社会生活的方方面面，是每一个人都会遇到的问题。因此，马克思主义经典作家都非常重视这一领域，对于道德做了大量的论述，其核心在于"人们用来调节人与人关系的简单原则"①，即在正确道德观念的指导下处理好人与人之间的关系问题，这为中国特色城镇化生态伦理的建设提供了坚实的理论基础，值得我们不断学习、实践和发展。马克思主义伦理观从五个方面为我们指明中国特色城镇化生态伦理建设的前进方向。

一　唯物史观是马克思主义伦理观的分析方法

要全面准确地把马克思主义伦理观，我们必须坚持使用唯物史观的分析方法。马克思主义唯物史观向我们揭示了人类历史的根本规律：生产力决定生产关系，经济基础决定上层建筑。道德作为一种社会现象，其本质是一定的经济关系所决定的个体利益和集体利益、眼前利益和长期利益、局部利益和整体利益之间的矛盾，而不是抽象范畴的人性、理性或者德性。

随着时代的发展，在我国城镇化建设中人与生态的矛盾日益突出，因此，新时代的马克思主义伦理观必然包含生态伦理。当我们在建构中国特色城镇化生态伦理时，必须认识到，在阶级社会中，自然和生态绝非是与阶级性无关的存在。人和生态之间关系的变化正是人类生产力发展的直接结果，生态伦理属于生产力所决定的上层建筑，它受到生产力和生产关系的双重制约。秉持唯物史观的分析方法，我们会意识到生态问题产生的根源在于随着生产力的发展，人类进入了工业化时代，而工业化带来了资本主义的发展。马克思在他的年代就已经洞察到资本主义生产"破坏着人和土地之间的物质变换，也就是使人以衣食形式消费掉的土地的组成部分不能回到土地，从而破坏土地持久肥力的永恒的自然条件"②。

一方面，生态环境是人赖以生存的基础，既可以作为生产资料也可以作为生活资料。然而，在一些地方，资本在利益的驱动下疯狂地开发

---

① 《马克思恩格斯文集》第1卷，人民出版社2009年版，第427页。
② 《资本论》第1卷，人民出版社1975年版，第552页。

和利用自然资源却没有考虑这些行为对于生态的破坏。资本家享受了破坏生态带来的利润，而生态遭到破坏的代价却由另一部分较低阶层的人承担，受害者的利益却无人问津。另一方面，人对待自然的态度与人与人之间的剥削关系有着惊人的一致。人对自然的剥削和压迫和人对其他阶级的剥削和压迫从根本上来说也是一致的，这些剥削和资本家建立在生产资料私有制基础上对无产阶级的剥削具有本质上的一致性。从这个意义上来说，真正行之有效的生态伦理只可能产生于马克思主义伦理观之中，只可能与马克思主义哲学相结合，全面地反思人类社会中的正义问题，只有认识到一切非正义的真正起源，才可能找到解决之道，才可能解决人类社会中一切剥削和压迫的问题，也才能真正地缓和人与自然的关系。

二 阶级视角是马克思主义伦理观的立足根本

马克思主义伦理观具有阶级性绝不意味着它只为特定阶级服务，也不是意识形态的说教。人类历史上其他伦理学流派往往鼓吹自己没有阶级性，研究的是永恒不变的人性，追求的是普遍适用的法则。实质上，一切哲学理论都很难摆脱阶级性，声称自己研究永恒人性的伦理学同样具有阶级性。而且无论是有意还是无意，这些说辞往往让人们很难认识到其实际具有的阶级性。但这样的说辞并不说明它们的内容真的不具有阶级性，"任何一个时代的统治思想始终都不过是统治阶级的思想"[①]。事实上，承认伦理学的阶级性并且以这种阶级性为基础的理论才是真正科学的理论。阶级视角意味着不要忘记用阶级分析的观点来看待阶级社会中的任何道德现象和道德行为。过去的伦理学理论往往针对"善""恶""动机""效果""德性""幸福"这些范畴进行讨论，这些范畴往往建立在抽象的人性论上，似乎这些范畴与阶级性没有关系。但事实上，它们与阶级性密切相关，不可分离。由于阶级利益对立，一个阶级的善可能对于另一个阶级就是恶；一个阶级的德性对另一个阶级来说可能是恶德。一个雇主可能对于自己的生意充满热情，全心全意投入其中，但当他也这样要求雇员，并且认为如果雇员不这样就是偷懒，那么雇主的热情和

---

① 《马克思恩格斯文集》第 2 卷，人民出版社 2009 年版，第 51 页。

勤劳就变成了对雇员的剥削和压迫。我们必须意识到，阶级性是伦理学中必不可少的视角，如果离开阶级谈论"善""恶""动机""效果""人性""价值"这些概念，就很容易陷入片面机械的错误之中。

马克思主义伦理观强调道德的阶级性，旗帜鲜明地反对抽象的人性论。马克思在《〈黑格尔法哲学批判〉导言》中说道："就连德国中等阶级道德上的自信也只以自己是其他一切阶级的平庸习性的总代表这种意识为依据。"[①] 这告诫我们，将某种道德视为具有一种普遍性的行为指导，只能是一种笑话和曲解。可以看到，抽象的人性就是与历史、文化和阶级无关的人性。反对抽象的人性论并非主张人类不具有任何共性，而是反对将一些某个时代某个社会特有的价值作为全人类共同的价值。在阶级社会中，当人类所具有的共同之处具体表现在生活中时也必然带上阶级性。人类拥有一些最基本的共同之处，例如人的生物性和社会性，但承认这一点并不意味着否定人的阶级性。

我们必须澄清，强调阶级性并不意味着阶级性是所有道德现象和道德行为的唯一成因和理由。坚持阶级分析的方法并不意味着我们不能对于传统伦理学的范畴进行讨论，也不意味着那些讨论全无意义，只是在进行这样的讨论时不能错误地认为这些范畴是脱离阶级性的，遗忘了阶级的矛盾和问题。我们应当将这些讨论和阶级视角相结合，才能够更加准确和深刻地认识问题，也才能真正地解决问题，认识真实的公平正义和自由。同样，如果人们的一切行为（包括道德行为）都仅仅是阶级性的结果，那么也就没有必要再进行伦理学研究了，我们就会犯苏联早期"取消伦理学"的错误。不仅伦理学会被取消，政治学、心理学、社会学等学科都不必存在了，人类的一切行为都可以只用"阶级性"来解释。这不仅不符合事实，也是一种简单粗暴式理解马克思主义的错误做法。

事实上正好相反，阶级性并不排斥我们对于人们道德行为其他视角的发现和分析，更不排斥我们研究各种各样动机、理由和规律之间的复杂关系。我们只是要记住当我们看待道德现象、分析道德行为的时候必须时刻牢记阶级视角，不要陷入抽象的人性论，看不到一些事实上具有很强阶级性的论断背后的利益关系，走向了公平、正义和科学的反面。

---

① 《马克思恩格斯文集》第1卷，人民出版社2009年版，第15页。

正如毛泽东指出："世界上没有什么超功利主义，在阶级社会里，不是这一阶级的功利主义，就是那一阶级的功利主义。我们是无产阶级的革命的功利主义者，我们是以占全人口百分之九十以上的最广大群众的目前利益和将来利益的统一为出发点的。"① 毛泽东清楚地论证了解决中国问题的阶级立场，这为中国特色城镇化生态伦理建设提供了坚定的立足之本。中国特色城镇化生态伦理建设也是在"中国特色"的前提之下完成的理论和实践的搭建，是为广大人民群众谋福利的。党的十九大报告明确指出："中国共产党人的初心和使命，就是为中国人民谋幸福，为中华民族谋复兴。"② 党的二十大报告进一步强调，"全党同志务必不忘初心、牢记使命"③，这其中的人民立场体现了无产阶级的先进性。推进中国特色城镇建设，解决其过程中产生的关乎人民幸福、国家发展和民族复兴的生态伦理问题，实际上彰显了中国共产党立足马克思主义伦理观的人民立场，以无产阶级先锋队的姿态矢志践行初心使命。

三 指导实践是马克思主义伦理观的目标和方向

伦理学是一门具有实践性的学科，在对伦理学最初的认识和思考中人们就已经发现并且强调这一点。亚里士多德在《尼各马可伦理学》中指出，"我们应当重视实现活动的性质，因为我们是怎样的就取决于我们的实现活动的性质"，"既然我们现在的研究与其他研究不同，不是思辨的，而有一种实践的目的（因为我们不是为了解德性，而是为使自己有德性，否则这种研究就毫无用处），我们就必须研究实践的性质，研究我们应当怎样实践。因为，如所说过的，我们是怎样的就取决于我们的实现活动的性质"。④ 伦理学所研究的是人们的行为而不仅仅局限于思想认识，如何让人们的行为（实践）真正发生改变才是我们真正要探讨的。

---

① 《毛泽东选集》第3卷，人民出版社1991年版，第864页。
② 习近平：《决胜全面建成小康社会　夺取新时代中国特色社会主义伟大胜利——在中国共产党第十九次全国代表大会上的报告》，人民出版社2017年版，第1页。
③ 习近平：《高举中国特色社会主义伟大旗帜　为全面建设社会主义现代化国家而团结奋斗——在中国共产党第二十次全国代表大会上的报告》，人民出版社2022年版，第1页。
④ ［古希腊］亚里士多德：《尼各马可伦理学》，廖申白译，商务印书馆2003年版，第37页。

因此，马克思主义生态伦理不能停留在简单的教条上，必须准确认识、深入分析人们的道德行为，把握道德的规律，才能真正影响人们的行为。这也是马克思主义伦理观成为中国特色城镇化生态伦理建设重要理论基础的缘由。中国特色城镇化生态伦理建设旨在分析人们在建设中国特色城镇化过程中的道德行为，把握正确处理生态问题的道德规律，从而真正影响人们在城镇化过程中处理人与自然关系的实践行为。

一方面，实践性是马克思主义伦理观的鲜明特性。"哲学家们只是用不同的方式解释世界，问题在于改变世界"①，与其他哲学相比，马克思主义哲学不但要认识世界，更加重视改造世界，这一点正是马克思主义哲学的革命性所在。道德的动机和源泉不是抽象的人性，而是人类独有的社会实践，也就是劳动。只有通过社会实践融合的共同体才是道德的真正来源，也才是道德的归宿。马克思主义伦理观作为马克思主义哲学的一部分，始终将指导实践作为伦理学的方向和目的。这就决定了马克思主义伦理观并不仅仅以认识善恶为目的，而是以提高人们的道德修养，塑造人们的共产主义道德为最终目的，我们的一切伦理学思考都要围绕这个目的来进行。因此，中国特色城镇化生态伦理建设要针对城镇化过程中出现的生态问题，提高人民的道德修养，尤其是人们的生态道德修养，正确认识人、自然、社会之间的和谐关系，以此指导人民的具体实践，这也是中国特色城镇化生态伦理建设的目标和方向。

另一方面，道德教育等实践活动是马克思主义伦理观的基本目标。但这并不意味着马克思主义伦理观就是道德说教而不是道德研究。马克思主义道德教育是一门具有独立性的学科，它需要融汇伦理学、心理学、教育学等学科，不断吸收这些学科的最新研究成果，让道德教育符合道德现象的本质，符合人们的心理规律，符合时代的新特点和新需求，让道德教育不是贯彻某种力量和主张的意图，而是根据人们的客观需要所进行的科学指导，要"把最广大人民群众的切身利益实现好、维护好、发展好，把他们的积极性引导好、保护好、发挥好"②。道德教育也应当针对人们生活中遇到的道德困惑进行深入的探讨，给出具有说服力的意

---

① 《马克思恩格斯文集》第 1 卷，人民出版社 2009 年版，第 502 页。
② 《江泽民文选》第 2 卷，人民出版社 2006 年版，第 262 页。

见。中国特色城镇化生态伦理建设同样需要道德教育，通过深入剖析我国城镇化过程中出现的生态问题，给出符合实际且具有说服力的具体方法，通过说理等形式让人民接受这种道德观念。只要道德教育内容上具有科学性，方法上生动多样，贴合现实、贴合生活，就不会成为说教。因此，中国特色城镇化生态伦理不仅是理论研究，也是行动指导，更是大众教育，我们要从具体的实际情况出发，建设正确的生态伦理体系，并使其成为深入人心的道德原则和道德规范。

四 集体主义是马克思主义伦理观的道德原则

道德属于上层建筑的一部分，它必然产生于一定的生产力基础，并且与生产力基础、与生产资料所有制相适应。社会主义和共产主义的生产资料所有制是公有制而非私有制，社会主义社会和共产主义社会中的道德是集体主义而非个人主义。个人主义是资本主义社会的道德原则，过去时代的个人主义与当时的生产力水平相适应，尤其是在资本主义时代，个体积极性的充分发挥解放了生产力，促进了生产力的发展，但也成为阻碍生产力持续发展的桎梏。个人主义不是人类道德的归宿，随着生产力的继续进步和发展，人们必然逐步消灭生产资料私有制，随着精神文明和制度文明的进一步发展，人们的道德必然进步到共产主义道德，走向"自由人的联合体"，实现"每个人的自由发展是一切人的自由发展的条件"[①]。必须澄清的是，集体主义并非反对个性，反对个体的合理利益。集体主义允许并且鼓励个体充分发挥自己的个性，保护自己的合理利益。有人批评集体主义就是泯灭个性，就是不允许个体的利益存在，这是对集体主义的误解与曲解。一些人提出"合理的利己主义"，认为合理的利己主义就是个人主义，这样的想法也是一种误解。个人主义与集体主义的区别是以什么为目标，当集体利益与个人利益发生根本冲突时选择哪一个；集体主义同样需要维护和发展合理的个体利益，"合理"并不是能够区分个人主义和利己主义的界限。集体主义同样维护个体的合理利益，如果将"合理"作为界限，就无法区分集体主义和个人主义了，但事实上这二者当然有着本质上的区别。个人主义将个体利益作为道德

[①]《马克思恩格斯文集》第2卷，人民出版社2009年版，第53页。

的动机和源泉，认为个体的利益是道德的最终归宿，本身就犯了认识上的错误。如果坚持个人主义，就很难判断什么是合理的个体利益，什么是不合理的个体利益，更谈不上仅仅维护合理的个体利益了。因此，只有依靠集体主义，我们才能够辨识和理解合理的个体利益，才能更好地保护合理的个体利益。

马克思指出：在未来的共产主义社会，"两个和解"将成为真正的现实，到那个时候，"社会化的人，联合起来的生产者，将合理地调节他们和自然之间的物质变换，把它置于他们的共同控制之下，而不让它作为一种盲目的力量来统治自己；靠消耗最小的力量，在最无愧于和最适合于他们的人类本性的条件下来进行这种物质变换"①。我们必须意识到，在当代，生态利益属于集体利益的重要部分，绝不能让一些利益集团损害它；各个区域、单位和个人在经济生活、政治生活、文化生活和社会生活中必须坚定地贯彻集体主义道德，顾全大局，考虑长远，不能只看到眼前的小团体利益而损害了长远的生态利益。可以说，生态利益在人类历史上前所未有地为全人类所共享，因此，也是全人类的集体利益，我们在处理人与生态的关系时更加强调集体主义道德原则，才可能让生态利益得到更好的保护和贯彻。

五 人民至上是马克思主义伦理观的根本立场

"人民性是马克思主义的本质属性"②，马克思主义伦理观作为马克思主义的有机组成部分，同样是从唯物史观这一根本观点出发的，充分彰显出人民性特征。马克思主义伦理观的目标方向和道德原则均指向人民，归根到底是为了维护好人民群众的根本利益，而维护好人民群众的根本利益首先则是提升人民群众的生命质量。正是缘于对人民群众生存与发展的切实关照，习近平总书记立足新时代人民需要的新关切，提出了"人民至上"这一重大价值理念，这一理念对于应对各种危机、推进中国特色城镇化生态伦理建设具有重大价值。党的二十大报告以"六大坚持"

---

① 《马克思恩格斯文集》第7卷，人民出版社2009年版，第928—929页。
② 习近平：《高举中国特色社会主义伟大旗帜　为全面建设社会主义现代化国家而团结奋斗——在中国共产党第二十次全国代表大会上的报告》，人民出版社2022年版，第19页。

概括了习近平新时代中国特色社会主义思想的核心内容，其中置于首位的"坚持"即"必须坚持人民至上"①。这一"坚持"不仅是当代马克思主义伦理观的根本立场，也为解决新时代中国特色城镇化生态伦理问题提供了价值遵循。

"人民至上"的价值理念体现在对人民的生命健康、利益需求、权利行使等方面的深刻关切上。其一，关切人民生命健康。坚持人民至上首先就要坚持人民生命至上。面对公共卫生危机、生态危机等威胁人民生命安全和身体健康的重大事件，习近平在讲话中多次强调要"始终把人民群众生命安全放在第一位"②，动员各方力量、采取决定性措施，最大限度地护百姓周全、保人民平安。从一定意义上来说，人与自然是生死与共的生命共同体。因此，保护自然就是保护人的生命，建构并不断优化人与自然之间的和谐关系是"人民至上"理念的题中应有之义。其二，关切人民利益需求。随着社会主要矛盾的变化，人民对于幸福生活的理解和追求发生了深刻的变化，对美好生活环境的期许成为人民群众重要的民生需求，对于自身权益的关注也从简单的追求物质财富、人身安全等方面的权益延伸至对文化权益、生态权益的追求。进入生态文明建设新时代，"广大人民群众热切期盼加快提高生态环境质量"③。习近平总书记指出："环境就是民生，青山就是美丽，蓝天也是幸福。发展经济是为了民生，保护生态环境同样也是为了民生。"④ 这体现了坚持生态惠民、生态利民、生态为民的新理念，蕴含着人民至上的家国情怀。民生发展与生态建设密切相关，维护人民生态权益，要从人的行为合目的性与合规律性相统一出发，从环境保护逐步走向环境支持；要坚持以人民为中心的发展思想，促使人的主体性力量沿着呵护人民的利益、遵循自然规律和社会发展规律拓展和创新，逐步提高人们源于优美生态环境的获得感和幸福感。其三，关切人民的权利行使。在物质文明相对富足的当代，人民的基本生存需求和物质需要得到了较好的满足，人们的主体性意识

---

① 习近平：《高举中国特色社会主义伟大旗帜　为全面建设社会主义现代化国家而团结奋斗——在中国共产党第二十次全国代表大会上的报告》，人民出版社2022年版，第19页。
② 《习近平谈治国理政》第1卷，外文出版社2018年版，第195页。
③ 《习近平谈治国理政》第3卷，外文出版社2020年版，第359页。
④ 《习近平谈治国理政》第3卷，外文出版社2020年版，第362页。

越来越强烈，越来越关注自身权利、维护自身权益。习近平指出，"发展全过程人民民主"，"坚持人民主体地位，充分体现人民意志、保障人民权益、激发人民创造活力"[①]，这体现了对人民行使监督权、参与权、表达权等权利的高度重视，有效保障了人民当家作主。在生态问题上坚持人民至上，就要切实保障人民群众的生态权益，同时拓宽渠道促使人们有效参与生态治理、生态监管等生态文明建设工作的全过程。

为社会主义精神文明和政治文明建设提供理论基础，探索当代的道德规范体系，为当代人提供道德行为指导，解决今天我们在社会主义建设中遇到的问题，是马克思主义伦理观对中国特色城镇化生态伦理建设的现实观照。中国特色城镇化生态伦理建设，需特别注意以下两点：其一，中国特色新型城镇化生态伦理建设始终坚持人民至上。其二，在人民至上的基础上全面建设社会主义现代化强国。人民至上既是中国特色城镇化生态伦理建设的出发点、立足点，更是归宿和落脚点，只有明确这一点，才能站在正确的方向上建设以马克思主义伦理观为指导的中国特色城镇化生态伦理理论思维框架、理念和原则、制度和规范。

第三节 马克思主义发展观

发展是中国特色城镇化生态伦理建设不变的主题，其内在彰显着历史性、时代性、实践性等特征。从马克思所揭示的人类社会发展规律到习近平提出的新发展理念，马克思主义者对社会发展的认识不断深化和完善。马克思主义发展观在任何社会形态中都反映着特定的时代背景和历史任务，顺应人类社会发展的客观规律，究其核心就在于解决人的生存与发展问题。同时，他们的认识背后蕴含着共同的本质，即科学的世界观、方法论和科学的价值观的统一，是贯穿于马克思主义发展观的一根主线。科学的世界观、方法论就是辩证唯物主义和历史唯物主义的有机统一，科学的价值观就是人民群众利益至上和最终实现人的自由全面发展的根本价值取向，这些对于中国特色城镇化生态伦理研究有着重要

---

① 习近平：《高举中国特色社会主义伟大旗帜　为全面建设社会主义现代化国家而团结奋斗——在中国共产党第二十次全国代表大会上的报告》，人民出版社2022年版，第37页。

的理论指导意义。不同时期的马克思主义者试图在特定阶段下为"解决人的生存与发展"这一核心问题贡献理论智慧和实践方案，这些智慧与方案中不乏为中国特色城镇化生态伦理建设问题提供强有力的理论基础。这恰与中国特色城镇化生态伦理建设的目标与方向不谋而合，即解决中国城镇化过程中人的生存与发展问题，特别是为生态问题提供符合中国国情的伦理解答。

一 生产力的发展是人类社会发展的决定力量

马克思主义发展观坚持彻底的唯物论，揭示了人类社会发展的物质性，指出人类社会的发展是一个不以人的意志为转移的自然历史过程。人类社会的生存和发展，首先必须通过劳动实践不断地和自然界进行物质变换，创造出满足自己需要的物质生活资料。因此，作为改造自然的物质力量的生产力便成为人类社会发展的基础。由此，马克思恩格斯创立了唯物史观，揭示了人类社会发展规律，充分肯定了物质资料生产方式对人类社会发展的决定作用，把生产力作为衡量社会发展的最高标准，彻底否定了传统的"道德说教"的评价标准，实现了社会发展观的革命性变革。正如马克思所说："人们在生产中不仅仅影响自然界，而且也互相影响。他们只有以一定的方式共同活动和互相交换其活动，才能进行生产。"[1] 可见，人与自然是相互依赖、共融共生的，实现人与自然的统一就在于生产等实践活动，在生产等实践活动找到处理人与自然和谐共处的方式、方法。值得注意的是，城镇化过程中出现的生态问题与城镇化等现代化发展进程并无必然联系，生态问题的逻辑源发在于理性尺度与价值尺度之间的失衡，以至于人与自然关系的破裂，失去了人、自然、社会的平衡点，而并非由城镇化过程的本体性所致。在马克思恩格斯发展观的观照下，理性尺度与价值尺度的辩证统一为中国特色城镇化生态问题的解决提供了平衡的支点。

中国共产党人坚持马克思主义发展观，高度重视生产力在社会主义发展中的基础作用。改革开放之初，邓小平针对中国落后社会生产力的发展现状，提出了"发展是硬道理"的响亮口号，指出现阶段中国所有

---

[1] 《马克思恩格斯文集》第 1 卷，人民出版社 2009 年版，第 724 页。

问题的根源在于社会总体生产力水平的不发达,深刻阐明了生产力在社会主义社会发展中的决定作用,制定了以经济建设为中心,大力发展生产力的基本路线。邓小平把解放和发展生产力作为彰显社会主义本质的首要因素,澄清了人们对社会主义本质认识的思想误区,坚持和发展了马克思主义的发展观。为了破除姓"资"姓"社"传统误区,邓小平南方谈话提出了"三个有利于"的根本标准,把生产力的发展作为判断一切工作好坏的首要评价标准。胡锦涛对生产力的阐述主要集中在科学发展观,"要牢牢扭住经济建设这个中心,坚持聚精会神搞建设、一心一意谋发展,不断解放和发展社会生产力"[①]。发展是第一出路,只有在发展进程中不断摸索和探究,才能不断解决改革和建设实践遇到的矛盾和突出的问题,实现全面建设小康社会的宏伟目标。同时,胡锦涛还针对生产力过程中资源浪费、环境污染等突出的生态问题,提出了节约资源和保护环境的基本国策,实现人口、资源、环境协调发展,保持生产力持续发展。

党的十八大以来,以习近平同志为核心的党中央,继续坚持和肯定生产力在社会发展中的中心地位。在坚持优先发展生产力的同时,习近平总书记深入思考新时期究竟如何才能发展先进生产力和发展生产力的根本目的,对此,新发展理念给出了有力回答。新发展理念坚持生产力始终是推动社会发展的决定力量的马克思主义发展观,并对如何发展社会主义社会生产力做出了时代的回应,全面概括了社会主义生产力发展的动力、要求、特征、路径和本质。指出"创新是引领发展的第一动力"[②],必须发挥科学技术在生产力要素中的渗透作用,提高生产力的科技含量。协调发展就是统筹平衡,促进区域、城乡生产力发展均衡,为全面实现小康社会奠定坚实的物质基础。协调发展是中国特色社会主义生产力发展的根本要求。绿色发展坚持"保护生态环境就是保护生产力、改善生态环境就是发展生产力的理念"[③],坚持马克思主义关于自然地理环境和生产力的辩证统一关系的原理,绿色发展是中国特色社会主义生

---

① 《十七大以来重要文献选编》(上),中央文献出版社2009年版,第12页。
② 《当好改革开放排头兵创新发展先行者 为构建开放型经济新体制探索新路》,《光明日报》2015年3月6日第1版。
③ 《习近平谈治国理政》第1卷,外文出版社2018年版,第209页。

产力不同于西方资本主义社会生产力的根本特征。开放发展坚持了发展生产力的基本路径,通过开放交流学习西方先进的科学技术、科学管理知识和经验,来进一步解放和发展生产力。共享发展,强调发展生产力的社会主义本质要求和根本目的。党的二十大指出:"发展是党执政兴国的第一要务。没有坚实的物质技术基础,就不可能全面建成社会主义现代化强国。"[①] 社会主义的本质要求是实现共同富裕,发展生产力,这个目标不是为了一部分人的利益,而是为了人民群众的整体利益服务,在当前发展阶段具体表现为全面建设社会主义现代化国家。

中国特色城镇化生态伦理建设从根本上来说,是对有关中国特色城镇化建设中存在阻碍生产力发展的问题的伦理反思,是为了促进生产力又好又快的发展。中国特色城镇化生态伦理不是凭空产生的,也不是人们的主观臆想,发展生产力的实践是其产生和发展的根本来源。生产力的发展要求我们必须重视中国特色城镇化生态伦理建设,以期转变人们的发展理念,进一步解放和发展生产力;同时,中国特色城镇化生态伦理建设决不能离开发展生产力的实践,成为空泛抽象的逻辑推演。因此,中国特色城镇化生态伦理建设必须要有强烈的问题意识和实践意识,唯其如此,才能成为发展先进生产力的重要精神力量。

二 人民群众是人类社会发展的主体

在发展中是坚持以人为本,还是以物质财富为本?是坚持人民群众是创造历史的决定力量,还是坚持少数英雄人物创造历史?是坚持维护广大人民群众的根本利益,还是代表少数人的根本利益?对这些问题的不同回答,是划分马克思主义发展观和非马克思主义发展观的分水岭。马克思主义发展观坚持人民群众是历史的创造者,坚持维护最广大人民群众的根本利益,做到发展依靠人民群众、发展为了人民群众、发展成果由人民群众共享。一方面充分体现了唯物史观坚持人民群众是社会历史的主体思想,另一方面表达了对发展的价值取向的追求。

马克思、恩格斯在《神圣家族》中写道:"历史活动是群众的活动,

[①] 习近平:《高举中国特色社会主义伟大旗帜 为全面建设社会主义现代化国家而团结奋斗——在中国共产党第二十次全国代表大会上的报告》,人民出版社2022年版,第28页。

随着历史活动的深入，必将是群众队伍的扩大。"① 马克思、恩格斯在揭示人类社会发展规律的同时，又指明了人类社会发展规律的实现者，即人民群众创造了人类社会历史。这就表明人类社会的发展是合规律与合目的的统一，社会发展是客观规律性和人民群众主体性活动的辩证统一的过程。较之于资本主义社会发展观，社会主义发展之路解决的是全体人民的生存和发展问题，特别强调"发展为了谁"和"发展依靠谁"的问题。邓小平所论述的社会主义本质论，其中"消灭剥削，消除两极分化，最终达到共同富裕"展现出社会发展进程中实现人文关怀的终极目标和价值内核。发展是永无止境的，仅仅重视生产，而忽视对未来的展望和对人民切身利益的关怀，是发展困境的必然之路。以江泽民同志为核心的党的第三代领导集体继承和发展了毛泽东和邓小平坚持人民主体地位的发展思想。从宏观性视角上看，"能不能解决好发展问题，直接关系人心向背、事业兴衰"②。面对当时经济文化落后的中国，发展仍然是党执政兴国的第一要务，只有在发展过程中满足人民的需要和愿望，落实"三个代表"重要思想，更加巩固党的执政地位，才能更好地促进国家和人民的健康发展。胡锦涛提出了科学发展观，强调以人为本，坚持人民群众的主体地位，科学地回答了实现什么样的发展，怎样发展的基本问题，强调"把实现好、维护好、发展好最广大人民根本利益作为自己思考问题和开展工作的根本出发点和落脚点"③。因此，我们既要处理好人与自然之间的生产问题，也要处理好人与社会之间的发展问题、人与人之间的关怀问题，这是未来中国特色城镇化生态伦理应当努力的方向和价值内核。

党的十八大以来，习近平总书记强调，改革开放是中国社会发展的强大动力，人民群众是改革开放的主体。"尊重人民首创精神，最大限度集中群众智慧，把党内外一切可以团结的力量广泛团结起来，把国内外一切可以调动的积极因素充分调动起来，汇合成推进改革开放的强大力

---

① 《马克思恩格斯文集》第1卷，人民出版社2009年版，第287页。
② 《十六大以来重要文献选编》（上），人民出版社2005年版，第11页。
③ 《胡锦涛文选》第2卷，人民出版社2016年版，第106页。

量。"① 习近平坚持和发展人民群众是历史的创造者的唯物史观,强调改革的决策要依靠群众,要发挥群众的聪明才智,保证改革决策的科学性、合理性和改革的全面深入推进。其精髓体现在共享发展理念之中。共享发展就是广大群众共同享有发展成果,就是要消除贫富分化,实现共同富裕。共享发展以实现和维护人民群众的根本利益为中心,是中国特色社会主义的本质要求。同时,习近平总书记也强调了执政党要尊重人民的实践主体性,他认为:"中国共产党的一切执政活动,中华人民共和国的一切治理活动,都要尊重人民主体地位,尊重人民首创精神,拜人民为师,把政治智慧的增长、治国理政本领的增强深深扎根于人民的创造性实践之中。"② 习近平总书记更是在庆祝中国共产党成立100周年大会上的讲话中明确指出,"人民是历史的创造者,是真正的英雄"③。党的二十大报告指出:"中国共产党领导人民打江山、守江山,守的是人民的心。"④ 也就是说,我们党只有扎根人民,才能走好改革开放和全面建设社会主义的长征路。需要注意,人民群众主体性的发挥、主体地位的实现是在遵循客观规律基础之上的合规律性与合目的性的统一,人民群众的主体性活动要受主客观条件的限制和制约。保护生态环境关系人民的根本利益和民生发展的长远利益,人民群众的主体性活动要以保护生态环境为界限。由此,中国特色城镇化生态伦理建设的根本在于,实现人的主体活动方向革命性变革,由传统的"经济人"向马克思主义"生态人"的转变,即由片面追求经济增长的人向追求经济、社会和全面发展的人的转变。

三 人类社会是一个协调发展的有机体

马克思主义发展观认为,人类社会是一个有机系统,人类社会的发展是系统内部各要素之间,是系统与外部环境之间全面系统协调的动态

---

① 《习近平关于全面深化改革论述摘编》,中央文献出版社2014年版,第31—32页。
② 《习近平谈治国理政》第2卷,外文出版社2017年版,第296页。
③ 习近平:《在庆祝中国共产党成立100周年大会上的讲话》,《人民日报》2021年7月2日第2版。
④ 习近平:《高举中国特色社会主义伟大旗帜 为全面建设社会主义现代化国家而团结奋斗——在中国共产党第二十次全国代表大会上的报告》,人民出版社2022年版,第46页。

发展过程。马克思在《资本论》第一版序言中明确提出社会有机体概念。"现在的社会不是坚实的结晶体，而是一个能够变化并且经常处于变化过程中的有机体。"[1] 在马克思看来，人类社会不是封闭僵化的结构，而是一个不断与外部自然界进行物质能量交换的开放体系。工业革命带来的科学技术的进步和生产力的发展，人类改造自然的实践能力逐步增强，人类已经成为了征服自然的主人，人类在向自然更多地索取的同时，造成人和自然关系的失衡。对此，恩格斯在100多年前，就对人类提出了警告，"我们不要过分陶醉于我们人类对自然界的胜利。对于每一次这样的胜利，自然界都对我们进行报复"[2]。时至今日，随着社会实践不断深化，我们应以更高超的智慧来实现"人类同自然的和解"。

毛泽东对如何实现社会主义社会协调发展进行了初步探索，提出了社会主义协调发展的目标、战略和原则，初步提出了社会主义协调发展的基本规律。在发展目标上，毛泽东提出了实现"四个现代化"的初步构想，为社会主义的发展描绘了未来蓝图，解决了社会主义发展的基本方向问题。改革开放后，邓小平强调社会主义建设要统筹兼顾，坚持重点论和两点论相统一。针对社会主义建设中存在的片面重视经济发展，忽视思想文化建设，严重阻碍经济建设进一步发展的实际情况，邓小平提出了"两个文明"建设的思想，强调社会主义社会是物质文明和精神文明协调发展的有机体。胡锦涛明确提出了科学发展观，即坚持全面协调可持续发展的发展观，这是对马克思主义社会有机体协调发展思想的新发展。科学发展观的出场"是战胜非典疫情给我们的重要启示，也是推进全面建设小康社会的迫切要求"[3]，让我们认识到追求经济建设的同时要找到一条可持续性的发展之路，它既是对党的三代中央领导集体关于发展思想的继承，更是符合历史和时代发展的不断创新。根据马克思主义发展观所揭示的社会有机体协调发展的原理，中国特色城镇化生态伦理作为中国特色社会主义文化建设的重要组成部分，对社会主义经济等其他方面的建设理应具有能动作用。因此，中国特色城镇化生态伦理

---

[1] 《马克思恩格斯文集》第5卷，人民出版社2009年版，第10—13页。
[2] 《马克思恩格斯文集》第9卷，人民出版社2009年版，第559—560页。
[3] 《十六大以来重要文献选编》（上），中央文献出版社2005年版，第483页。

建设与社会经济建设是互促关系，我们在以经济建设为中心，大力发展生产力的同时，必须高度重视中国特色城镇化生态伦理建设，以此发挥对经济发展的促进作用。

四 新发展理念是马克思主义发展观的当代精髓

党的十八大以来，习近平多次谈及"协调"，他指出，协调"是发展两点论和重点论的统一"，"是发展平衡和不平衡的统一"，"是发展短板和潜力的统一"①，并将这种协调发展比作要善于"弹钢琴"，即处理好局部和全局的、当前和长远的、重点和非重点的关系，可见，人类社会正是在协调的发展中有序展开的有机体。习近平总书记指出："我们中国共产党人干革命、搞建设、抓改革，从来都是为了解决中国的现实问题。"② 在目标导向与问题导向相统一的指导下，习近平总书记在党的十八届五中全会首次提出"创新、协调、绿色、开放、共享的发展理念"③。新发展理念是习近平总书记针对如何发展的问题做出的原创性科学回答，该理念明确了发展的思路、方向、着力点，具有战略性与引领性，不仅是对过去发展经验的总结，也是对未来趋势的科学预测，是对马克思主义发展观的丰富与发展。

其一，创新发展理念回答的是经济社会发展的动力问题。从合力论角度来看，一个社会经济的发展受多方面合力的影响，其中矛盾是根本动力，而创新则是动力源泉。习近平总书记指出，"创新是第一动力"④，该论断强调了创新对于经济社会发展的首要驱动力作用。

其二，协调发展理念是我国经济社会发展的重要要求之一，该理念丰富发展了马克思主义发展观中的协调发展理论。"着力推进城乡融合和区域协调发展，推动经济实现质的有效提升和量的合理增长"⑤ 是当下贯

---

① 《习近平谈治国理政》第 2 卷，外文出版社 2017 年版，第 205—206 页。
② 《习近平谈治国理政》第 1 卷，外文出版社 2018 年版，第 74 页。
③ 《中国共产党第十八届中央委员会第五次全体会议文件汇编》，人民出版社 2015 年版，第 6 页。
④ 习近平：《高举中国特色社会主义伟大旗帜　为全面建设社会主义现代化国家而团结奋斗——在中国共产党第二十次全国代表大会上的报告》，人民出版社 2022 年版，第 33 页。
⑤ 习近平：《高举中国特色社会主义伟大旗帜　为全面建设社会主义现代化国家而团结奋斗——在中国共产党第二十次全国代表大会上的报告》，人民出版社 2022 年版，第 28—29 页。

彻协调发展理念的重要着力点。从系统整体思维方式看，生态文明建设是全国一盘棋，各地区、各部门协调发展。美丽中国与生态文明建设，必须全国统筹规划、协调发展，逐步推动山水林田湖草沙各子系统平衡协调发展、推进各地区、各部门之间的协调发展、促进生态领域与其他领域协同发展。

其三，绿色发展理念揭示了经济社会发展的科学方式。"加快发展方式绿色转型……推动形成绿色低碳的生产方式和生活方式"① 是贯彻执行绿色发展理念的具体要求。促进生态友好和可持续发展，是构建人与自然和谐关系的正确路径，新时代要发展"有助于人的自由而全面发展的绿色生产力"②，以绿色发展带动新时代生态文明建设。

其四，开放发展理念是顺应经济全球化潮流而提出的前瞻性发展理念。在生态领域主要体现在助推构建人类命运共同体，创设人与自然生命共同体；主张中国积极参与全球环境系统治理，积极探讨世界环境保护和可持续发展的解决方案；倡导各国共同应对全球生态危机，共建全球生态安全美丽图景等方面。

其五，共享发展理念科学地回应了发展成果如何分配的问题，该理念直接指向全体人民共同富裕的价值追求。习近平总书记指出："共同富裕是中国特色社会主义的本质要求，也是一个长期的历史过程。"③ 共享发展是一个长期的历史过程，不可能通过一时的平均分配来达成，这一方面说明人民群众还需在持续奋斗中提高生产力以满足共享需求，另一方面说明人民群众共享意识也有待增强。在共享发展理念引领下，美丽城镇的每一个成员必将共享绿色、宜居的生态环境。

中国特色城镇化建设本身是经济社会发展的一个重要环节，是中国特色社会主义建设总体布局的一个重要组成部分。在新发展理念的指导下，中国特色城镇化生态伦理汲取了中国经验和世界文明成果，对中国

---

① 习近平：《高举中国特色社会主义伟大旗帜　为全面建设社会主义现代化国家而团结奋斗——在中国共产党第二十次全国代表大会上的报告》，人民出版社2022年版，第50页。

② 方世南：《马克思唯物史观中的生态文明思想探微》，《苏州大学学报》（哲学社会科学版）2015年第6期。

③ 习近平：《高举中国特色社会主义伟大旗帜　为全面建设社会主义现代化国家而团结奋斗——在中国共产党第二十次全国代表大会上的报告》，人民出版社2022年版，第22页。

特色城镇化生态伦理建设具有重要的理论和实践意义。

五 人的自由全面发展是人类社会发展的最高目标

进入 21 世纪，中国经济迅猛发展的同时，也产生了发展不平衡、不协调、不全面的问题，影响了经济社会持续发展，人的全面发展不可避免地受到损害。胡锦涛适时提出科学发展观，强调以人为本，统筹兼顾，实现经济社会全面、协调、可持续发展。科学发展观突破了传统的"物本"发展观所坚持单纯的物质财富增长的错误理念，坚持人的自由全面发展的根本价值理念，强调一切发展为了人，是为了满足物质精神文化全面发展的需要。科学发展观把促进人的自由全面发展落实到经济、政治、文化、社会和生态文明建设的具体实践中，推进了人的自由全面发展由理念到实践的飞跃。

党的十八届五中全会习近平提出的新发展理念，充分体现了人的自由全面发展的理念，把人的自由全面发展的理念全面落实到党的治国理政方略之中。创新发展处于国家发展战略全局的首要位置，通过激发全体民众的创新热情，形成"大众创业、万众创新"的良好局面，推动生产力发展的转型，促进经济社会全面进步。协调发展秉持马克思主义协调发展观，从社会有机整体考量，重点化解社会主要矛盾，统筹推进、协调各方，致力于更好地满足人民群众的美好生活需要。绿色发展就是为了绝大多数人的根本利益，通过建设资源节约型、环境友好型社会，实现人与自然的和谐发展，保障所有人的全面发展。开放发展彰显了马克思主义开放发展的世界观和方法论，其所促进的高质量发展是服务于人民美好生活的发展，是中国与世界各国共生共荣、协同推进的高质量发展，指向推动构建人类命运共同体。共享发展，通过增加社会公共服务产品、完善医疗、教育等公用事业，建立健全并完善社会保障制度，来实现发展成果共享，为促进人的自由全面发展提供基本保障。

由上可见，实现人的自由全面发展是共产党人不懈追求的理想目标，同时也是中国共产党人社会主义革命和建设的实践践履。中国特色城镇化建设本身就是促进人的自由全面发展的一项创举。中国特色城镇化生态伦理建设既关注生产力的发展，更关注人的自由全面发展，并把人的自由全面发展的实现程度作为衡量城镇化发展水平高低的根本指标。人的精神境界、综合素质的提升是人的自由全面发展的重要内容，中国特色城镇化生态伦理建设关键是人的认知结构、认知水平和思想道德素质的不断提升。因此，中国特色城镇化生态伦理建设是现阶段实现人的自由全面发展的主要内容和重要举措。需要指出的是，人的自由全面发展是动态的发展过程，中国特色城镇化生态伦理建设也不可能一蹴而就，是逐步深化、不断完善、持续发展的渐进过程。

总而言之，马克思主义发展观认为生产力的发展是人类社会发展的基础，人民群众是社会发展的主体，社会是一个协调发展的有机体，社会发展的最终目标是实现人的自由全面发展。这些思想深刻阐明了中国特色城镇化生态伦理的根本来源、建设目的和重要意义。因此，马克思主义发展观是中国特色社会主义生态伦理研究的理论基础。

本章小结

中国特色城镇化生态伦理建设以马克思主义生态观、马克思主义伦理观、马克思主义发展观为其理论基础和指导思想。马克思主义生态观以解决人与自然、人与人、人与自身之间的关系为核心，揭示了生态问题产生的社会根源及其解决的根本出路；马克思主义伦理观以唯物史观的分析方法、阶级视角、指导实践的目标方向、集体主义的道德原则以及道德判断的行为准则为要求，在探析道德发展规律的基础上指导个体思想和行为的塑造；马克思主义发展观以解决人的生存与发展问题为核心线索，以实现科学的世界观、方法论和科学的价值观的统一，为阐明中国特色城镇化生态伦理的动力、主体、目的、意义提供指导。习近平生态文明思想正是在吸收马克思主义生态观、伦理观和发展观思想精华的基础上形成和发展起来的，该思想内涵丰富、意蕴深刻，既充分汲取了前人相关思想理论的精髓，又根据新的实践，不断丰富和发展马克思主义生态观、伦理观和发展观。生态兴则文明兴、坚持人与自然和谐共生、绿水青山就是金山银山等重大原创性科学论断，为新时代生态文明建设，为中国特色城镇化生态伦理建设，为中国美丽城镇建设提供方向和遵循。

第三章

中国特色城镇化生态伦理研究的思想借鉴

习近平生态文明思想，马克思主义生态观、马克思主义伦理观、马克思主义发展观为中国特色城镇化生态伦理建设构筑了基本理论框架，奠定了强有力的现实基础。但中国特色城镇化生态伦理研究不仅需要理论指导，而且需要吸收借鉴中国古代和国外的相关思想资源。知史以明鉴，察古以知今，新时代背景下中国的城镇化生态伦理建设也应做到开眼看世界，梳理我国传统的生态伦理思想，从历史积累中学习值得传承的理想信念与美好追求，从西方发达国家学习其所探索的精华观念与成功经验，对于中国特色城镇化生态伦理体系的构建具有重要意义。

第一节 中国传统生态伦理思想

生态是 20 世纪由西方人提出的概念，但生态问题却不是一个只属于现代社会的问题。人类的发展史就是不断处理人与自然关系的历史。不同的国家、民族和地区，在不同文化的影响下，对人与自然关系的思考和处理，呈现出不同的特色。中国优秀的传统文化中蕴含了内容丰富而又深刻的生态伦理思想，这些思想无不闪烁着生态伦理的智慧。因此，要对中国传统生态伦理思想进行深度挖掘和细致梳理，取其精华、去其糟粕，为当代中国特色城镇化生态伦理研究提供必要的思想资源。

一 中国传统生态伦理思想的形成和发展

人与自然的统一是现代生态学的理论基础。在中国传统文化中，"天人关系"这个哲学命题一直以来都是哲学家们最关注的问题。在中国传统文化中,"天"是自然界的总称,但它兼具物质属性和精神属性。从形而下的层面看,"天"是看得见的天空和大地;从形而上的层面看,"天"是看不见的天道和天德。在有形之天与无形之天相统一的"天人关系"中,反映了人与自然的关系,中国古代生态伦理思想的形成和发展,也是对"天人关系"进行反思的成果。

(一)中国传统生态伦理思想形成和发展的背景

中国传统生态伦理思想的形成和发展是一个自然演化的过程。中国古代社会长期处于农业文明形态,古人要获得生活资料,进行农业、畜牧业、渔猎等生产活动,必然会和自然发生关联。农业的收成好坏与自然环境和气候的好坏有着密切的关系,而农业的收成又关系百姓的生活和上位者的统治。可见,天与人的关系甚为密切,下至百姓、上至天子,无不重视人与自然的关系。哲学家、思想家在结合生产生活经验的基础上对天人关系进行了探究,逐渐形成了独特的具有中国话语体系的生态伦理思想。

(二)中国传统生态伦理思想形成和发展的脉络

中国传统生态伦理思想的形成和发展,从时间上看大致经历了先秦时期、汉唐时期、宋明时期和明清时期;从思想流派来看,以儒家、道家、佛教的生态伦理思想为主流。

1. 儒家的生态伦理思想

(1)先秦时期

上古时代人们通过占卜和对占卜结果的解释来认识和表达对"天"的理解。而占卜的前提是承认"天"是上帝之天、意志之天。《周易》是对占卜活动的记录和总结,后来儒家对其进行注解、阐发并尊奉为《易经》。《易经》认为"天地之大德曰生"[1]"生生之谓易"[2],既然人和万物都是天地的产物,那么人和天地万物就构成了一个有机整体,天与人是统一的;但天人有别,天道在于创生万物,而人道在于实现天道。正因为人能够协助天去完成万物的生长,所以人和天、地并称为"三才",

---

[1]《易经·系辞下》,梁国典主编,山东教育出版社2008年版,第88页。
[2]《易经·系辞上》,梁国典主编,山东教育出版社2008年版,第60页。

和其余万物相比，人在自然界中有着特殊的作用和地位；天与人之间既对立又统一的关系决定了天人关系的最高境界是实现"天人合一"。

对"天人合一"的思考，孔子的最大贡献是否定了超自然的上帝之天，而把天看成自然界。"天何言哉？四时行焉，百物生焉，天何言哉？"[①] 在孔子看来，天是包含四时运行、万物生长的自然界。天是最高存在，人与万物都是天的产物。因此天的功能就是运行和生长，不断创造生命。在天人关系上，孔子提出了"人与天一"的命题，认为整个世界是一个有机生命体。在此基础上，孔子提出"天道性命"，认为天道即人道，人在面对天地万物时不是被动的，而是可以主动选择"仁"的、符合天道的行为。可见，孔子的"天人合一"是通过知天命而实现的。

孟子继承了孔子的学说，并做出了重要发展。孟子把天进一步自然化，在他看来天是自然之天，是不断创造生命的有机的自然界，具有生命的目的性。同时他认为真诚是天道，追求真诚是人道。这样就把人的基本道德上升为"天"的内涵，从而赋予天以道德的目的性。"天"的这种自在价值的最终承担者是人，因此人与自然界具有内在的一致性。最重要的是，孟子还提出"性善论"。在他看来，人具备天生的良知良能，所以天地之仁心则由人来实现。只要尽可能地修养善心，就懂得了人的本性，继而懂得天命。保持人的善心，培养人的本性，就是对待天命的方法。他还将孔子"仁"的实践从人推广到了自然界，提出了"仁民爱物"的主张。

荀子认为，"天"是自然之天、物质之天。荀子在心性研究方面提出了性恶论，看到了人不加节制的原始欲望所具有的破坏性，但又认为人性通过修养是可以变化的。在天人关系上，他认为天人有别，天的运行有其自身规律，并不以人的意志为转移，但他又充分肯定人的主体性，提出"制天命而用之"的思想，创造了承认自然规律又承认人的能动性的观点。

（2）汉唐时期

在整个汉唐时期，"天人关系"已经是一个非常重要的哲学命题。在汉武帝时期，董仲舒等人进行了重要的论述。董仲舒特别强调天与人之

---

① 《论语·阳货篇》，载孔丘、孟轲等《四书五经》，北京出版社2006年版，第62页。

间的关系,在荀子"天人相参"思想的基础上,提出了"天人感应"说,并以此为基础建立起"天人合一"的思想体系。他认为"天"是超自然的精神实体,是世界之源,是有意志、有目的的至上神。但天人同类,所以天人之间可以感应,表现为人通过自身行为影响天道的运作,而天通过一系列的灾害向人类表达自己的意志。王充用"疾虚妄"的求实精神对儒家思想进行反思和批判,并走向了唯物主义。在天人关系上,他认识到天并没有意志,只不过是自然的实体,是客观的存在。"夫天者,体也,与地同"①。天地是世界的本原,没有天地之外的东西生成天地。他否定天人之间精神性的沟通和影响,认为天人之间不存在感应。只承认天可以影响人,不认为人可以影响天。柳宗元对世界的本原做了物质性的认定,他反对董仲舒的天人感应说和受命之符说,提出"天人不相与"的观点。刘禹锡提出了"天人交相胜"的命题,对自然规律和社会规律进行了区分,强调人的主观作用,提出人类必须利用和改造自然。

(3) 宋明时期

"天人合一"思想在宋明时期发展到了顶峰。此时的"天人合一"思想继承了孔孟的学说,又对其进行一定程度的发展,发展成"天人一体"的思想观念。宋明理学家对于"天人合一"命题的深入探讨是从儒家一直以来的"性与天道"入手,并试图通过对这一命题使人们接受天经地义的、符合天理的思想。

周敦颐把"无极"看作世界的本原,无极生太极,太极由于动静变化而产生阴阳,阴阳变化又生出了五行,其精华又产生了人类。因此人以"成圣",即天人合一为最高境界,"成圣"的过程就是"人"对于"天"的回归的过程。张载是第一个正式提出"天人合一"这种表述的思想家,他针对秦汉儒学所主张的"天人二本"的弊端,提出了"性与天道合一"的思想。他用"诚明"把天人合一,从而进入物我一体的境界。在他看来,天地万物都是一家,在这一个大家庭中,天地是父母,君主是兄长,人民都是同胞,万物都是同伴。这是他"民胞物与"的博爱观点,其思想强调人与外物之间的联系,并且将这种联系作为一种情感联系,具有很强的教化力量。

---

① 王充:《论衡·祀义篇》,陶乐勤标点,新华书局2002年版,第243页。

程颢、程颐明确提出"天者理也",对"天"这个中国传统哲学中的根本性范畴做了新的解释。二程的"理"是一种有实而无形的客观存在,有三层含义:第一,理是世界万物都要遵循的,不以人的意志为转移,是永恒存在的;第二,理在自然界和人类社会所有原则中是处于最高地位的;第三,在事物存在之前,理就客观存在,人能主动体验它。他们从"天理"的角度阐发了对天人关系的认识,认为万物都有各自的理。程颢认为,宇宙是有生命的整体,天地之间充满仁,只有消除人与物、主观与客观之间的差别,实现物我合一,才能使人与天地万物构成一个有机的整体。在二程抽象的哲学思想中蕴含着对于外物和自然的尊重与认识论上的整体论方法,为我们今天认识人与自然的关系起到重要的启发作用。

王阳明继承发展以上思想,用"一气流通""原只一体"阐述了天与人之间的关系,提出"天地万物与人原为一体"的重要命题。他把心看作世界的本原、万物产生于心又归于心,认为仁者能与天地万物同为一体,不忍损害,并把它们当作自己身体的一部分加以珍惜。"心即理"是其学说的逻辑起点,也是他的宇宙观。这样的思想一方面提升了个体的地位,另一方面强调了个体内心与外部世界的同构性,为尊重自然提供了丰富的理论来源和坚实的哲学基础。

(4) 明清时期

明清之际的思想家王夫之继承和弘扬了张载的"气本论",是"气本论"的集大成者,并在唯物主义和辩证法方面达到了中国传统思想的顶峰。王夫之发展了"气"的哲学内涵,对他来说,气是一切事物的根源,而气由阴阳二者构成。气在理先,不是理主宰气,而是气主宰理。在天人关系上,他继承和发展了荀子"制天命而用之"的思想,进而提出人可以在自然规律面前发挥主动性、创造性,认识自然规律,然后使这些规律为人类所用。同时,他提出"性日生而日成"的命题,人在适应和改造环境的过程中不断认识自己、改造自己,生成和发展人性,在此过程中,人的德性得以培养。

清代中叶的儒学大师戴震对宋明理学进行批判,提出本体论思想,创造性地继承了理学中的合理部分。他认同程朱把天道与人道二分的观念,认为天道就是阴阳五行,人道就是人伦。同时他又指出,天道与人道虽各有运行规律，但彼此并非相互对立，而是相互影响、相互包容。戴震的这些思想进一步推动了儒家的"天人合一"思想。

可见，儒家思想的主线始终认为天人一体、天人交互，强调人与外部世界、与自然界之间的联系。在中国哲学中很少见到二者的对立，相反，二者往往是互相启发、互相体现、互相成就的。

2. 道家的生态伦理思想

道家传统中对天人关系做出最为经典阐述的是老子和庄子，比较经典的作品则有《老子》《庄子》《吕氏春秋》《淮南子》等著作。

（1）先秦时期

"自然"这个范畴是老子第一个明确提出的，其哲学的根本宗旨是人要回归自然。他认为，道是最高的存在，是天地之母，是宇宙万物存在的根源和依据。"人法地，地法天，天法道，道法自然。"① 道以自然的方式存在，即自然是道的存在方式或存在状态。自然不是对象、不是实体，而是法则。"道"体现在自然界中，就是"天道"，即自然规律。"人道"就是真人之道、圣人之道，即遵循天道、顺应自然。要想达到"天人合一"的境界，就要做到"为学日益，为道日损"②。所谓"为道"就是超越感觉经验，通过冥想直接感悟认识处于混沌状态的"道"、感悟宇宙的根本，从而无知无欲无为、淡化庸俗的物质生活，保持心态的清净，享受宁静的精神生活。但是，无为不是什么都不做，而是要无所为而为，即凡事顺乎自然。

庄子继承并发展了老子的思想，在道家思想史中最早提出"人与天一"这一命题。他赞成老子的学说，认为道是根本，天地万物由它而生，在这个基础上，庄子认为既然天与人都产生于道，人与万物就是平等的，自然界的万物都有其存在的意义和价值。所以，天与人是相统一的，天即是人，人即是天。可见，庄子的"天人合一"是天与人的高度和谐。

人要顺应自然才能实现"天人合一"。面对自然，庄子认为事物自有自己的"理"，人不应该去改变自然的发展轨道，但是人类社会的过度扩张、科学技术的过度发展却对自然造成了破坏。所以庄子主张"弃智"

---

① 《老子·二十五章》，载李耳、庄周《老子庄子》，北京出版社2006年版，第57页。
② 《老子·四十八章》，载李耳、庄周《老子庄子》，北京出版社2006年版，第104页。

"绝学""坐忘",认为只有失去个人主张,打通主客观的界限,才能追求与"道"的合一。这固然有唯心主义的成分,但庄子主张打破主客观二分,避免了人们将自然界和外在环境作为征服的客体来看待,强调人与自然的合一,是一种非常先进的自然观。

(2) 汉唐时期

在《淮南子》中与"自然"相对应的哲学概念是"道",它既指我们所生活的自然环境,也是一切事物产生和发展的基础。《淮南子》同时还赋予了"无为"新的阐释:"无为"不是消极的什么都不做,而是所作所为能够遵循自然,人应该认识到自己不是万物之上的主宰者,人只是存在于万物之中的观察者、参与者、创造者。此外,它还认为万物之间、人与自然之间有种神秘的相互感应的关系。

王弼则以"无"来理解自然界,他继承老子以来道家的思想,创立了"贵无论"。他把老子的道生万物转化为"无"中生"有",建立了新的宇宙本原论。"无"就是老子的"道","有"是"无"的具体存在。因此,"无"就是万物存在的根本,奉行"贵无"。人顺应自然的过程就是"无不为"的过程,在感受无的过程中,实现"与无同体"的天人合一的境界。和王弼不同,郭象提出"独化论"。他认为"有"才是万事万物存在的根本,世界万物都由"有"而产生。"无"中不能生"有","有"也不能变成"无"。他的天人合一是建立在万物独化的基础之上,宇宙万物是自然生成的,万物按其本性无待于外,保持着各自和谐的状态,从而达成"玄冥之境"的整体和谐境界。

无论是"道"还是"理",是"有"还是"无",道家始终强调自然的重要性,强调自然是人的来源,也是人的归宿。这种道家这里"自然"取得了更高的哲学意义,是人应当追求的境界,也是人可以追求的最高境界。这都使得道家对自然环境格外尊崇、格外重视,强调人与自然的合一。

3. 佛教的生态伦理思想

佛教生命观中同样蕴含了丰富的生态伦理思想。可以说,在中国传统文化中,尊重生命的思想在佛学中表现得淋漓尽致。

佛教的根本核心就是"缘起论",因缘是构成事物的因素和条件。世界上的一切事物都不是孤立的,它们之间互相依赖、互相作用。人与自然之间不是硬生生地割裂开来的，整个生态是一个不可分割的有机整体。而且，佛教提出"一切众生皆有佛性"，万物都有自己存在的内在价值和权利。因而众生在这个意义上是平等的，人类并不是宇宙的中心，没有任何优先性。

既然佛教认为万物是平等的，它就必然主张尊重生命和善待万物。这种普度众生的慈悲心把爱的对象空前地扩大化。佛教认为人和自然之间万事万物都紧密相连、形成因缘，最终导致人的报应，因此，应当尽量减少人对自然的索取和破坏。五戒是佛教徒必须遵守的道德行为规范，其中第一戒就是不杀生，仁慈地对待所有生物，培养恭敬的态度。可见，佛教以温柔的、非侵占性的态度对待自然。人应当看破诸多物质欲望的虚妄，从这些欲望之中解脱，最终达成涅槃的目标。这些主张虽然较为消极，但其中包含的慈悲之心具有非常强的道德力量，强烈敦促人们爱护生命、爱护自然。

二　中国传统生态伦理思想的主要观点

通过对中国传统文化中生态伦理思想形成和发展的梳理，可以看出中国传统生态伦理思想主要体现为天人合一思想、仁学思想以及中和思想。

（一）天人合一思想

天人合一是中国传统生态伦理思想的主题。儒释道的历代思想家都分别详细阐明了自己对天人关系的独特认识，人应顺从天，效法于天；人与天地同流；或人应该参赞化育；或"天人交相胜""制天命而用之""人与天调"等，但天人合一的思维模式和理论框架是主流。天人合一，就是要求将人类社会的秩序和宇宙秩序相融合，使天人均衡有序地发展。我国古代"天人合一"思想主要体现在儒家和道家的生态伦理观点中。

儒家的"天人合一"思想的本体论基础就是宇宙自然整体观，表明了万物之间相互联系的系统性。在儒家看来，天与人不是客体与主体的二元关系，而是普遍性和特殊性的关系。具体而言，儒家的天人合一有以下几层含义：第一，从生成的角度看，人与天地万物从源头上为一体。儒家认为"生生之谓易"，"易"就是变化，"生生"就是永不停息的生成过程。生生是自然界的存在方式，天的意义和功能就在于创造万物，此外并没有另外一个主宰者创造生命。第二，从存在的角度看，儒家认为天与人在本性上具有内在一致性。"化生"使万物各得其性，在宇宙自然中各占其位。自然界的变化生成遵循有序化的规则，"继之者善也，成之者性也"①。在这个基础上自然万物构成一个整体和谐的自然界。"天地之大德曰生"，儒家赋予天地某种道德意义。天地自然最高的德性就是创生化育万物。第三，从主体的角度看，儒家看到了人的主体性在天人合一中的作用。万物虽然都是自然的产物，但人却和天、地并立为"三才"，人的独特作用体现在"天生人成"，即天创生万物离不开人的辅助，人要主动参与到天地创生万物的过程中去。这就强调了人、自然之间的联系和彼此的定位，既避免了片面强调人的主观能动性，也避免了人在自然面前的被动心态，是对于人与自然关系精妙、合理且科学的认识和指导。

　　道家"天人合一"思想的逻辑起点是"道生万物"。老子的道包含三层意思：第一，道是宇宙间的最高存在，是一切存在的根源和依据，道是抽象的、绝对的、永恒的；第二，道以自然的方式存在，自然不是实体，而是法则，是宇宙万物运行的自然规律；第三，道是人类追求的最高境界。所谓"夫物芸芸，各复归其根"②，自然是人最原始本真的存在状态，同时又是人生命的最终归宿。

　　老子提出"道大、天大、地大、人亦大"③，为"物我同一"奠定了基础。庄子以"天地造化"为万物生命的起源，表明人与万物都是自然界的产物，人与自然界处在生命的有机统一体中，在此基础上进一步提出"天地与我并生""万物与我为一"的思想。人与自然之间是生命的内在联系，而不是外在的对待关系，这就是"天在内，人在外"的思想。"以道观之，物无贵贱。以物观之，自贵而相贱。"④ 庄子认为是人的成心也就是人的主观想法造成了人与人、人与万物之间的对立和分离。只有站在"超然万物"的道的立场，万物才没有贵贱。而且，天地万物各有

---

① 梁国典主编：《易经·系辞上》，山东教育出版社2009年版，第60页。
② 《老子·十六章》，载李耳、庄周《老子庄子》，北京出版社2006年版，第38页。
③ 《老子·二十五章》，载李耳、庄周《老子庄子》，北京出版社2006年版，第57页。
④ 《庄子·秋水篇》，载李耳、庄周《老子庄子》，北京出版社2006年版，第275页。

功能，因此，万物都有其存在的价值。道家否定人定胜天，认为人的最终境界即"人与天一""返璞归真"。而要达到这样的境界，只能顺其自然，无为而为。

（二）仁学思想

生态伦理的对象是人和自然的道德关系，怎么处理人与自然的关系，人的作用或者说人的主体性发挥是关键。在中国传统文化中，人和自然并不是主客二分的关系，因此，人的主体性不是表现在其作为认识主体上，而是充分体现在其作为德性主体上。

儒家伦理观的核心是仁爱，"仁者爱人"是对"仁"的简要概括。儒家的仁爱从家庭开始，然后由近到远扩展到社会再扩展到宇宙天地万物。人的最高德性是仁，而仁通过爱表现出来，这是一种普遍的道德情感。在他看来，仁爱的天然基础是亲亲之情，但仁爱又不局限于亲情，还可以是爱惜爱护自然界的一切生命。

孟子进一步提出了"亲亲而仁民，仁民而爱物"，明确把"爱人"扩大到"爱物"。荀子也提出用对待自己的标准去对待万物。张载的"胞民物与"，把世间万物都看成自己的同胞，体现出爱一切人、一切物的博爱精神。在宋明时期，始于孔孟的仁爱有了明确的本体论基础。无论是张载的"以气为本"，程朱为代表的"以理为本"，还是王阳明为代表的"以心为本"，都认同"天地万物一体"的整体思想，儒家的整个道德体系也是因为这种天地万物的内在一致性才能得以架构。

道家的本体论是从形而上学的"道"到形而下学的万物，从矛盾普遍性到矛盾特殊性的构建，而且庄子的思想是以回归自然为出发点的"物我同一"，所以道家一开始就把天地万物作为人关怀的对象，人的责任是协助万物生长完善，这就是慈爱利物的思想。天地为万物之母，以慈母的心对待天下的万物和所有人，形成一种普遍的关怀和同情。"慈"是老子提出的道德规范。慈的本质就是仁爱，把"慈"引入人与自然的关系，以慈爱之心对待万物，才能实现人与自然的和谐统一。具体而言，对待万物要有无私情怀，协助万物完善自己，而不是主宰和奴役万物。庄子提出"泛爱万物，天地一体也"，在道家看来，万物与我一体，爱万物就是爱自然界整体，也就是爱自己。

(三) 中和思想

中和思想在我国源远流长，是中华民族的优秀文化传统，也是中国人思考问题和处理问题的普遍原则。中和从上古尧舜起延续至今都有着极为丰富的内涵。"中"，按古圣先贤的理解，就是不偏、要恰到好处；"和"，就是"以它平它谓之和"①。不同事物在一起要相互配合，以达到平衡。中是和的前提，和是中的结果。中和，即中正和谐。中和是万物生成和发展的源泉。西周末年的史伯提出"和实生物，同则不继"②，在他看来，事物的多样性才能生成新的事物。子思在《中庸》中，将中道思想提到宇宙观的高度，提出"万物并育而不相害，道并行而不相悖"。

"致中和，天地位焉，万物育焉"③，儒家认为"一阴一阳之谓道"④，道是整个宇宙的普遍规律，即强调阴阳两种力量调和相融而生成万物。自然界万物的生存发展无不体现"中和"的原则。宇宙万物都在和谐有序地运动变化着。一切生物只有和环境和谐一致，才能得以生存发展。中和之道用公平、公正、合理的中庸原则，使人与自然、人与社会、人与人之间在动态中达成平衡。

在处理人与自然的关系时，要遵循"中和"的原则：既要满足人类的生活需要，又要促进自然的再生能力，从而实现人与自然的共生共荣。古人就是用中和的辩证思维来处理人与自然的关系。儒家认为，"爱物"就必须"与天地合其德""与四时合其序"，因此儒家提出了"时禁"的生态伦理规范，做到"取物以顺时"。也就是人们对自然资源要合理开发利用，不能去破坏生物的生长规律。如孔子倡导按照时令来吃东西，春天不能杀生、不折断生长中的树木等等；曾子主张砍伐树木、猎捕禽兽都要按照动植物的自身生长规律，不能破坏生态系统的平衡。孟子、荀子等进一步对这一思想进行了阐发：孟子认为"不违农时，谷不可胜食也；数罟不入洿池，鱼鳖不可胜食也；斧斤以时入山林，材木不可胜用也"⑤。"爱物"还体现在对自然资源利用的"度"上，自然资源是有限

---

① 左丘明：《国语·郑语》，上海古籍出版社2015年版，第347页。
② 左丘明：《国语·郑语》，上海古籍出版社2015年版，第347页。
③ 《中庸》，载孔丘、孟轲等《四书五经》，北京出版社2006年版，第186页。
④ 《易经·系辞上》，梁国典主编，山东教育出版社2009年版，第60页。
⑤ 《孟子·梁惠王上》，载孔丘、孟轲等《四书五经》，北京出版社2006年版，第73页。

的资源，因此人们不能无限制地索取。因此我们必须做到"取予有度""用之有节"。孔子主张"钓而不纲，弋不射宿"①，孟子也强调不能破坏鱼的生长繁殖，荀子也明确指出只有节流才能开源。

在道家的经典作品《道德经》中老子提出了"三宝"："夫我有三宝，持而宝之，一曰慈，二曰俭，三曰不敢为天下先。"② 从"三宝"我们可以看出道家所奉行的生态道德观念。"慈"是一种对待世间万物的心态，它要求我们像慈母一样对待所有生命甚至整个自然。"俭"是一种生活方式，老子认为人们的生活方式根源在于欲望。对待自己的欲望要有道德要求，要约束自己的欲望，即"俭"，做到知足寡欲。多欲不符合自然，所以不能长久，不能"益生"，反而"伤生""害生"，伤害人的自然本性。因此，俭省的生活不仅对养生十分重要，而且对人的生命质量与生命价值来说也很重要。"不敢为天下先"就是不争，将之用于人与自然的关系中，就是人和自然之间不发生尖锐的冲突，"以辅万物之自然，而不敢为"③，以无为的方式实现自身。

三 中国传统生态伦理思想的现实启示

生态伦理探讨的是人与自然之间的道德关系，中国传统生态伦理思想中蕴含的生态道德智慧启示我们在处理人与自然之间关系时，应该做到敬畏自然、尊重自然、参与自然、与自然共生共荣。只有这样，才能进入"天人合一"的至高境界。

（一）敬畏自然

"天道生生"是中国古代生态思想的核心范畴。"天道"指自然界的演化规律，"生生"意为产生，也指"造化""化育"。天地自然化生出包括人在内的生命万物。在中国传统文化中，自然从来都不是人类征服的对象，人和自然本来就融为一体。天是物质之天和精神之天的统一体。从物质层面讲，人和自然万物都是天自行运行的产物，作为自然之子，人与自然界处于无限的生命整体之中。从精神层面讲，天不仅赋予人以

---

① 《论语·述而》，载孔丘、孟轲等《四书五经》，北京出版社2006年版，第27页。
② 《老子·六十七章》，载李耳、庄周《老子庄子》，北京出版社2006年版，第142页。
③ 《老子·六十四章》，载李耳、庄周《老子庄子》，北京出版社2006年版，第137页。

生命形体，而且赋予人以内在价值，人的情感意志是由天德而来。因此，人与自然之间存在一种天然的、内在的关联，同时天的运行有其自身的规律，不以人的意志、人的喜好厌恶为转移，因此，人只能顺应规律、尊重规律。这就使得人对自然有一种天然的情感，即敬畏感。敬畏自然一方面是指敬畏天德，另一方面指敬畏自然规律。

（二）尊重自然

现代生态伦理的建构，关键的一点就是发现和承认自然有其价值。这种价值在于自然的生成性和创造性。中国传统生态伦理思想中"天人合一""主客一体"的宇宙自然整体观，理所当然认同自然的内在价值。自然的内在价值主要通过"生生"这个核心范畴体现出来。达成"造化""化育"的理想状态。"天地之大德曰生""生生之谓易"，儒家认为天的根本意义在于"生"，也就是创造生命，让四时运行、万物生长。天地万物生生不息，呈现出自然的价值。道家认为宇宙万物包括人都是"道"应运而生的，这就蕴含了自然具有创生万物的内在价值。佛教的"缘起论"也体现了自然的内在价值：万事万物都由因缘产生。因此，世界是一个相互联系的整体，其中的各种因素并无高低之分。更重要的是，人因自己的私欲利用自然、干扰自然、破坏自然都会造成恶业，而爱护生命、保有慈悲之心则是大道修行的目的。

（三）参与天地化育

在儒家思想中，人只是万物中的一员，在整个生态系统中和其他生物一样都是自然的产物，但是和其他生物相比，人又是万物之灵，和天、地并称为"三才"。人的这种特殊地位是由其特殊作用决定的。人在天地万物之中，肩负着特殊的使命，人对自然有道德义务，也就是人要去"成万物"。天有好生之德，但天不是无所不能的，天的创造力是要靠人的努力去完成的。正所谓"天生人成"，人要主动去参与天地化育的过程，参与的过程也是弘道的过程。而人之所以能够参与天地化育的过程，从人性上看是因为人有良知、良能，具备向善的能力。由于"天命之谓性"[①]，人性中的基本价值来源于天，并与宇宙大化的过程联系在一起，所以只有"尽心知性"才能"知天"，只有"知天"才能参与天地化育

[①] 《中庸》，载孔丘、孟轲等《四书五经》，北京出版社2006年版，第186页。

的过程。因此，人的主体性在于人要帮助自然完成"生生之道"，以仁爱之心对待天地万物，这就是"为天地立心"。

（四）与自然共生共荣

中国传统生态伦理思想中的"天人合一"认为人与自然之间存在内在的统一关系，天的存在价值在于生生之道，而人的主体性体现在完成自然的生生之道。因此，人与自然之间形成了双向互动的关系，也正是这样的互为主体的关系，从根本上实现了生态系统有序化的平衡。因此，不应该把人与自然对立起来，它们之间本应是和谐发展、共同生长共同繁荣的关系。"制天命而用之"和"仁民爱物"之间是不矛盾的。"天人合一"把天地万物看成是一个有机的生命共同体，在这个共同体中天道与人道统一、自然与人为统一。人在享用自然提供的各种生存和发展条件的同时，一定要辅助自然完成生命意义，只有这样，人才能完成自己的生命意义。因此，人要遵循自然规律，仁民爱物，慈爱利物。

当然，中国传统生态伦理思想产生于农业文明，由于当时生产力低下，人对自然的改造能力有限，那时候所遇到的生态问题与工业文明以来遇到的生态问题早已不可同日而语。因此，尽管中国传统生态伦理中有着丰富的思想资源，有着许多值得借鉴和继承的内容，我们仍然必须以批判的眼光和发展的眼光去看待它，警惕、分析和批判其中的神秘主义、唯心主义和神化、美化以及证明封建统治合理性的一些观点。例如，在中国哲学中"天"不仅具有指代生态和大自然的意义，也具有本体论和形而上学的意义，同时也具有政治哲学的含义——对"天"的推崇不仅包含了对自然的尊重和对规律的遵守，也包含了对封建统治者的服从。我们要将这样的思想剥离和扬弃出去，将"天人合一""仁"和"中和"思想中的生态伦理思想分离出来，进行正确的理解，并将我们现在所遇到的问题和后世与西方所提供的新的思想资源结合起来，形成具有时代特色的城镇化生态伦理。

第二节 国外生态伦理思想

国外生态伦理的产生与发展，与各国城镇化、工业化的进程息息相关。国外生态伦理思想是在各个国家面临特定的时代背景和严峻的环境状况下形成的，思想家们面对特殊的环境和背景，不断思考该如何以正确的方式对待人与自然之间的关系，产生了宝贵的思想火花。对国外生态伦理思想的梳理，有利于我们更加全面地理解生态伦理的内涵与精神实质。我们在城镇化进程中要做到具体问题具体分析，适当借鉴国外生态伦理思想的精华，结合自身实际，形成适宜自身发展的生态伦理。对国外环境伦理的产生与发展、主要观点的梳理与考察，最直接的目的是对国外生态伦理思想的演变历程及理念精华有直观的认识和把握，而根本上是为了达到"博采众长"的目的，使国外经典生态伦理思想在中国特色城镇化进程中为我所用，使中国特色城镇化生态伦理得以构建，促进中国特色城镇化道路越走越好。

一 国外生态伦理思想的形成与发展

城镇化与工业化犹如一对孪生兄弟，在各国的经济发展中如影随形。国外生态伦理学的形成与发展以城镇化与工业化为背景，并将两者作为衡量某个国家经济发展程度的重要指标。在经济发展取得巨大成就之后，生态系统失调、资源环境惨遭破坏等问题也接踵而至。随着生态问题的增多，解决生态问题的方法也变得多种多样；随着人与自然关系的问题越来越严峻，关于如何正确处理人与自然关系的思想也开始层出不穷。有些方法与思想之间有内在关联性，有些则是背道而驰。这些思想推动了国外生态伦理学自身的发展，也为这些国家解决发展过程中的环境问题提供了参考。

(一) 国外生态伦理思想产生的背景

生态伦理学最初产生于西方国家，与这些国家的工业化进程有着不可分割的联系。随着工业技术的提高，西方国家的工业如雨后春笋般崛起。工业的发展一方面带来的是国家经济水平的迅速提高，而另一方面则带来了沉重的代价——赖以生存的环境遭受到污染与破坏。人们开始认识到，人不能仅仅凭借科技的力量征服自然，而要借助科技的力量保护自然，使千疮百孔的家园得以修复。国外生态伦理思想的产生，既有特定的时代背景，也离不开学者围绕自身的思考、围绕对自然的情怀与责任感。梳理和分析国外生态伦理思想产生的背景，是我们将国外生态伦理思想内化为中国城镇化生态伦理思想的基础。

其一，生态环境因过度工业化而遭到破坏是国外生态伦理产生的现实背景。国外生态伦理思想的产生，离不开有识之士对于如何合理开发利用自然的不断探索。其中较有代表性的有美国学者吉福德·平肖和法国学者阿尔贝特·史怀泽。吉福德·平肖生活于19世纪末20世纪初的美国，当时美国工业迅猛发展，带来了一系列的生态问题，平肖时任美国林业局局长，所处的时代与所担任的职位是其"自然资源保护思想"形成的重要基础。平肖推行美国资源利用的改革，其自然资源保护思想适应当时的政治需求，故而上升为国家政策；同时，资源保护思想成为国家政策有利于实践对该思想的检验，能够促进该思想的进一步完善与深入推行。史怀泽"敬畏生命"的生态伦理思想，是在西方国家的环境因工业化而遭受破坏的背景下提出的。人类对自然的破坏、对自然界其他生命的轻视，也开始受到来自大自然的惩罚。当时，自然界的所有生命都遭受了来自两次世界大战的毁灭性灾难。在这样残酷的背景下，史怀泽开启了生态伦理思考的思想之旅，凝聚成"敬畏生命"的生态理念。"敬畏生命"思想的出现，使得动物在自然界中的地位得以提升，也使得人们开始重新审视自身与其他生命之间的关系。

其二，对环境危机的反思是国外生态伦理产生的主观条件。当人类社会的生存与发展受到生态环境威胁时，能够认识到生态环境出现了问题的有识之士有很多，但是能够真正地思考如何去解决这些问题、如何能正确处理人与自然关系的人则很少。在这些少数人中，有代表性的是美国生态学者利奥波德、英国学者肯尼斯·博尔丁和英国大气学家詹姆斯·洛夫洛克。

利奥波德面对工业化、城市化给环境带来的伤害，积极投身于环境保护主义运动，并提出"大地伦理"思想。利奥波德长期与大自然亲密接触的实践经历为其思想的最终形成奠定了实践基础，其亲身经历也进一步开阔了他的研究视野，其生态伦理思想也正是在此时开始酝酿的。英国学者肯尼斯·博尔丁则提出了"宇宙飞船经济理论"假说，这与博尔丁的成长环境、自身的思考是密不可分的。博尔丁是一位标新立异的经济学家，他对于西方国家当时盛行的"经济人假设"理论并不是完全认同，提倡探寻普遍适用的规律。善用比喻、喜欢想象、乐于思考、不拘泥于固有观点，是博尔丁的突出特点。更是他能够在1966年提出"宇宙飞船经济理论"的重要基础。"盖亚假说"是在洛夫洛克和马古利斯两位学者的共同努力下才得以推进的，并成为西方当时环境保护运动不可替代的理论之基。该假说的形成与发展，很大程度上得益于洛夫洛克自身所从事的相关研究，洛夫洛克对于生态环境的热爱情怀，也为该假说的提出奠定了基础。

其三，对已有生态伦理思想的发展是国外生态伦理思想产生的重要基础。国外生态伦理思想的形成，是后人在不断总结、批判吸收前人观点的基础上形成的。在思考人与自然关系这一问题时，有了前人所奠定的生态伦理基础，之后的思想家们可谓是"巨人肩膀上的巨人"。其中有代表性的是深层生态学家奈斯和"生态足迹"思想的完善者瓦克纳格尔。"深层生态学"是挪威哲学家、自然学者奈斯提出的，可以说，深层生态学是在批判浅层生态学的基础上形成与发展的，也正是因为有了浅层生态学的对比，才使得深层生态的观点更为突出。深层生态学理论将人与自然视作平等的自然界的存在物，认为不能仅仅看到环境退化这一表层的生态危机现象。"生态足迹"又称"生态脚印"，是哥伦比亚大学的马西斯·瓦克纳格尔，在其老师威廉·E. 里斯最初提出的"生态足迹"思想的基础上，进行进一步探索所得出的生态伦理思想。他使生态足迹的定义逐步丰富并完善。从定义上而言，生态足迹是一种可操作的生态定量方法；从本质上而言，生态足迹是为实现可持续发展提供依据。

其四，各个国家人民群众的现实需求是国外生态伦理思想产生的根本动力。在城镇化的进程中，西方国家经济发展颇有收益的同时，也使生态环境饱受磨难，最终导致各国的人民群众成为生态环境恶化的承担者。英国伦敦的"烟雾"事件、美国洛杉矶的光化学烟雾事件以及比利时爆发的马斯河谷烟雾事件等耳熟能详的发达国家环境污染事件，使各国人民承受了巨大的伤害，例如，"伦敦烟雾事件"发生时，不仅交通瘫痪，人们的生产生活也受到影响，许多市民出现胸闷、窒息等不适感，发病率和死亡率急剧增加；马斯河谷烟雾事件则导致当地一个星期内就有60多人死亡。人们的身体健康乃至生命安全，因为过度工业化、城镇化而受到严重威胁。面对环境污染问题，人民群众为了生命安全，迫切要求人们在城镇化、工业化进程中的行为得到规范，基于此，国外生态伦理思想在人民群众的迫切需求中应运而生。

(二) 国外生态伦理思想发展的脉络

国外生态伦理思想的发展呈现出"百家争鸣"的现象，根据不同的主线可以梳理出不同的发展脉络。根据是否以人类为主体，可以将其整理为"人类中心主义""非人类中心主义"两类；根据西方国家发生在各个时期的环境保护运动，可以以"三次环境保护运动"为主线进行考察；我们也可以按照不同的生态伦理思想形成的先后顺序对其发展脉络进行梳理。无论是按照哪一主线进行梳理，归根到底都是各个学派对如何处理人与自然关系这一问题的争论，是各学派发现了各国工业化、城镇化进程中的生态环境问题后所进行的思考。从不同角度对其发展脉络进行梳理，有利于我们对国外生态伦理思想有一个系统的把握，对于中国特色城镇化生态伦理研究起到一定的导向作用。

其一，基于"是否以人类为主体"。一定程度上，西方生态伦理思想的相关研究反映出西方生态伦理思想家们对自然的关注度和责任感。"可以把西方生态伦理学的各种流派分为人类中心主义的生态伦理学和非人类中心主义的生态伦理学两大派别。"[1] 两者既有区别又有联系，两者最为根本的不同便是在处理人与自然的关系时是否应该将人的利益放在首要地位而忽视其他生物的价值，人类中心主义主张人类的利益是我们衡量人的行为以及人与其他生物间关系的价值标准，而非人类中心主义认为上述观点是环境污染和生态破坏的始作俑者；而其最大的共同点则是，两者都是对于人与自然之间关系的思考，各有其合理性。我们既不能无止境地破坏自然，完全把自然当作人类的工具，也不能对自然置之不理，因为人类社会的进步离不开对自然资源的合理开发与利用。

因此，当我们审视各学派的观点，应当以中国特色城镇化生态伦理研究为基本出发点，以国内外相关理论为指导，吸纳相关的思想，吸收优秀的经验，吸取率先城镇化的世界上其他国家的教训，在城镇化进程中注重生态环境的保护，通过中国特色城镇化生态伦理的研究，提升人类的生态观念，实现人与自然的和谐相处。

其二，基于"三次环境保护运动"。大规模的和具有代表性的环境保

---

[1] 胡孝权：《走出西方生态伦理学的困境》，《北京航空航天大学学报》（社会科学版）2004年第2期。

护运动在西方国家共爆发过三次，这三次运动在一定程度上代表着国外生态伦理思想发展的过程。第一次环境保护运动发生在19世纪末至20世纪初的西方现代工业蓬勃发展时期，西方许多国家因工业的发展，出现了一系列的生态问题。在这样的背景下，西方环境伦理思想开始孕育，一些有识之士发出了保护环境的声音，发起了保护环境的号召，其中最为典型的是吉福德·平肖，他的自然资源保护思想形成了强大的号召力；第二次环境保护运动发生在20世纪初至20世纪60年代，两次世界大战的爆发，破坏了生态环境，由此，西方环境保护者开始采取行动，以唤起人类的生态环境保护意识，与第一次环境保护运动不同的是，这次环境保护运动开始将自然万物上升到与人类平等的位置，其中有代表性的是美国利奥波德的"大地伦理"思想以及法国思想家阿尔贝特·史怀泽的"敬畏生命"思想；第三次环境保护运动，从20世纪60年代持续至今，由于科技水平的进步和生产力水平的提高，人们越来越热衷于追求工业化所带来的利益，伴随着各国工业化进程突飞猛进，各国城镇化的进程也不断加快，随之而来的便是生态环境的破坏越来越严重，由此，生态伦理思想也更为丰富。其中有代表性的是美国经济学家肯尼斯·博尔丁的"宇宙飞船经济理论"、英国大气学家詹姆斯·洛夫洛克所提出的"盖亚假说"和美国思想家德内拉·梅多斯等人的"增长的极限"思想。从第一次到第三次环境保护运动，国外思想家对环境保护的认识逐渐深入，并实现了环境保护思想的与时俱进，这为我们在当今时代背景下进行中国特色城镇化生态伦理研究提供了参考。

其三，基于"思想形成时间顺序"。国外生态伦理思想的发展，也可以时间为主线进行梳理。国外的生态伦理思想最早可以追溯到19世纪末20世纪初，由吉福德·平肖最先提出的自然资源保护思想，他呼吁人们和政府加强对林业资源的科学管控，有效地保障了其可持续发展。但同时由于其过分看重自然资源的经济价值，也使得平肖在一些决策上出现了失误，体现出功利主义保护思想的欠缺。到20世纪60年代时，英国科学家詹姆斯·洛夫洛克提出了著名的"盖亚假说"，在他的思想中，地球被视为一个有机生命体，如果人类始终对自然资源进行不加保护的滥用，那么地球和人类文明都将走向灭亡。虽然洛夫洛克的言论时常充斥着悲观色彩，但他对人类破坏自然行为的劝诫却始终值得我们去肯定和支持。

一直到20世纪90年代,美国环境伦理学家霍尔姆斯·罗尔斯顿总结出了保护自然价值思想,强调在保护自然环境和人类社会发展之间寻找道德和伦理上的平衡,为全世界所共同面临的环境保护问题带来了相关的指引和启示。梳理国外生态伦理思想的形成与发展的过程,有利于我们清晰准确地把握和了解其主要内容与带给我们的启示,并在此基础上,将国外生态伦理学说的思想精华融入中国特色城镇化生态伦理思想的研究过程中,实现中国特色城镇化生态伦理的不断丰富与发展。

表3-1　　　　国外生态伦理思想形成与发展的先后顺序一览

时间	思想	提出者	国家
19世纪末20世纪初	自然资源保护思想	吉福德·平肖	美国
1910	生态位思想	R. H. 约翰逊	美国
20世纪初	敬畏生命思想	阿尔贝特·史怀泽	法国
1933	大地伦理思想	奥尔多·利奥波德	美国
20世纪60年代	循环使用地球资源思想	肯尼斯·博尔丁	美国
20世纪60年代	地球是有机生命体思想	詹姆斯·洛夫洛克	英国
1972	地球资源有限思想	德内拉·梅多斯	美国
1973	追求生态平等思想	阿伦·奈斯	挪威
1975	动物解放思想	彼得·辛格	澳大利亚
1985	地球伦理思想	丸山竹秋	日本
20世纪90年代	生态足迹思想	里斯、瓦克纳格尔	加拿大
1994	保护自然价值思想	霍尔姆斯·罗尔斯顿	美国
1994	环境与经济相协调思想	岩佐茂	日本

二　国外生态伦理思想的主要观点

如果说对其形成背景、发展脉络的梳理,是我们对国外生态伦理思想的基本了解与把握,那么对国外生态伦理思想主要观点的考察便是一种更加深入的探讨。也只有在深入了解的基础上,对相关思想加以"扬弃",我们才能更好地借鉴和吸收,为中国特色城镇化生态伦理研究提供资源。需要说明的是,国外生态伦理思想浩如烟海,本书的梳理与考察可能并不全面,只是力求把握住自生态伦理学产生以来相对具有代表性的生态伦理思想,能够对中国特色城镇化生态伦理研究提供一定的参考。

纵观国外生态伦理思想，不同思想之间有着内在联系，根据上述思想理念所表达的核心观点，可将其主要思想归纳为认识自然价值、把握自然规律、尊重自然伦理几个方面。

（一）认识自然价值

自然资源有限性及有用性带来了价值性，这既包含其对本身而言的价值，也包含其于其他生物而言所产生的价值。对自然价值的认识，既包括对自然资源的保护思想，也包括对自然价值加以保护的思想，以及追求人与生态在价值上的平等思想。其中，吉福德·平肖认为，实现自然资源价值的前提是对自然资源加以保护；罗尔斯顿认为，自然界有多种价值，这些价值是应该受到重视的；阿恩·奈斯认为，自然界万物，包括人类本身，于其内在价值角度而言是平等的。

其一，认识自然价值以保护自然资源为基础。自然资源保护思想的核心观点是：资源是有限的，人们在利用它们的过程中应当理智，而不是盲目和缺乏规划。这一思想是站在人民长远利益的高度，对人与自然关系的审视。明智地利用自然，包含两方面的内容，一方面，明智地利用自然，有利于对自然资源的规划、保护及利用；另一方面，只有有计划地、明智地利用资源，才能维持人类社会的长远发展。平肖认为，只有科学地管理自然资源，才能合规律地对其加以利用和开发，才能促进社会的进步和自然世界的发展，才能实现其价值。平肖强调，政府应当在自然资源保护过程中起到主导作用，国家对自然资源应当有控制权，进行必要的关于自然资源保护的行政干预，可以提高自然资源的保护效率，更好地实现自然价值。

其二，认识自然价值以尊重自然价值为关键。美国哲学家、知名学者罗尔斯顿，强调自然的价值与权利。自然价值的存在是赋予自然权利的前提，也正是基于此，才能在伦理的基础上剖析人与大自然间的伦理关系。罗尔斯顿论述了自然界的价值以及保护自然价值的必要性，并阐述了保护其价值所该遵循的原则、方法以及限度等。"遵循自然"思想，便是罗尔斯顿阐述的关于如何正确处理人与自然间关系的重要原则。人类对自然价值的尊重，通过人类对自然规律的遵循体现出来，尊重自然、对自然尽到保护义务，从长远而言，也是对自身的保护。罗尔斯顿认为，我们懂得尊重自然的完整性和自然的独立价值，才能知道自然的伦理范围。

其三，认识自然价值以追求生态平等为目标。阿恩·奈斯认为，人的自我实现是人类的最高价值追求，因为它可以使人的潜力得以充分挖掘，也使得人具有社会意义，在真正意义上成为人。需要说明的是，这里的自我，并非与大自然截然对立的"自我"，而是可以与大自然融为一体、和谐共处的"自我"。每个生命的自我实现，与生态中心平等主义的实现是殊途同归的，自我实现的主体不仅仅局限于人类，自然界的所有存在物都有自我实现的权利，因为它们本身是平等的。同时，他认为，人类对大自然的某些影响是可以接受的，但是这种可以接受的影响必须在一定的标准之内。生态中心平等主义原则，对人类的行为加以规范，即人类生活在地球上要在适度的范围内对自然加以影响，这并非要求人们做苦行僧，不对自然产生任何影响，恰恰是要求人类与大自然的和谐共存。[1]

(二) 把握自然规律

人类社会的发展依托对自然资源的开发与利用，充分发挥自然资源价值的前提是人类对自然规律有正确的认识。国外许多学者认识到了资源的有限性，并在自身提出的理论或思想中表达了对把握自然规律的重要性、紧迫性和必然性的认识。其中，R. H. 约翰逊、肯尼斯·博尔丁和詹姆斯·洛夫洛克分别通过生态位思想、宇宙经济飞船理论和盖亚假说向人们说明了把握自然规律的重要性；德内拉·梅多斯等人通过对地球资源有限的论证，里斯、瓦克纳格尔通过生态足迹思想，揭示了把握自然规律的紧迫性；日本的环境哲学家、伦理学家岩佐茂，通过环境与经济相协调思想论证了把握自然规律的必然性。

其一，强调把握自然规律的重要性。生态位，是美国学者 R. H. 约翰逊在 20 世纪初最先使用的，我国学者王刚等将其归纳概括为："种的生态位是该种在生态学上的特殊性，即该种与群落中其它种及生境之间的特殊联系。"[2] 它所衡量的是某一种群于生态系统中得以生存下去的所需要的空间、资源等供给值。提出"供给值"概念是对自然规律的认识，

---

[1] 许鸥泳主编：《环境伦理学》，中国环境科学出版社 2002 年版，第 134—136 页。
[2] 王刚、赵松玲、张鹏云等：《关于生态位定义的探讨及生态位重叠计测公式改进的研究》，《生态学报》1984 年第 2 期。

衡量供给值则是对自然规律的把握。肯尼斯·博尔丁的宇宙经济飞船理论认为地球在浩瀚无边的宇宙中，如同一艘飞船，飞船所承载的资源和空间是有限的，如果地球上经济与人口仍然处于不断的增长之中，那么，船内有限的资源将会被消耗殆尽，人类作为地球上资源量消耗最大的群体，需要在地球的承载能力到达极限之前，建立一个良性循环的生态系统。詹姆斯·洛夫的"盖亚假说"的核心思想便是将地球看作是一个有机的生命体，当有机体出现问题时，地球可以通过自身的调节功能加以恢复。但需要注意的是，地球的调节功能并非是无限的，而是在一定限度之内的调节与修复。生态问题是涉及整个地球系统安危的问题，盖亚假说的主要目的便是唤醒人类的生态保护意识，实现人与自然的和谐相处。以假说的形式对生态系统进行认识，呼吁建立良性生态系统、唤醒人类的生态环境保护意识，是对把握自然规律重要性的说明。

其二，揭示把握自然规律的紧迫性。"增长的极限"出自《增长的极限——罗马俱乐部关于人类困境的报告》。该报告论证了土地资源有限、不可再生资源有限、污染承载能力有限。"新的农业用地正源源不断地被带入到生产中，而曾经富有生产力的土地正因侵蚀、盐碱化、城市化和沙漠化而丧失。"[①] 土地，是人类社会生存与发展的根基，如果人们在发展进程中连根基都保不住，不仅仅是人类的生产生活不能持续下去，许多生物也将面临危机。《增长的极限》通过一系列的论证，向我们揭示了自然资源有限、自然环境承载力有限的客观规律，警示我们把握自然规律迫在眉睫。生态足迹则是对人类社会能否实现可持续发展的测量，其起源、发展与完善，是在里斯及其学生瓦克纳格尔的努力下完成的。表面来看，生态足迹，是对生态进行定量的操作方法；从本质上而言，生态足迹是对生态系统能否实现永续发展的思考，是为自然以及人类实现长久有序的生存提供依据。"生态足迹是人类为满足其需求而利用的所有生物生产性土地的总和"[②]，而生态承载力则是某地区或国家的可用的具

[①] ［美］梅多斯、兰德斯、梅多斯：《增长的极限》，李涛、王智勇译，机械工业出版社2013年版，第58页。

[②] 世界自然基金：《地球生命力报告·中国2015》，第14页。

有生物生产力的土地和水域。① 两者间的相互关系可以用生态赤字、生态盈余等概念表示，两者的差额直接决定该地是否出现赤字或盈余。生态赤字的不断出现，便是告诉我们把握自然规律的紧迫性。

其三，遵从把握自然规律的必然性。日本的环境哲学家、伦理学家岩佐茂梳理和考察了西方国家及日本的生态伦理思想，也提出了自身对环境伦理的认识，甚至对环境保护的主体，如企业、民众等，在环境保护方面应该有怎样的行动也表述了自身的认识。他认为："人类为了生存和生活，经济和环境两者都是必需的。不过，环境问题是在人类进行经济活动时引起的，这也是事实。……我们需要考虑的是怎样使环境保护和经济活动协调，怎样使两者共存。"② 无论是西方国家还是日本、印度，甚至中国，在发展的过程中，都面临如何处理经济与环境关系的问题。西方国家的"先污染、后治理"看重经济因素对人类社会的影响，但忽视环境对人类的作用，故付出了沉重的代价。从岩佐茂的思想中，我们可以得到这样的启示：在经济社会发展的过程中，经济与环境并不是必须"两者选其一"的，而是可以使得两者相互协调，使两者共存。那么，我们需要追问的是，如何使两者共存？中国特色城镇化生态伦理研究，在本质上便是回答如何使经济与环境相协调的问题，即如何实现人与自然和谐相处的问题。对这一问题的回答，也是对把握自然规律必然性的论证，恰当地处理好经济发展速度与生态环境保护的关系，是人类把握自然规律的大势所趋，也是实现人类与自然界和谐共处的必然选择。

(三) 尊重自然伦理

伦理是否应该由人与人之间扩展到人与自然万物之间？这是生态伦理不得不回答的问题。自然伦理既把人看作是自然界的组成部分，人与自然是和谐平等的关系，又把人看作是有主观能动性的特殊存在，人能够在自然伦理的作用下发挥主观能动性处理好人与自然的关系。国外生态伦理思想中，多位学者认为应该把伦理扩展到人与自然之间，即人与自然相处中必须遵循一定的秩序与原则，处理好人与其他生物的关系，

---

① 世界自然基金：《中国生态足迹报告2012》，第3页。
② [日] 岩佐茂：《环境的思想与伦理》，冯雷、李欣荣、尤维芬译，中央编译出版社2011年版，第3页。

甚至有些学者认为人与其他生物是完全平等的，我们不仅要遵循伦理原则，更要考虑其他生物的感受。这些思想丰富了生态伦理思想，也为中国特色城镇化生态伦理研究提供了思路。

其一，尊重自然伦理的前提是承认生命神圣。"敬畏生命"思想表达的是对所有生命的权利之尊重。史怀泽认为，一切生命都是神圣的，完备的伦理学应该是敬畏生命的。人类应该对所有生物表达善意，有伦理道德的人，会敬畏生命，最小限度地伤害其他生物的生命，善就是去呵护生命，恶就是破坏生命。正是因为这样，史怀泽主张对所有生物行善，将爱的原则加以应用和延伸，才是对动物的善。"无论如何，只要我们承认爱的原则，即使我们使这一原则只限于人，我们在事实上也达到了无限责任和义务的伦理。"① 这一方面是对伦理范围的扩展，而更为重要的另一方面是史怀泽希望人们把同情动物落实到具体的行动中。在史怀泽看来，所有的生命都是平等的，都是神圣的，没有必要根据外在的判断将其划分为三六九等，这是其思想的精髓，也是我们要敬畏生命的深层原因。"敬畏生命绝不允许个人放弃对世界的关怀。敬畏生命始终促使个人同其周围的所有生命交往，并感受到对他们负有责任。"② 人对一切生命富有责任，人与其他生命在交往的过程中处于平等的地位，人作为有思想的生命，应当给予其他生命关怀与责任。

其二，尊重自然伦理的条件是树立伦理观念。大地伦理思想，重在把生态看作是一个有机体，重点突出处理自然关系中的生态良知。利奥波德认为，需要在伦理的范畴内添加大地伦理，促使人们在思考与大地的关系时，有应该遵循的原则。大地伦理思想将大地视作一个共同体，人作为其中的一分子，既要对其他的成员加以尊重，又要尊重人们所生活的地方，即生命共同体。利奥波德认为："在缺乏觉悟的情况下，义务是没有任何意义的。我们所面临的问题是要把社会觉悟从人延伸到土地。"③

---

① ［法］阿尔贝特·史怀泽：《敬畏生命：50年来的基本论述》，陈泽环译，上海社会科学院出版社1992年版，第75—76页。
② ［法］阿尔贝特·史怀泽：《敬畏生命：50年来的基本论述》，陈泽环译，上海社会科学院出版社1992年版，第32页。
③ ［美］奥尔多·利奥波德：《沙乡年鉴》，侯文蕙译，吉林人民出版社1997年版，第199页。

生态学意识的树立与培养，比强调义务更重要、更有效。丸山竹秋首次提出了"地球伦理"的概念："伦理学必须以地球的保护为最大和最终的目标。将地球作为目标和对象的伦理学叫做地球伦理学。"① 这一伦理始终追求地球的健康，是要依托生活在地球上的人类去实现的于自身有益的伦理，它关注的是人在保护地球时应该遵循的道德与秩序。"全部学问的最大目标是探求真理，其最终目标应该是保全地球，对人类文化的健全发展作出贡献。"② 地球伦理认为，有了地球的安泰，才会有人类的安宁和人类的幸福。

其三，尊重自然伦理的表现是平等对待自然。美国学者彼得·辛格等人的动物解放思想，提倡赋予所有动物应有的权利，人类应当以平等心态来对待它们，并提议，为了实现人与动物的平等，人类应进行素食。人类对动物的食用、实验以及其他方面的使用或利用，对动物而言都是剥削、是伤害。人不应为了满足自身的需要而侵害到它们的权利，它们也有丰富的心理感受，我们应该考虑在内。它们在受到伤害时会难过，身体受到伤害时会疼痛，我们应该降低对动物带来的伤害。"平等的基本原则并不要求平等的或相同的对待或待遇，而是要求平等的考虑。"③ 这里强调平等的考虑，是对如何平等地对待自然的思考，显现出对动物的尊重，这一思想的提出，也显现出人们对自然伦理的尊重。从本质上而言，动物解放思想，是对动物权利的尊重，其目的是对动物加以保护，实现人与动物的平等。提倡平等地对待自然界的生物，是我们尊重自然伦理的表现，也是人们思想观念的进步，同时也是将人与人之间的伦理范围扩展到人与自然之间的表现。

三 国外生态伦理思想的现实启示

从国外生态伦理思想的形成与发展，到国外生态伦理思想的主要观点，我们对国外生态伦理进行了从外到内、从宏观到微观、从整体到具体的梳理与考察，为中国特色城镇化生态伦理的研究奠定了基础，指明

---

① ［日］丸山竹秋：《地球人的地球伦理学》，许广明译，《哲学译丛》1994年第5期。
② ［日］丸山竹秋：《地球人的地球伦理学》，许广明译，《哲学译丛》1994年第5期。
③ ［美］彼得·辛格：《动物解放》，祖述宪译，青岛出版社2004年版，第3页。

了借鉴的方向。但是，我们必须认识到，国外的生态伦理思想，只能够形成参考价值，是中国特色城镇化生态伦理研究的思想资源，但不是中国特色城镇化生态伦理研究的固定模板，国外生态伦理思想有其值得借鉴的思想，我们要进行吸收与借鉴，不能照搬照抄，而是要做到"扬弃"，区分哪些不适用于我国的具体情况。更为重要的是，我们要在分析、总结国外生态伦理思想的过程中，需要以中国特色城镇化生态伦理的形成与发展为指引，使国外生态伦理思想真正地为我所用。

(一) 构建中国特色城镇化生态伦理的特殊性分析

分析国外生态伦理对中国城镇化进程中适用的内容与不适用的内容，可以使我们更好地借鉴国外的先进经验。一方面，以适用于我国的生态伦理，推动新型城镇化建设；另一方面，反思不适用于我国发展现状的生态伦理思想，为今后的经济社会发展做好合理的规划。这样可以在借鉴国外先进经验的同时，避免走一些西方国家的弯路，尽早地使我国走科学发展、绿色发展之路。中国特色城镇化生态伦理建设要具体问题具体分析，结合自身实际，探索合理的实践方案和解决方案。这决定了我们在借鉴西方生态伦理思想过程中要进行冷静的思考。

其一，生态伦理建设需体现中国特色。城镇化是随着经济水平的提升与科技的进步而不断加快步伐的，在这一方面，我国城镇化与国外城镇化的大背景是相同的。对国外经验加以借鉴、对教训加以总结，可以使我们在中国特色城镇化道路的进程中，少走弯路。国外生态伦理的思想，在我国城镇化进程中是适用的，但我国城镇化进程中所面对的地理环境和具体国情是与国外截然不同的。无论是土地资源等自然资源，还是具体的地理位置，我国与世界上其他国家的情况都存在差异。理念有所偏差、制度相对缺失以及原则不够彰显、部分行为失范等问题，都是中国特色城镇化进程中在具体环境之下出现的问题。因此，我们在处理与自然资源、生态环境之间的关系时，面临特殊的情况，我们应该遵循符合具体情况的生态伦理原则，根据具体问题，将国外生态伦理思想的精华内容进行本土化，构建适合自身的生态伦理。

其二，生态伦理建设需系统整体设计。中国特色城镇化生态伦理的构建需要一套系统化的整体性设计，包括制度设计与路径设计，在成体系的框架中具体落实生态伦理建设。从发展过程来看，中国也如同西方国家一样,在势不可挡的城镇化进程中遇到了接踵而至的社会问题,有些问题是我们在发展经济的过程中所产生的,这与西方国家的生态问题产生路径极为相似。从思想理念来看,"大地共同体""自然资源保护""环境与经济协调发展"等生态伦理思想,可以成为中国特色城镇化生态伦理研究的思想资源,为我国城镇化生态伦理的研究提供参考。从对策路径来看,解决我国城镇化进程的问题,可以借鉴国外生态伦理思想所提出的具体办法,制定符合我国具体生态问题的政策,从顶层设计上形成中国特色城镇化生态伦理的理念体系、制度体系,全面制定更为细化的思想原则、操作规范,在理论与实践一体化落实的过程中进一步研究把握适应具体国情的城镇化生态伦理建设。

其三,生态伦理建设需解决具体问题。相比较而言,国外生态伦理思想解决的是各国在城镇化发展过程中各自遇到的生态问题,我国在城镇化过程中也会不同程度地出现其中某些问题,比如,水资源污染、土地资源骤减、生物多样性遭到破坏、大气污染等由于过度工业化、城镇化而带来的共性问题,此时,我们吸收国外的生态伦理思想来解题是合适的。但是,我国在城镇化进程中,也会面临不同于西方各国在进行城镇化之初所遇到的一些问题,更会产生某种新问题,比如,人们生态意识强化的速度跟不上城镇化推进的速度,以及室内污染的新难题。那么,这些难题就不能通过直接借鉴国外生态伦理思想和做法来解决,需要我国在吸收先进经验的基础上进行反观自身的内在观照,具体问题具体分析,找到具有针对性的、低成本高效能的解困之道。面对中国自身的生态伦理建设问题,逐步在城镇化建设中提高生态意识、规范生态行为,运用教育、行政、商业、公益等多重手段共同推进,达成城镇化生态伦理的系统化构建,凸显生态伦理思想形成、方案构建的中国特色。

(二)借鉴国外生态伦理思想

西方国家的城镇化起步早,在城镇化中的生态环境保护方面也走过不少弯路。但这些问题的出现,也在某种程度上推进了国外生态伦理思想的逐步形成与发展。我们对国外生态伦理思想的借鉴,一方面,思考哪些思想对解决中国特色城镇化进程中面临的生态问题有借鉴意义;另一方面,则要思考哪些思想可以让我们在一些生态问题尚未出现之前,便可以未雨绸缪,对一些潜在的生态问题防患于未然。从上文国外生态伦理思想的主要观点来看，可以提供以下三点借鉴。

其一，尊重自然，平等对待自然。城镇化进程，在一定程度上也是对其他生物的生命构成威胁的进程。敬畏生命的生态伦理思想提醒我们在我国城镇化发展的过程中，应该尊重其他生物的生命。敬畏生命的深入程度取决于人在同情其他生命的过程中愿意为其他生命牺牲自身利益的大小。敬畏生命意识的树立是容易的，但是将敬畏生命真正付诸实际行动，需要每个人将这一伦理思想内化为自身的思想。因此，在城镇化进程中，我们需要提倡最大限度地爱护动物，在不需要人类做出巨大牺牲、不危及人类生存的前提下，保护动物、保护生命。中国虽然地大物博，但是人口数量巨大，这样的国情难以避免地会导致我们在城镇化进程中，会因为追求人类自身的发展而威胁到其他生物的生存，占用其他生物的生存空间。解决这一问题，需要树立"底线"原则，为生物保存适宜其生存发展的空间。因此，应该对自然怀有一颗敬畏之心。利奥波德认为，人作为大地集体中的一分子，与其他组成成员是平等的。这便要求人在实践的过程中，尊重与善待它们。诚然，这里的尊重并不是完全禁止开发和利用这些资源，而是要合理地利用。中国的城镇化，在本质上是为了人类社会的进步，那么在进步过程中所产生的生态问题，需要以合适的方式加以解决，才能使得城镇化的目的得以实现。日本学者丸山竹秋的"地球伦理"思想，也为我们遵循自然伦理带来启示，我们需要追求人与大自然的和谐，达到与自然"互生同荣"的境界。国外生态城市建设的经验，绿色交通、绿色建筑、海绵城市等理念都是人类在与自然相处的过程中进行创新的先进经验，我们也可以根据具体情况加以创新。

其二，保护自然，重视自然价值。城镇化进程中，面临的首要问题是如何实现自然的价值，对自然开发需要我们借鉴平肖的"明智地利用自然"的生态伦理观念。树立"明智地利用自然"的生态伦理观，比起寄希望于科学技术的进步来解决生态危机的想法更为合理，也更适宜解决城镇化进程中出现的问题。罗尔斯顿认为，遵循自然是人类以道德的方式完善人对自然的适应。生命的出现只不过是自然演化的产物，"假如大自然在过去和现在都没有赋予我们任何价值，那么，我们怎么能够作为一种有价值的存在物而存在呢?"[1] 他从多个方面论证了"遵循自然"的道德思想。在我国城镇化进程中,可以在动态平衡意义上遵循自然。对自然的遵循,不是不开发利用自然,而是在一定范围内利用自然,使自然的外在价值得以发挥,同时不忽视自然本身的价值,这是我们在城镇化进程中应该遵循的原则。我们需要树立起人是自然的一部分且人与自然在价值上是平等的意识。人与社会融入生态系统之中,才能更彻底地解决自然面临的困境以及人类社会所面临的生存危机。城镇化的进程,在某种程度上而言,就是人的自我实现过程,在这个过程中,人有时会站在与自然对立的立场上,而对其他生物的自我实现构成威胁。中国未来的城镇化,需要在保护其他存在物的基础上推进,这样的城镇化才是较大程度上的人类社会真正的自我实现,以实现对自然价值的保护与重视。

其三,利用自然,适度开发自然资源。城镇化是经济与社会进步的重要标志,但随之而来的环境破坏、生态失衡等问题,也成为社会进步所付出的代价与经济发展所承担的压力。解决城镇化进程中出现的环境问题,并非能够一次性就彻底应对,也并非单纯依靠科学技术手段就能够达到预期效果,环境问题的处理需要一个长期的过程,以及从思想、理念到制度、手段等多方面的相互协作与共同努力,甚至需要几代人的不懈维护与持续善待,坚持适度的利用自然、科学的开发资源,才能还生态一个和谐、还城镇一个美丽。从国外的生态伦理思想来看,"宇宙经济飞船""盖亚假说""生态足迹"以及"生态位"思想、"增长的极限"报告等,都告诉我们:自然有其固有的规律。因此,我们在资源利用之前,应当始终做到未雨绸缪,合理规划资源的开发与利用。在中国特色新型城镇化建设过程中,必须制订合理的开发方案,在源头上避免对资源的过度使用与浪费,减少甚至杜绝开发自然的过程中所造成的环境污染、生态破坏等问题。对资源进行合理、充分利用,减少污染物的排放量,逐步建立起良性循环的生态系统,不仅仅是指在资源消耗之后对废弃物加以循环使用,更应该在资源利用之初,便提高其利用率;同时,加大循环技术的投入,建立循环经济的管理系统。正所谓"垃圾是放错

---

[1] [美]霍尔姆斯·罗尔斯顿:《环境伦理学》,杨通进译,中国社会科学出版社2000年版,第282页。

位置的资源",现阶段,我国在发展循环经济、建立循环经济管理系统等方面仍有较大的潜力亟待开发。城镇化进程中的资源浪费与环境污染问题,不仅仅需要资金和技术的投入,更需要建立科学的管理系统,对资源的开发、使用、回收、再利用进行有效管理,以实现生态与经济并驾齐驱的高质量发展。

本章小结

在中国特色城镇化建设进程中,面对城镇化带来的一系列问题,既要从中国传统的生态伦理思想中寻找可继承与发展的思想理念,也要借鉴国外适用于我国的生态伦理经验,还要进一步认识到国外生态伦理在解决生态问题方面的局限性,批判地吸收国外生态伦理思想。解决中国城镇化建设中的生态问题,应坚持具体问题具体分析,用历史的眼光和比较的视角进行现实问题的本土化解析,逐渐构建和形成适宜中国特色城镇化的生态伦理思想。我国深入贯彻新发展理念,致力于将自身的生态问题处理好,积累解决生态问题的先进经验,可以为其他领域的发展奠定基础。中国特色城镇化能否与绿色生态共存,甚至使生态变得更美好,取决于中国以怎样的生态伦理来指导生态保护行动,这是中国社会进步过程中必须思考的方案,也是中国实现高质量发展的必然选择。建立一种新型的生态伦理学,"既要吸收西方生态伦理学的合理成分,又要对西方生态伦理学进行理性批判;同时,不仅要结合生态学和科学,还要结合现实生活实际"[1],此外,也要汲取我国古代思想文化中所蕴含的"天人合一"的精髓思想与精华理念,对其中的合理成分进行传承,对不符合时宜的观点进行批判性继承与发展,在扬弃中形成适应自身特色的中国生态伦理,实现中国特色的城镇化建设,形成集优势与创新于一体的合规律、合目的的生态伦理思想体系,为中国特色城镇化生态伦理的理论建构提供科学而深厚的思想基础,也为全球生态环境保护贡献中国智慧。

---

[1] 胡孝权:《走出西方生态伦理学的困境》,《北京航空航天大学学报》(社会科学版)2004年第2期。

第 四 章

中国特色城镇化生态伦理的基本理论

由上文,基于中国特色城镇化生态伦理研究出场的理论之源、实践之基,围绕这一研究的问题域,总结出推进中国特色城镇化生态伦理建设进程中所面临的现实困境。同时,以中国特色城镇化生态伦理建设的理论基础和思想借鉴为助推,应建立相应的基本理论框架,对此,中国特色城镇化生态伦理的理论架构由马克思主义"生态人"思想、科学发展伦理思想、敬畏生命伦理思想组成,为具体实践活动提供科学指引。

第一节 马克思主义"生态人"思想[①]

现代化离不开城镇化,而城镇化不管是其最初的出发点,还是最终的落脚点都始终围绕人的发展。习近平总书记在党的十八届五中全会第二次全体会议上的讲话中指出,"绿色发展注重的是解决人与自然和谐问题"[②]。习近平总书记在党的二十大上再次强调"推动绿色发展,促进人与自然和谐共生"[③]的重要性。可见,正确的发展理念对人的真正发展起着至关重要的作用。而在当前具有中国特色的城镇化过程中出现的一系列问题和面临的困境,归根结底是由人的发展的目的性和规律性之间产

[①] 本节核心内容已发表于郁蓓蓓、孙昊怿、陆树程《论马克思"生态人"思想及其当代价值》,《世界哲学》2019 年第 3 期。

[②] 《十八大以来重要文献选编》(中),中央文献出版社 2016 年版,第 826 页。

[③] 习近平:《高举中国特色社会主义伟大旗帜 为全面建设社会主义现代化国家而团结奋斗——在中国共产党第二十次全国代表大会上的报告》,人民出版社 2022 年版,第 49 页。

生的矛盾造成的。人的发展究竟是为了什么？人应该怎样发展？人的真正发展要顺应什么规律？或者说人的什么样的发展才是正当的、正义的？人在发展的过程中怎么处理和自然的关系、和他人的关系、和自我的关系？中国特色城镇化的健康有序发展不能不考虑生态伦理，而生态伦理的视角又始终不能脱离人类自身。不同于西方等其他国家的城镇化模式，中国的城镇化始终坚持社会主义的价值取向，构成了城镇化特有模式的最主要方面。而人是中国特色城镇化生态伦理的主体，因此中国特色生态伦理真正要解决的问题是实现马克思主义"生态人"，也就是以马克思主义的立场、观点和方法来分析生态问题，并在这个过程中构建"生态人"。

一　马克思主义"生态人"思想的出场语境

（一）马克思、恩格斯关于生态人的思想

马克思、恩格斯在其所处的时代面临的是工业文明，因而并没有就生态文明写过任何独立的著作，更没有直接提出过"生态人"这样的概念，但这并不意味着生态人思想在马克思、恩格斯相关理论研究中的空场。一直以来，马克思主义都以实现人的真正解放为价值追求，怎样实现人的自由全面发展是马克思、恩格斯在学术研究中一以贯之关注的主题。生活于资本主义社会，他们对资本主义社会暴露出的种种问题有着非常直观而真实的感受，透过这些问题，马克思、恩格斯发现，资本主义社会一直以来都充斥着异化现象，并借助异化范畴逐步构建了异化理论，从而最终揭示了资本主义制度的真正本质，勾画出了社会主义、共产主义的模样，加快了人类解放的历程。而这些相关理论中隐含着内容极其丰富且极具现实意义的生态意蕴和生态人思想。

马克思主义生态人必然离不开对"生态人"的界定，并回答好"生态人"的本质究竟是什么。为了回答好这一问题，首先要回答人的本质是什么？这个问题是千百年来人类不断对自身进行的终极追问。不同的是，马克思是从人与自然、人与社会以及人与自身的关系视角来追问人的本质，并做出了三种界定：分别为《1844年经济学哲学手稿》中"人的本质是劳动"、《关于费尔巴哈的提纲》"人的本质是一切社会关系的总和"以及《德意志意识形态》"人的本质（本性）是人的需求"。然而资

本主义社会却使得人的本质出现异化现象。

1. 人与自然之间关系的异化态势

第一，人与自然是互相影响、互相依存的辩证关系。人为了生存和发展必须进行劳动，而劳动的过程使得自己的本质不断得以对象化。不同于动物的活动完全出自本能，劳动这种人类特有的活动充分体现了人的自由意志，因而是人的本质活动。而劳动的过程就是人与自然之间产生联结的过程，正是在劳动过程中人与人之间不断进行物质变化。具体表现在：一方面，人是作为自然界的一个部分而存在的。从起源看，人是自然界长期发展、进化的产物；从发展看，自然界是人生存和发展的前提和基础，或者说自然是人类生命之母，人为了生存和发展必须通过劳动不断地与自然界进行着物质变换。另一方面，自然也是人化的自然。人类产生之后，就再也没有被抽象理解的、和人疏离的、完全独立的自然界。通过人类有意识、有目的的劳动，自然完成了从原生态状态到人化状态的转化，而社会是作为人同自然界的真正的本质的统一体而存在，在这个统一体中，人完成了自然主义，而自然界则完成了人道主义。

第二，资本逻辑操控下的资本主义生产实践使得人与自然的关系出现了异化。实践是人和自然相互作用的中间环节。因此，人们的实践方式决定了人与自然的关系是如何呈现的。由于劳动这种实践活动是人对人和自然之间物质变化过程的控制，就必然要考虑人类的实践活动对自然有什么样的影响。相较于自然界的其他生物，人类的特有优势在于能够发现、认识并正确运用自然规律，从而持续满足自身更好的生存和发展需要。但资本主义生产方式却硬生生地打破了人与自然之间长久以来形成的物质变换的平衡状态。在资本主义这种社会形态之中，生产剩余价值是资本主义生产方式的绝对法则。正是受这个绝对法则的驱使，资本家们不断进行着资本的扩张，追逐更多的利润，从而逐渐超出生产的界限，自然资源被越来越多地浪费，最终导致生产过剩，并由此引发了经济危机和生态危机。至于生态问题，资本家们从来都选择视而不见，在他们眼里，利润无疑有着更大的吸引力。而且利润越多，他们越愿意或者说越敢于铤而走险做出一些非正义的事。这样，资本主义社会的大生产就使得人与自然界之间的关系由亲密的状态变成越来越疏离的状态，由此导致了异化劳动，也就是说，自然作为人原本的无机身体被慢慢地、无情地剥夺了。

2. 人与人之间关系的异化态势

在唯物史观视域下，生产力与生产关系之间的矛盾才是推动人类历史不断发展的基本矛盾。在生产力发展的一定阶段，劳动的实践活动是为了满足谋生的需求；与当时阶段的生产力水平相适应，产生了分工和私有制的分裂。而分工和私有制正是导致异化产生的最为根本的原因。一开始是物的异化，后来又直接导致人的异化，而人的异化又表现为人同人的类本质之间关系的异化以及人与人之间关系的异化。

第一，人同人的类本质之间的异化。劳动作为人的类本质的活动，应该是自由的、自觉的状态，但在资本主义的异化世界里，劳动却成了人的异己的存在物，具体表现为：其一，工人生产出的劳动产品却成为了工人的异己力量。劳动产品是由工人通过劳动创造出来的，但是资本主义私有制却使得这些本该属于他们的产品被资本家占有，资本家为了获得更多的剩余价值，将其转变为资本，使"工人对自己的劳动的产品的关系就是对一个异己的对象的关系"①，并利用劳动者的剩余劳动来更多地盘剥劳动者。其二，劳动本身成为了工人的异己力量。劳动者在劳动中耗费的力量越多、精力越大、时间越长、效率越高，他生产出来的劳动产品也就越多，但相应地，这意味着他们创造出来的剩余价值也就越多，被资本家剥夺的也就越多，那么反对自身的、异己的力量也就越大，从而出现了"物的世界的增值同人的世界的贬值成正比"②的荒诞现象。其三，人同自己的类本质相异化。劳动是人有目的、有意识的活动，人的自主性、创造性、积极性在劳动过程中不断迸发，劳动中的人应该呈现出自由的、自觉的状态。然而，在资本主义社会，工人们的劳动并不是主动的劳动。而是为了维持生存的被迫劳动。没有生产资料，只能把自己当作商品卖给资本家，把自己的劳动和资本家进行交换，通过劳动创造出的劳动产品不属于自己而是归属于资本家。然而，作为特殊的商品他们通过劳动能创造出比本身价值更大的商品，资本家为了更多的剩余价值不断在剩余劳动时间上做文章，不断改变剥削劳动者的方式。

---

① 《马克思恩格斯文集》第1卷，人民出版社2009年版，第157页。
② 《马克思恩格斯文集》第1卷，人民出版社2009年版，第156页。

在劳动中这些劳动者丧失了对自我的肯定,他不但不能自由地通过自己的劳动来实现自身价值,反而使肉体受到折磨、精神遭到摧残。

第二,人同人之间的异化。前一个"人"是指所有人,而后一个"人"则指合乎人的类本质的真正的"人"。人之所以为人,在于自身和类本质的统一。然而在私有制的条件下,所有的人却是和真正的"人"相异化的。资本主义生产方式虽然在一定程度上刺激了人的主观能动性,但同时也加剧了人的不自由。人的劳动活动的不自由性、不自觉性导致了人的片面发展的普遍性。日益精细化的分工使得工人、资本家、社会其他成员,每个人都被限制在片面发展的模式中,"不仅是工人,而且直接或间接剥削工人的阶级,也都因分工而被自己用来从事活动的工具所奴役;精神空虚的资产者为他自己的资本和利润欲所奴役;法学家为他的僵化的法律观念所奴役,这种观念作为独立的力量支配着他;一切'有教养的等级'都为各式各样的地方局限性和片面性所奴役,为他们自己的肉体上和精神上的短视所奴役,为他们的由于接受专门教育和终身从事一个专业而造成的畸形发展所奴役,——哪怕这种专业纯属无所事事,情况也是这样"[①]。分工带来了生产效率的提高,分工也带来了相关领域的专业,但分工也造成了每个人人生角色的单一,相应地,人的思想、看法、观念也带有一定的局限性,使得人的发展不可避免地带有片面性,或者说作为一个人更为全面发展的可能性减少了。

因此,马克思、恩格斯关于生态人思想的出场语境是对资本主义社会及其产生的相关异化问题的深刻批判。而人与自然的关系和人与人的关系从来都不是孤立的,而是相互作用紧紧交织在一起的。一旦人与自然的关系处于失衡状态,那么人与人的关系必然也会呈现失衡的状态。在资本主义私有制的条件下,遵循资本逻辑不断榨取更多的剩余价值,实现资本源源不断地增殖和扩张,人与自然之间的物质交换受这种人与人关系的恶化影响,逐步打破原有的平衡状态,出现了只顾眼前利益而过度掠夺自然资源、破坏自然环境的现象。人与自然关系的失衡实质是人与人关系的失衡,这种失衡必然导致劳动和生产的异化。在资本主义私有制的条件下,随着劳动分工的逐步细化,工人所创造的剩余价值被

[①] 《马克思恩格斯文集》第9卷,人民出版社2009年版,第309页。

资本家无情剥夺，贫富之间的差距越拉越大，这种人与人关系的失衡，实质上是资本主义私有制条件下的不正义、不公平，呈现为分配异化、消费异化。

（二）中国特色城镇化建设呼唤马克思主义"生态人"的到场

城镇化是现代化的必然趋势，而现代化的实现离不开人的现代化。可以说，正是因为人的发展促成了现代化的真正实现，或者说现代化一定意义上就是人的发展过程。中国特色城镇化在发展过程中不可避免地面临诸多挑战，其中遭遇的真正难题归根到底是人的发展窘境。在城镇化的发展过程中，无论是人与自然的关系、抑或是人与人的关系，甚至是人与自身的关系都被打破了平衡状态，而处于一种失衡的状态。人们在处理这几对关系的过程中用无序的、混乱的、孤立的、静止的行为，体现了一种形而上学的思维方式。

困境一："片面发展"模式下人与自然关系的失衡

发展是任何时代、任何国家、任何社会永恒追求的主题。近代以来的中国所处的被动局势使得它比历史上任何一个时期都渴望国家能够进步、民族能够振兴、社会能够发展。而现代化的基本问题是社会现代化与人的现代化。因此，中国必然走上现代化的道路。同时，现代化又离不开城镇化的路径。但问题是每个国家都具有不尽相同的文化基因、经济基础、政治格局，每个国家的发展模式都不相同，每个国家面临的机遇和挑战也不相同。1978年以来，中国创造了举世瞩目的经济奇迹，成为了世界第二大经济体，并走完了西方国家用几十年甚至是上百年走完的城镇化道路，但中国的城镇化具有高消耗、高排放的特点，快速的城镇化进程又带来了很多生态问题，如资源短缺、环境污染、生态破坏等，从而导致了人与自然关系的紧张和失衡。反之，生态问题带来的负面效应又给城镇化的进一步发展带来种种障碍。片面追求经济的发展，以GDP增长作为衡量发展的唯一指标，把人与自然主客二分。这是不可持续的发展模式，是一种片面发展的模式。诚然，中国的现代化不该只追求物质方面的现代化，更应实现人的精神的现代化，也就是在思维方式、价值理念、道德伦理等方面都散发着现代的气息。因此，中国的城镇化绝对不能和自然越来越疏离，它的根基是能够用道德关系来正确处理人与自然关系的马克思主义生态人。

困境二:"不平衡发展"模式下人与人关系的失衡

在同一历史发展阶段而处于不同时空中的人们,他们的发展具有差异性,城乡发展相对不平衡、区域发展相对不平衡等,造成人与人之间关系的相对失衡。恩格斯在批判杜林脱离现实而抽象地谈论人的平等问题时曾指出:"他们摆脱了一切现实,摆脱了地球上发生的一切民族的、经济的、政治的和宗教的关系,摆脱了一切性别的和个人的特性,以致留在这两个人身上的除了人这个光秃秃的概念以外,再没有别的什么了,于是他们当然是'完全平等'了。"[1] 按照恩格斯的观点,不考虑人的个体差异必然会片面理解人的本质,只有正确认识人的个体本质,即人与人之间的差异关系才能全面认识"现实的个人"。共产主义社会的必要条件是社会生产力的高度发达,在生产力高度发达的未来社会,个体是充分发展的,尽管人与人之间是有差别的,但其相互关系是互动、和谐的。然而,在生产力水平还没有达到高度发达的水平时,个体之间的差异就会转化成一种利益诉求的对立状态,使个体在发展中不得不面对诸多的差异现象和差异问题,其中,人与人之间的不和谐关系就是诸多差异与矛盾的集中表现。

困境三:"消费主义"浪潮下人与自身关系的失衡

适度消费是人与自身关系获得平衡的关键点。幸福是每个人都向往和追求的,是"人们在社会的一定物质生活和精神生活中由于感受或意识到自己预定的目标和理想的实现或接近而引起的一种内心满足"[2]。在马克思主义看来,幸福是一种内心感受,这种感受是由一定社会的经济关系和物质生活条件决定的,幸福具有社会历史性和差异性,不同时代、不同阶级、不同人在不同的时间和空间有着不同的幸福观。然而,并不是所有的幸福观都是真实的和正确的,也就是说,并不是所有的人都能沉浸在幸福之中。随着我国现代化和城镇化的深入,消费主义的生活方式开始蔓延,这种生活方式认为消费的过程就是自我价值的实现过程。以前消费是为了满足生存的需求,现在反过来了,生存的目的在于消费行为本身。衡量一个人幸福与否的标准在于消费的多少。消费主义支配

---

[1] 《马克思恩格斯文集》第9卷,人民出版社2009年版,第104页。
[2] 朱贻庭主编:《伦理学小辞典》,上海辞书出版社2004年版,第79页。

下的幸福观是向外扩张的,即把幸福等同于更多地占有物质、满足自己无限的欲望,人永远处于要消费更多的不满足状态。人的需求的片面性也使得人的发展的片面化,这样的幸福观具有反生态性,也局限甚至反对全面发展的人自身,导致人与自身关系的失衡。

二 马克思主义"生态人"思想的科学内涵

马克思主义生态人思想,源于对现有社会现代化、城镇化发展进程中人所面临的一系列生存和发展困境的追问和反思,同时又指向人类社会的和谐有序发展,指向人的自由全面发展。

(一)马克思主义"生态人"的历史定性:对自然人和经济人的扬弃

生态,从狭义上也就是从生态学的视角看,是指在一定的自然环境下生物的生存和发展。从广义上也就是从马克思主义生态人的出场语境看,这里的生态就不仅仅是指自然生态,还应包括社会生态,因此可以理解为"生命的存在状态"。马克思主义生态人的生命状态是一种生态化生存,是对以往历史过程中出现的"自然人"的自然化生存、"社会人"的社会化生存的扬弃。[①] 在马克思看来,人的发展经历三大形态,分别是人对人的依赖阶段、人对物的依赖阶段、人的自由全面发展阶段。在人对人的依赖阶段,产生的是"自然人",这时的人与自然界的万物相比,有着很多共同之处,作为自然存在物而言,其思维方式是直观的、形象的、朴素的,对自然界的规律、人类社会发展的规律知之甚少,人与自然、人与人的关系具有一定孤立性,人对自然充满了宗教般的敬畏感,人的主体性还没有觉醒;在人对物的依赖阶段,人对自然规律、社会发展规律有了一定认识,因此人的主体性和创造性空前迸发,人类改变世界的能力与日俱增,但是,发展到一定历史阶段,人与自然、人与人的关系逐步走向疏离,这种疏离具体表现为静止、抽象、孤立、片面的形而上学思维方式和违背自然规律的生产方式以及享乐主义、消费主义的生活方式。其结果是出现片面追求 GDP 增长的"经济人"现象,这种"经济人"认为人的本性就是利己的,往往把实现个人利益最大化作为衡

[①] 参阅郁蓓蓓、孙昊怿、陆树程《论马克思"生态人"思想及其当代价值》,《世界哲学》2019 年第 3 期。

量人的一切行为特别是经济行为的价值准则。随着经济社会发展到更高的阶段，即人的自由全面发展阶段，人对人自身、对自然规律和社会发展规律的认识和把握逐步深化，对人的主体性的真正发挥有了全新的认知，人与自然、人与人的关系将实现真正的平衡，人们把人和自然、社会看作是一个高度发达的系统，最终达成人的系统、社会系统、自然系统三大系统的和谐，真正实现人道主义和自然主义的完全融合。马克思主义生态人则是处于人的第二发展形态向第三发展形态过渡时期的人性范式，是对"自然人"和"经济人"的扬弃。

（二）马克思主义"生态人"的价值指认：合目的性与合规律性的统一

纵观人类历史，人的自由而全面发展是一种人的主观目的和客观规律逐渐相融合的历史过程。所谓自由全面发展就是"人以一种全面的方式，就是说，作为一个完整的人，占有自己的全面的本质"[①]。人的本质是在人的实践活动中不断呈现和展示出来的。实践是人所特有的对象性活动，由于这种对象化的活动是一个持续不断的动态过程，因此必然导致人的各种属性、能力、禀赋、素质、潜能的自由而全面的发展，从而逐渐占有自己的全面的本质。从实践主体的角度看，实践活动是一种价值创造活动，是"制造使用价值的有目的的活动，是为了人类的需要而对自然物的占有"[②]。因此实践活动具有合目的性的特征。此外，实践活动还具有合规律性的特征，任何实践活动都必然遵循事物本身的发展规律，以事物的本质属性和发展规律为活动依据。尊重客观规律性是发挥主体能动性的基础，而发挥主体能动性才能正确认识、利用客观规律并造福人类。中国要发展离不开现代化和城镇化的推进与实现，中国特色的现代化和城镇化，需要人的主体性和创造性的充分彰显，但只有在认识规律、掌握规律、符合自然发展规律基础上的创造活动才具有真正价值，因此，马克思主义生态人以遵循合目的性与合规律性的统一为价值指认。

[①] 《马克思恩格斯文集》第 1 卷，人民出版社 2009 年版，第 189 页。
[②] 《马克思恩格斯文集》第 5 卷，人民出版社 2009 年版，第 215 页。

（三）马克思主义"生态人"的内在要求：在矛盾冲突中不断追寻新的平衡点

人是自然界发展到一定阶段的产物，因此人的起点是自然，人不过是整个生物链中普通的自然存在物，但是人又是万物之灵，和其他的自然存在物相比，人的伟大在于他具有主体性和创造性，因此人可以借助自然之力来发展自身，从而推进人类自身的发展。但所有这一切都得建立在人尊重自然、顺应自然规律的基础上。因此从逻辑上而言，人要回归自然，其终点也是作为自然存在物而存在。只不过人的发展经历了一个从自发的自然存在物到自觉的自然存在物的过程。在这个过程中，人不断通过螺旋式的上升最终完成了从量到质的飞跃，逐步转变为马克思主义生态人。由此可见，回归自然是马克思主义生态人的本质，其作为自然存在物能敬畏自然、顺应自然，同时又能充分发挥人的主体性和创造性、实现科学发展。

在资本主义社会的生产方式下，人的主体性的发挥最终违背了合目的性和合规律性的统一，人与自然、人与人的矛盾空前激化，从而产生了异化并导致自然生态失衡、社会生态失衡以及身心生态失衡。矛盾即对立统一。人在实践的过程中，普遍存在人与自然、人与社会、人与人的矛盾。同时，矛盾是事物发展的动力和源泉，因此，人的实践过程也是不断化解矛盾的过程。在这个过程中，矛盾冲突背后的根本原因是人与人之间的利益冲突，而伦理恰恰处理的是人与人之间的关系。马克思主义生态人的实现需要一定的历史条件，当下只是无限趋向于马克思主义生态人的过程。矛盾不断出现、不断解决的过程，正是我们不断趋近于马克思主义生态人的过程。人走向马克思主义生态人是有条件的，而条件是由人创建的，是在解决不断出现的问题的过程中创建条件实现生态人。根据《现代汉语词典》的解释，平衡是对立的各方面在数量或质量上相等或相抵；几个力同时作用在一个物体上，各个力互相抵消，物体保持相对静止状态、匀速直线运动状态或绕轴匀速转动状态。可见，平衡具有相对性。因此，马克思主义生态人在处理人与周围各种关系时要自觉地、有意识地去追求人与自然、人与社会、人与人之间的相对平衡。具体而言，马克思主义生态人意味着人类在处理与自然的关系中达到了高度的觉悟程度；在人与社会的关系中实现了相互支撑、共同发展；

在人与人的关系中实现了相互依存、和谐共生；在人与自身的关系中实现了身心一致的和谐状态。

（四）马克思主义"生态人"的行为范式：全面发展的实践模式

在马克思看来，人通过实践而存在，并通过实践活动进行自我创造、自我塑造。因此，马克思主义生态人的行为范式就是人的全面发展的实践模式。中国城镇化发展要以新发展理念为引领，构建以创新为动力的全面发展的实践模式。马克思在对资本主义社会的批判分析中指出："到目前为止的一切生产方式，都仅仅以取得劳动的最近的、最直接的效益为目的。那些只是在晚些时候才显现出来的、通过逐渐的重复和积累才产生效应的较远的结果，则完全被忽视了。"[1] 生态问题的根源是生产方式的不合理。在资本主义社会，其生产方式本身具有反生态的性质。为了获得更多的剩余价值，不断进行更多的生产，而只要生产就要耗费资源。在社会主义社会，生态化的生产方式不再是人与自然之间物质变换的中断者，它将维持人与自然之间可持续的物质变换，从而使人与自然和谐共生。因此，中国特色城镇化进程中，马克思主义生态人的生产最终要合理地调节人和自然之间的物质变换，以创新为动力，转变经济发展方式，从根本上确立合目的合规律的生态化的生产方式，追求经济效益、社会效益与和生态效益的高度统一，认识并逐步缓和人与生态之间的矛盾，切实保障人民的生命安全和生态权益。在生活领域，消费主义的流行，使人们把基本需求与无限欲求、真实需求和虚假需求混为一谈，逐步陷入异化的消费模式。同时，人们更多关注的是物质需求的满足，而不是精神需求的满足。购买商品不仅仅是为了获得使用价值，而是为了获得一定的存在感，可谓"我买我存在"。而购买了商品之后，却没有物尽其用，而是大量丢弃，造成了资源的极大浪费。受"消费主义"的支配，"大量生产—大量消费—大量丢弃"成为人们的行动模式。只有从以物为主的生活转向以人为本的生活，让整个社会从物的尺度中摆脱出来，个体的生活方式才会发生根本性的转变。

总之，马克思主义生态人是指在实践活动中能够以实现"人与自然的和解"和"人与人的和解"为价值诉求，以遵循合目的性与合规律性

---

[1] 《马克思恩格斯文集》第9卷，人民出版社2009年版，第562页。

的统一为原则正确处理人与自然、人与社会、人与自身的关系，努力摆脱人的异化生存状态，追求自然生态、社会生态、身心生态平衡，最终实现生态化生存的人。马克思主义生态人对社会主义初级阶段的发展、对当代中国特色城镇化的发展具有重大的现实意义。发展归根到底是人的发展，而发展最终也得靠人去实现。只有每个人都成为马克思主义生态人，人与自然、人与社会、人与人才会处于和谐、共生共荣的状态。也只有在这种状态中，每个人才能真正处理好与自己的关系，实现身心平衡，才可能真正成为自由全面发展的人。

第二节 科学发展伦理思想

科学发展观与新发展理念，是中国共产党对社会主义建设规律认识的深化与凝练，是对马克思主义发展观的重大理论创新。经济社会的发展以"全面协调可持续发展"为原则指向，以"创新、协调、绿色、开放、共享"为具体实施，归根到底都是人的实践活动的展开，都离不开现实的、具体的人的参与。因此，深入研究科学发展观与新发展理念所蕴含的伦理特质，即探讨科学发展中人与社会的关系、人与自然的关系、人与人的关系的伦理意蕴，对于深刻领会科学发展观和新发展理念的科学内涵与精神实质具有重要的指导意义，从而为新时期中国特色城镇化建设提供重要的理论依据。

一 发展是第一要义的伦理进步意蕴

"高质量发展是全面建设社会主义现代化国家的首要任务"[①]，这是党中央深刻分析当前中国所面临的世情、国情所做出的科学判断。当今世界和平与发展是大势所趋，经过40多年的改革开放，中国的经济建设和社会发展取得了前所未有的巨大成就。但从诸多人均指数来看，与世界发达资本主义国家相比，中国仍处于相对落后的地位。中国仍处于社会主义初级阶段，必须抢抓机遇，牢牢扭住经济建设中心不放，进一步解

[①] 习近平：《高举中国特色社会主义伟大旗帜 为全面建设社会主义现代化国家而团结奋斗——在中国共产党第二十次全国代表大会上的报告》，人民出版社2022年版，第28页。

放和发展生产力。坚持发展是第一要义，这对于当前中国具有重要的伦理进步意义。发展是第一要义，就是将发展放在国家经济社会生活的首要位置，或者说发展在社会生活中处于中心地位。发展之所以处于中心地位，是因为：

首先，科学发展有利于在解放生产力中解放人自身。从伦理视角看，发展最本质的是对科学发展的追求，科学发展是指社会发展的合目的性、合规律性，如果超越了客观的发展规律、违背了社会发展的整体性目标，那么这种发展就不是科学的。人的解放和生产力的解放具有辩证统一性。只有实现生产力的解放，在生产力全面发展的基础上消灭阶级和压迫，在物质财富和精神财富极大丰富的条件下才能实现人的解放，推动人的自由全面发展。非科学的发展在根本上所损害的就是一定时代、一定社会条件下的生产力。如果生产力得不到解放和发展，那么人的解放也就失去了根本性的前提。只有践行科学的发展，生产力才能获得持续、高效的发展，人的解放才能具备现实的物质基础。

其次，科学发展有利于在推进社会进步的过程中促进人的自由而全面的发展。从本质上看，社会的进步就是人的进步，社会进步的目标就是要促进人的自由而全面的发展。正如邓小平所说："贫穷不是社会主义，发展太慢也不是社会主义。"[1] 只有坚持发展是第一要义，才能不断解放和发展生产力，为推动社会进步、实现人的自由全面的发展奠定坚实的物质基础和保障。"以经济建设为中心是兴国之要，发展是党执政兴国的第一要务，是解决我国一切问题的基础和关键。"[2] 只有坚持发展是第一要义，创造出超越资本主义社会的劳动生产率，才能显示中国特色社会主义制度与资本主义制度的比较优势，产生良好的道德示范效应。人民群众才能在社会持续健康发展的良好氛围下，不断发挥自身的潜能和优势，与社会共发展、共进步，最终实现自身的自由全面的发展。

二 以人为本是科学发展的伦理核心

以上我们讨论了发展是第一要义的伦理进步性，解决了发展在经济

---

[1]《邓小平文选》第3卷，人民出版社1993年版，第255页。
[2]《习近平谈治国理政》第2卷，外文出版社2017年版，第234页。

社会生活中的地位问题。但随之而来的，是如何认识关于发展的动力和发展的目的等问题，关于发展过程中如何认识物的要素和人的要素的关系问题。简言之，即发展的动力和发展的目的是物还是人？对此问题的不同回答，可以划分为物本主义和科学发展观。物本主义坚持以物为本，为了物质财富的丰富和增长，人成了发展的手段和工具，造成了人的异化。产生了诸如环境资源恶化、人际关系紧张、道德失范等社会问题，严重阻碍了经济社会的进一步发展。因此，这种发展成为一种"伪发展""反发展"。科学发展观坚持"以人为本"，坚持发展依靠人民、发展为了人民、发展成果由人民共享。"以人为本"把是否实现人民群众的根本利益作为一切工作的前提和归宿，经济社会的发展归根到底是为了实现人的全面发展。

把握"以人为本"在科学发展中的伦理核心地位，必须首先正确认识和理解"以人为本"的科学内涵，避免沦入抽象唯心主义人本论的窠臼。因此，正确理解以人为本必须站在辩证唯物主义和历史唯物主义的高度。科学发展观强调以人为本。一方面，人民群众是科学发展的依靠力量。历史唯物主义认为，人民群众是历史的创造者，人民群众通过自己的劳动实践创造了物质财富、精神财富，成为推动社会历史进步的决定力量。另一方面，科学发展伦理思想认为，科学发展的目的是实现人自身的发展。"相信谁、依靠谁、为了谁，是否始终站在最广大人民的立场上，是区分唯物史观和唯心史观的分水岭，也是判断马克思主义政党的试金石。"[1]

其一，以人为本强调发展为了人民、发展依靠人民，把人的创造性活动作为发展的动力。唯物史观认为，生产力和生产关系的矛盾运动推动着人类社会的发展，其中，生产力是决定性因素。生产力的不断发展必然导致生产关系的变革，进而引发社会形态的更替。在此意义上，生产力是人类改造自然的物质力量，然而生产力的发展不是自发的，它依赖于人民群众的创造性活动。毛泽东指出："人民，只有人民，才是创造世界历史的动力。"[2] 另外，人作为生产力要素最活跃、最革命的要素，

---

[1] 《十六大以来重要文献选编》（上），中央文献出版社2005年版，第369页。
[2] 《毛泽东选集》第3卷，人民出版社1991年版，第1031页。

可以通过渗透到劳动资料、劳动对象等生产力其他要素中发挥作用，从而促进解放和发展生产力。党的十八届五中全会提出创新发展的新理念，就是重视和尊重人的主体地位，调动人的积极性和主动性，通过理论创新、制度创新、科技创新、文化创新，发挥人在经济社会发展中根本动力作用。科学发展必须走群众路线，充分调动和发挥人民群众的聪明才智。

其二，以人为本强调人是发展的根本目的。科学发展伦理认为，人民群众是科学发展的目的旨趣。马克思说，"人是人的最高本质"，"人的根本就是人本身"。① 这就是说，人自身的发展是人活动的最高目的，人是经济社会发展的最高目标和落脚点，不断满足人民群众日益增长的物质文化需要，实现人民群众经济利益、政治利益和文化利益，是做好一切工作的出发点和根本指针。这也是社会主义区别于资本主义社会的根本标志。以人为本强调人是发展的目的，体现了社会主义的本质追求，彰显了社会主义制度的优越性。众所周知，由于资本的逐利性，无止境地追逐剩余价值是资本主义社会发展的根本目的，这对于促进生产力的发展和社会进步，具有重要的历史进步意义。但是一方面是经济的发展，另一方面却产生人的异化，人本的缺失也是资本主义的根本弊病。"作为价值增殖的狂热追求者，他肆无忌惮地迫使人类去为生产而生产，从而去发展社会生产力，去创造生产的物质条件。"② "以人为本"要求人是发展的目的，实现人民群众的利益最大化，体现了社会主义的本质追求，彰显了社会主义制度的优越性。值得注意的是，社会主义也绝不是人类中心主义，片面强调人是发展的目的。科学发展伦理坚持以人为本，是在正确客观规律基础上得出的科学判断。

其三，以人为本坚持以尊重客观规律为前提。正确认识客观规律是以人为本得以实现的内在依据。经济社会的发展是多种规律共同作用的结果。推动经济发展离不开价值规律的作用，实现社会进步要遵守社会发展规律，利用自然、改造自然遵循的是自然规律。各种规律之间相互联系、相互作用、相互制约，共同推动人类经济社会发展。比如，价值

---

① 《马克思恩格斯文集》第1卷，人民出版社2009年版，第11页。
② 《马克思恩格斯文集》第5卷，人民出版社2009年版，第683页。

规律可以反映经济发展，但其盲目性、自发性会产生贫富分化等负面效应，从而激化社会矛盾，阻碍社会进步。而经济社会的发展又可能过度索取自然，造成自然环境的恶化和资源的枯竭，产生人和自然的矛盾，成为经济社会发展的桎梏。因此，正确认识三种规律，妥善处理三种规律之间的关系，是科学发展伦理思想的题中应有之义。基于对三大规律的充分理解，全面协调可持续发展、统筹兼顾分别作为科学发展的基本要求和根本方法，为发挥人的主观能动性提供正确解答。党的十八届五中全会提出的新发展理念强调"坚持人民主体地位"①，集中体现了以人为本的发展理念，是科学发展伦理思想在新时期的新发展。

三　人与自然和谐共生是科学发展的伦理基础

习近平总书记指出："人与自然是生命共同体。"② 作为一个生命共同体，人与自然既存在矛盾冲突又处于和谐共生的统一体之中。如何处理人与自然的矛盾冲突与和谐共生的关系是科学发展伦理思想所要解决的一个基本问题。在矛盾中逐步达到人与自然和谐共生，是科学发展的伦理基础。科学发展伦理思想从生命共同体出发，坚持低碳发展、绿色发展和循环发展，追求人与自然的平衡发展与和谐共生，实现经济发展与人口、资源、环境相协调平衡，保证人类社会健康永续发展。其核心就是要不断探索和把握自然规律和社会发展规律，正确认识和妥善处理人与自然、人与社会以及人与人的关系，实现人与自然的和谐平衡、动态平衡。

马克思主义认为，自然地理环境是人类社会生存发展的前提和物质基础。自然界"首先作为人的直接的生活资料，其次作为人的生命活动的对象（材料）和工具——变成人的无机的身体"③。人为了生存和发展，必然要和自然实现物质能量的变换，通过实践获得必需的物质生活

---

① 《习近平在首都各界纪念现行宪法公布施行 30 周年大会上发表重要讲话强调　恪守宪法原则　弘扬宪法精神　履行宪法使命　把全面贯彻实施宪法提高到一个新水平》，《人民法院报》2012 年 12 月 5 日。

② 习近平：《在纪念马克思诞辰 200 周年大会上的讲话》，《人民日报》2018 年 5 月 5 日第 2 版。

③ 《马克思恩格斯文集》第 1 卷，人民出版社 2009 年版，第 161 页。

资料。应当承认，过去我们由于单纯追求 GDP 的发展，主要依赖生产要素的投入和扩张，因而在发展经济的同时却造成包括环境问题突出、生态失衡等在内的生态危机，带来阻碍我国经济社会进一步发展的不利因素。生态危机不仅影响经济社会的持续发展，而且威胁到人类的生存和发展。水资源的枯竭和污染、沙尘暴、持续的雾霾、因环境污染而引起的疾病，这些"生态病"严重威胁人类的健康发展。如果人类赖以生存和发展的自然地理环境遭到破坏，那么人类的生存都成为严重的问题，更遑论以人为本，实现人的自由全面发展。历史和实践发展证明，尊重自然、善待自然，正确处理人与自然的关系，理所应当成为科学发展的伦理基础。

以上从理论和实践两个维度阐述了自然地理环境对于人类的生存和发展的基础作用，凸显了人与自然和谐共生关系对实现科学发展的伦理基础地位。但是，我们不能止步于此，成为膜拜自然的自然主义。既不能放弃发展，也不能继续使自然生态恶化。发展是第一要义，以人为本要求我们不忘初心，不断满足人民群众日益增长的物质文化需要。由此，人和自然的矛盾统一于人类的发展实践中。人和自然之间矛盾的解决也只有通过发展才能得以实现。人和自然的矛盾在人和自然的双向良性物质变换中、在社会规律和自然规律的双向互动中，人和自然的矛盾处于和谐状态。和谐是矛盾的特殊状态，是矛盾的同一性占主导地位的矛盾统一体。这就是科学发展伦理思想所提出的解决人和自然矛盾的基本思路。

从可持续发展到生态文明建设再到创新、绿色发展，是党中央对社会发展规律和生态自然规律认识逐渐深化的结果。可持续发展强调对自然环境的尊重与保护，指出科学发展要建设资源节约型、环境友好型社会。党的十七大提出了生态文明建设，是党发挥主观能动性所开展的重大理论创新，把保护生态纳入政治伦理的范畴。党的十八届五中全会提出了新发展理念，其中的创新、绿色发展理念，既坚持人的主体地位，又尊重保护自然，强调二者的统一。通过理论创新、制度创新、科技创新、文化创新，调动人的积极性主动性。通过绿色发展，加强生态文明建设。"环境就是民生，青山就是美丽，蓝天也是幸福，绿水青山就是金山银山；保护环境就是保护生产力，改善环境就是发展生产力。"[1] 历史的发展过程表明，我们党对人和自然和谐共生关系的认识逐步深化和完善。

四 实现公平正义是科学发展的伦理实质

实现社会公平正义是人类社会孜孜以求的价值理想与道德期盼。科学发展伦理所坚持的公平正义观是以马克思主义为指导，全面借鉴世界上优秀文化所蕴含的公平正义思想，深刻总结社会主义改革和建设的实践经验，并做出科学判断。公平正义是科学发展的内在要求，只有做到了公平正义，才能尊重自然，促进人与自然的和谐；才能坚持以人为本，真正做到发展依靠人民，发展为了人民，发展成果人民共享；才能保障全面协调可持续发展，真正做到统筹兼顾，实现人的自由全面发展。因此，公平正义就是科学发展的伦理实质。

其一，科学发展坚持公平与效率的统一。如何正确认识人与人之间的关系，也是科学发展伦理思想所要解决的一个基本问题。人类社会的历史和实践表明，正确认识和处理人与人之间的关系，关键是要正确处理公平与效率之间的关系。

由于时代和认识发展的限制，传统发展理论更为注重效率。在发展实践中，资本主义社会由于资本的逐利性，坚持效率至上的原则，产生了一系列社会问题，严重阻碍经济社会的进一步发展。福利国家的产生，是对上述问题深刻反思之后做出的不改变资本主义本质的政策调节。但是，福利国家也没能正确处理公平与效率关系，在资本主义国家危机的爆发具有历史必然性。

我国在对待公平与效率关系问题上，也经历了一个否定之否定的发展过程。在计划经济时代，坚持"公平至上"的原则。由于传统教条的意识形态的影响，错误地理解公平的内涵，把平均分配等同于公平，吃"大锅饭"是对实现公平的践履。干多干少都一样，平均主义严重挫伤了人民群众建设社会主义的积极性，导致生产效率低下，严重阻碍了经济社会的稳定发展。改革之初，邓小平提出了允许一部分人、一部分地区先富裕起来的政策，强调先富带动后富，实现共同富裕。"社会主义最大

---

[1] 《习近平谈治国理政》第2卷，外文出版社2017年版，第209页。

的优越性就是共同富裕,这是体现社会主义本质的一个东西。"① 共同富裕原则实质上就是坚持公平与效率的统一,它是科学发展伦理思想提出的发展成果共享原则的理论渊源。党的十四届三中全会针对当时中国经济发展现状,提出了"效率优先,兼顾公平"的基本原则,充分发挥市场机制配置资源的基础作用,实现了我国经济的飞速腾飞。在发展实践中,由于单纯追求 GDP 的发展,效率优先演变成"效率至上",兼顾公平却没有得到足够的重视,产生了贫富分化,城乡发展、区域发展失衡等社会问题,严重影响了社会主义公平正义原则的有效落实。科学发展伦理思想正确处理了公平与效率的关系,坚持二者的辩证统一。"要通过发展增加社会物质财富、不断改善人民生活,又要通过发展保障社会公平正义、不断促进社会和谐。实现社会公平正义是中国共产党人的一贯主张,是发展中国特色社会主义的重大任务。"② 公平正义是社会主义的本质要求,经过 40 多年的改革开放,我们积累了实现公平正义的物质基础,在现阶段要"把维护社会公平放到更加突出的位置,综合运用多种手段,依法逐步建立以权利公平、机会公平、规则公平、分配公平为主要内容的社会公平保障体系"③。由此可见,实现公平正义是科学发展的实质与内在要求。

其二,科学发展坚持统筹兼顾的根本方法,平衡各方利益,维护了社会公平正义。马克思主义认为,追求利益是人们开展活动的重要依据和价值标准。"群众对这样或那样的目的究竟'关怀'到什么程度,这些目的'唤起了'群众多少'热情'。'思想'一旦离开'利益',就一定会使自己出丑。"④ "人们奋斗所争取的一切,都同他们的利益有关。"⑤ 实现社会公平正义不能靠抽象的逻辑推演,在生产实践、生活实践过程中维护社会的公平正义,必须从各方利益出发,兼顾眼前利益和长远利益,以人民群众的根本利益为标尺,统筹兼顾各方利益,达到相对平衡,

---

① 《邓小平文选》第 3 卷,人民出版社 1993 年版,第 364 页。
② 《深入学习实践科学发展观活动领导干部学习文件选编》,中央文献出版社、党建读物出版社 2008 年版,第 301 页。
③ 《十六大以来重要文献选编》(中),中央文献出版社 2006 年版,第 712 页。
④ 《马克思恩格斯全集》第 2 卷,人民出版社 1957 年版,第 103 页。
⑤ 《马克思恩格斯全集》第 1 卷,人民出版社 1956 年版,第 82 页。

从而真正维护社会的公平正义。

坚持全面协调可持续发展是科学发展伦理思想实现社会公平正义的基本要求，统筹兼顾是科学发展伦理思想实现社会公平正义的根本方法。众所周知，在市场经济竞争机制的作用下，不同人与人之间、城乡之间、区域之间由于事实上的能力、特点的差异会被逐渐放大，造成人与人之间、城乡之间、区域之间产生贫富分化，这是价值规律作用的必然结果。如果对此放任不理，就会产生严重的社会问题。因此，科学发展必须要发挥国家宏观调控的作用，统筹兼顾，平衡各方利益关系，克服市场机制的自发性、盲目性引起的社会问题，维护社会公平正义。对于个人收入分配，国家通过一定财税政策，进行收入的再分配，提高中低收入者的工资水平。对于城乡、区域间的发展不平衡，国家通过乡村振兴、新型城镇化、西部大开发、振兴东北老工业基地建设等具体措施来实现各方利益的平衡，从而保障社会公平正义。

总之，正确认识和处理发展与人的关系，物与人的关系，自然与人的关系，人与人的关系是科学发展的基本内涵，其中蕴含着丰富的伦理思想。这些思想是当前深入开展中国特色城镇化生态伦理建设的重要理论依据。

第三节　敬畏生命伦理思想[①]

中国特色城镇化生态伦理建设过程中出现的矛盾和困境，很大程度上是人的主体性力量过度张扬的结果，而这种过度张扬又建立在人的认知结构和思维方式存在局限性的客观现实基础之上。敬畏生命的伦理思想是汲取了马克思主义伦理观、中华优秀传统文化中的敬畏生命思想以及西方敬畏生命观的思想精髓，并结合中国特色城镇化进程这一特殊的背景所形成的伦理思想。敬畏生命的伦理思想是我们在中国特色城镇化进程中正确处理人与人、人与自然、人与社会关系的重要指导思想，是中国特色城镇化生态伦理的基本理论框架之一，对破解中国特色城镇化

---

① 本节核心内容已发表于《全球发展视阈中的敬畏生命观》，《科学与社会》2017年第4期。

生态进程中的现实困境和建设中国特色城镇化生态伦理具有重要意义。

一 敬畏生命伦理思想的形成

敬畏生命的思想由来已久。无论是在马克思主义伦理观中，还是在中华优秀传统文化中，都蕴含着敬畏生命的思想，明确提出"敬畏生命"理论并加以论证的是阿尔贝特·史怀泽。作为中国特色城镇化生态伦理框架中的要素之一，敬畏生命的伦理思想正是在继承马克思主义敬畏生命思想的基础上，对中华优秀传统敬畏思想进行转化，对西方敬畏生命伦理思想尤其是阿尔贝特·史怀泽敬畏生命思想进行扬弃，伴随中国特色城镇化进程而形成本土化的伦理思想。

其一，对马克思主义敬畏生命思想的继承。马克思主义思想中虽没有明确提出敬畏生命的概念，但是在马克思主义伦理观、马克思主义生态观、马克思主义自然观中都蕴含着敬畏生命的思想，尤其是中国化的马克思主义中，更加显现着对自然、对生命的敬畏。马克思、恩格斯将人看作是自然的一部分，并认为"没有自然界，没有感性的外部世界，工人什么也不能创造"[1]，这本质上就是对自然、对自然界生命的敬畏，尤其是恩格斯强调"我们不要过分陶醉于我们人类对自然界的胜利。对于每一次这样的胜利，自然界都对我们进行报复"[2]，更加蕴含着敬畏自然、敬畏自然界生命体的伦理思想。列宁在继承马克思、恩格斯这些思想的基础上指出，"人自己也只是他的表象所反映的自然界的一小部分"[3]，这一观点继承了马克思恩格斯的敬畏生命思想。中国化的马克思主义，将马克思主义敬畏生命观与我国具体国情相结合，毛泽东认为，人在生产实践活动中"逐渐地了解自然的现象、自然的性质、自然的规律性、人和自然的关系"[4]。邓小平指出"植树造林，绿化祖国，造福后代"[5]。江泽民的可持续发展思想和胡锦涛提出的科学发展观等，都表现出中国特色社会主义事业发展进程中对生命的敬畏。党的十八大以来，

---

[1]《马克思恩格斯文集》第1卷，人民出版社2009年版，第158页。
[2]《马克思恩格斯文集》第9卷，人民出版社2009年版，第559—560页。
[3]《列宁全集》第18卷，人民出版社1988年版，第118页。
[4]《毛泽东选集》第1卷，人民出版社1991年版，第282—283页。
[5]《邓小平文选》第3卷，人民出版社1993年版，第21页。

习近平在继承马克思主义敬畏生命思想的基础上,认为我们要"像对待生命一样对待生态环境"①,将保护环境提高到了敬畏生命的高度,并认为"自然是生命之母,人与自然是生命共同体,人类必须敬畏自然、尊重自然、顺应自然、保护自然"②。这一论述表现出中国特色社会主义事业发展进程中对敬畏生命思想的逐步深入发展进程。中国特色城镇化是在马克思主义指导下的城镇化,中国特色城镇化敬畏生命伦理思想的形成,继承了马克思主义敬畏生命思想,尤其是党的十八大以来形成的并与中国特色城镇化进程相适应的敬畏生命思想。中国特色城镇化进程中,要处理的核心关系是人与自然的关系,在此过程中形成的敬畏生命伦理思想,继承了马克思主义敬畏生命思想的精髓。

其二,对中华传统敬畏生命思想的转化。在中华优秀传统文化中,敬畏生命的伦理思想由来已久,但在早期原始社会,原始初民对生命现象的敬畏并不出于他们明确地感知和体悟到了生命的神圣,而是在特殊时期由于有限的科技水平和认识水平而产生的对神秘生命现象的畏惧和崇拜。尽管在原始社会时期,这种伦理思想并没有被明确提出并发展为一套完善的体系,但这种根深蒂固的、源远流长的崇拜以及敬重生命的意识为敬畏生命伦理思想奠定了基础,这为敬畏生命伦理思想流淌在中华民族的血脉中,并在中国特色城镇化进程中为形成敬畏生命伦理思想准备了条件。传统社会中儒家"天人合一"的思想最能凸显古人敬畏生命的智慧,子曰:"天何言哉?四时行焉,百物生焉,天何言哉?"③"天"就是自然,"人"就是人类,天人合一便是要促使人类社会发展与自然发展变化达到"你中有我,我中有你"的境界,旨在实现人与自然的互融共生,在实质上就是对自然的敬畏,也是我国传统社会中朴素的生态伦理思想,流露出我国古人的生态智慧,今天当我们认识到应将人与自然看作是生命共同体,在一定程度上就是对"天人合一"思想进行了与时俱进的转化。此外,我国传统社会中的仁爱思想,"仁"的对象不

---

① 习近平:《决胜全面建成小康社会 夺取新时代中国特色社会主义伟大胜利——在中国共产党第十九次全国代表大会上的报告》,人民出版社 2017 年版,第 24 页。

② 习近平:《在纪念马克思诞辰 200 周年大会上的讲话》,《人民日报》2018 年 5 月 5 日第 2 版。

③ 《论语》,张燕婴译注,中华书局 2006 年版,第 272 页。

仅仅是人与人之间，更表现在人对自然的"仁"，人们对待自然也有仁爱之心，意味着我们有敬畏自然、保护自然的思想。敬畏自然还表现以"度"的原则处理人与自然的关系，我国"中和思想"侧重恰到好处、合时宜、平衡，这本质上强调的就是人与自然之间的平衡，体现着人对自然的敬畏之心。中华优秀传统文化中的"天人合一"思想、仁爱思想以及中和思想等，在中国特色城镇化进程中实现现代转化，并融入中国特色城镇化敬畏生命伦理思想的进程中，对中国特色城镇化生态伦理继承中华文明的血脉，彰显中国传统特色具有重要价值。

其三，对西方敬畏生命伦理思想的"扬弃"。阿尔贝特·史怀泽首次明确提出敬畏生命伦理思想并加以论证，"在极度疲乏和沮丧的我的脑海里突然出现了一个概念：'敬畏生命'。据我所知，我还从未听到和读到过这个词"[1]。史怀泽提出"敬畏生命、生命的休戚与共"[2]，在自然状态中的生命意志常常陷于神秘的自我分裂是"敬畏生命伦理思想的逻辑起点"[3]。史怀泽指出："自然不懂得敬畏生命。它以最有意义的方式产生着无数生命，又以毫无意义的方式毁灭着他们。"[4] 自然抚育的每个生命都有并能体认到自身的生命意志，但却无法感知其他生命现象的存在，对其他生命一无所知。自然界生命的存在以牺牲其他生命存在为前提，因为他们无法与牺牲品共同体验死亡的痛苦，这种残忍的自然教育的利己主义使得生命之间存在的联系并不是休戚与共的和谐关系，而是相互斗争的残忍局面。史怀泽认为这是恶的，是不道德的，是不合伦理的，"只有当人认为所有生命，包括人的生命和一切生物的生命都是神圣的时候，他才是伦理的"[5]。在此基础上，史怀泽认为："产生于有思想的生命意志

---

[1] [法]阿尔贝特·史怀泽：《敬畏生命：50年来的基本论述》，陈泽环译，上海社会科学院出版社1992年版，第8页。

[2] [法]阿尔贝特·史怀泽：《敬畏生命：50年来的基本论述》，陈泽环译，上海社会科学院出版社1992年版，第19页。

[3] 赵金霞、孙慕义：《史怀泽"敬畏生命"伦理思想初探》，《扬州职业大学学报》2006年第2期。

[4] [法]阿尔贝特·史怀泽：《敬畏生命：50年来的基本论述》，陈泽环译，上海社会科学院出版社1992年版，第19页。

[5] [法]阿尔贝特·史怀泽：《敬畏生命：50年来的基本论述》，陈泽环译，上海社会科学院出版社1992年版，第9页。

的敬畏生命伦理学把肯定人生和伦理融为一体。"[1] 因此，崇尚敬畏生命才是完全意义上的伦理思想，敬畏生命理论应运而生。史怀泽敬畏生命伦理将伦理实施的客体范围扩大至一切生命。史怀泽认为，敬畏"包括人类在内的一切生命等级"[2]，并在明确提出一切生命没有高低贵贱之分的同时又赋予了人类在敬畏生命中的主体性地位，肯定了人在尊重和珍惜其他生命的过程中发挥着举足轻重的作用，他将是否敬畏生命作为评价善恶道德的重要指标。同时，随着具体的社会历史条件的不断变化，史怀泽的敬畏生命理论存在的局限开始显露。"其一，这一伦理思想将对待一切生物的道德原则与对待人类的道德原则和道德要求完全等同起来，完全否认人与其它生物存在的区别，这显然过于极端机械，从而缺乏历史的发展性和思维的辩证性。……其二，这一伦理思想强调敬畏生命的关键在于行动者的主观动机，而不关注行为所达到的效果。这似乎也过于绝对化，充满着绝对动机论的浓厚色彩"[3]。与此同时，也有学者们明确表示史怀泽的敬畏生命理论具有局限性，一方面是由于"史怀泽是个身体力行的基督教徒。因此，这一理论不可避免地受到基督文化与宗教的影响，因而具有宗教唯心主义立场"[4]。另一方面，"这一理论本身具有内在的矛盾性"[5]，对于究竟在何种程度上属于道德行为以及如何在现实生活中具体地避免伤害其他一切生命，诸如在实际生活中，为了满足我们日常的饮食和营养需要就不可避免地要牺牲一些动物和植物，这是否就是不道德的？关于这些问题，史怀泽并没有给出明确的界限进行区分。因而，史怀泽敬畏生命思想，值得我们在中国特色城镇化进程中予以借鉴，并且是中国特色城镇化生态伦理的重要思想资源，但是我们也要对其进行"扬弃"，构建能够作为中国特色城镇化生态伦理框架的敬畏生命思想。

---

[1] ［法］阿尔贝特·史怀泽：《敬畏生命：50年来的基本论述》，陈泽环译，上海社会科学院出版社1992年版，第10页。

[2] ［法］阿尔贝特·史怀泽：《敬畏生命：50年来的基本论述》，陈泽环译，上海社会科学院出版社1992年版，第19页。

[3] 夏东民、陆树程：《后敬畏生命观及其当代价值》，《江苏社会科学》2009年第5期。

[4] 李恩昌、逯改、徐天士等：《敬畏生命还是关爱生命、护卫生命——史怀泽敬畏生命理论在医学伦理学中应用辨析》，《医学争鸣》2013年第6期。

[5] 李恩昌、逯改、徐天士等：《敬畏生命还是关爱生命、护卫生命——史怀泽敬畏生命理论在医学伦理学中应用辨析》，《医学争鸣》2013年第6期。

中国特色城镇化生态伦理思想的形成，继承了马克思主义敬畏生命思想的精髓，并在中华传统敬畏生命思想实现现代转化的过程中逐渐萌芽，西方学者阿尔贝特·史怀泽的敬畏生命思想，是中国特色城镇化生态伦理思想形成的重要思想资源，我们应结合马克思主义敬畏生命思想和中华传统敬畏生命思想，对其进行"扬弃"，并凝练总结作为中国特色城镇化生态伦理框架之一的敬畏生命伦理思想。

二 敬畏生命伦理思想的主要内容

中国特色城镇化敬畏生命伦理思想的主要内容，融合了马克思主义敬畏生命思想、中华传统敬畏生命思想的精髓，并对阿尔贝特·史怀泽的敬畏生命思想进行扬弃，在中国特色城镇化的进程中，形成了与之相适应的中国特色城镇化敬畏生命伦理思想。这一思想的主要内容包括敬畏一切生命体生命尤其是人的生命，以"度"的原则敬畏生命和合规律地敬畏生命。其中敬畏一切生命体生命尤其是人的生命，回答的是我们在中国特色城镇化进程中应该敬畏谁的问题，以"度"的原则敬畏生命回答的是我们应该怎样敬畏生命的问题，合规律地敬畏生命回答的则是我们敬畏生命的价值旨归问题。三者相辅相成，构成中国特色城镇化敬畏生命伦理思想的主要内容。

其一，敬畏一切生命体生命。中国特色城镇化本质上是人的城镇化，中国特色城镇化敬畏生命伦理思想，强调敬畏一切生命体生命尤其是人的生命。我们必须明确的是，敬畏生命不等于盲目地崇拜生命，也不等于将所有生命都一视同仁，敬畏生命的最终目的是促使一切生命在合理范围内为人的生命服务，做到以人为本。"在应对当今生态危机中，人们应确立敬畏生命观，遵循以人为本、生命至上、生态支持的伦理原则，正确处理自然规律与人的认知水平局限性之间的矛盾，正确处理人的主体性力量理性张扬与过度张扬的矛盾，通过伸张生态正义，明晰生态责任，加强生态支持，优化生态管理，维系生态平衡，实现敬重、珍惜、关爱生命的崇高目的，促进人与人、人与社会、人与自然的和谐发展。"[①] 对马克思主义敬畏生命思想、中华传统敬畏生命思想的精髓以及阿尔贝

---

① 夏东民、陆树程：《敬畏生命观与生态哲学》，《江苏社会科学》2008 年第 6 期。

特·史怀泽敬畏生命思想的继承,表现在中国特色城镇化进程中,就是要在敬畏生命尤其是敬畏人的生命的过程中,追寻生态平衡。在处理人与人、人与社会和人与自然关系的过程中,人始终处于核心地位,人要敬畏一切生命,但是这并不意味着人不能对生命施加任何影响,人们在对生命施加影响的过程中坚持以人为本的原则,并且以维系生态平衡为目标,则能够在城镇化的进程中恰如其分地诠释敬畏一切生命体生命尤其是人的生命。生态平衡是中国特色城镇化进程中,在敬畏生命伦理思想的指导下,我们所要追寻的境界,这一境界的达成,有助于人与人、人与社会、人与自然的和谐发展,是敬畏生命伦理思想敬畏一切生命尤其是人的生命的原则在城镇化进程中的理性表现。人发挥自身的主观能动性敬畏生命,敬畏的既是自身的生命,也是所有一切生命体生命,而在特定情况下,人的生命具有优先性。这不是对敬畏生命的否定,而是对敬畏生命的发展。生态平衡建立在对生命的敬重与关爱的基础上,在这一过程中,人既是手段,也是目的,对人自身生命的敬重以及对其他生命体的敬重都需要通过人来实现,而敬重生命、关爱生命以维护生态平衡,最后的目的是人类永续发展。

其二,以"度"的原则敬畏生命。在一定程度上,科技越发达,人对自然和其他生命体施加影响的能力越强,在特定时期、一定历史发展阶段,人们对生命的敬畏可能会越来越淡化。中国特色城镇化与工业化、现代化的步伐相一致,中国特色城镇化的进程中,我国生产力水平不断提升、科技不断发展,我们对自然、对生命施加影响的能力不断提升,可能对生态平衡造成破坏的程度也在加深。因而,不可否认的是,中国特色城镇化在为我们带来发展的红利的同时,也带来了生态、环境方面的问题。从生态伦理的构建方面,为破解已经出现的现实问题寻找答案,是我们中国特色城镇化生态伦理构建的目标。敬畏生命伦理思想作为中国特色城镇化生态伦理思想的理论框架之一,为我们如何在城镇化的过程中将人对自然、对其他生命的影响力控制在合理范围内提供了伦理规范。"要促使生命科技的发展始终沿着有利于人类健康发展的方向前进,就要适度维持敬畏生命与生命价值观之间的内在张力。"[1] 城镇化在一定

---

[1] 陆树程、朱晨静:《敬畏生命与生命价值观》,《社会科学》2008年第2期。

程度上意味着现代化,意味着科学技术水平的不断提高和人们对自然、对一切生命体生命施加影响的能力和水平不断提高,而这种能力越是提高,就越需要与之相适应的伦理规范和伦理原则来形成约束,将"度"的原则渗透到城镇化发展进程中,融入人们敬畏生命的行为中。"所有生命都神圣不可侵犯,我们必须都敬畏"和"科技至上,我们对所有生命都可以施加影响"是我们在城镇化进程中容易陷入的两个极端,这决定我们在中国特色城镇化的进程中形成的敬畏生命伦理思想,既要对"科技至上主义"做出科学的回应和逻辑的应答,又要对阿尔贝特·史怀泽所提出的敬畏一切生命体生命的敬畏生命思想进行理念上的重建,以"度"的原则敬畏生命,让人的主观能动性得到理性张扬,即我们既不是盲目崇拜生命神圣,不对生命施加任何影响,也不是对人的力量盲目自信,毫无限度和毫无节制地改变自然和改变生命,而是在适度的范围内,对人的生命、对其他生命体生命施加影响。"度"的原则,是"敬"与"畏"之间的桥梁,让敬畏生命能够得到彰显。

其三,合规律地敬畏生命。合规律地敬畏生命,建立在我们明确敬畏的对象是谁、以怎样的原则敬畏生命的基础上,是中国特色城镇化生态伦理追寻的价值旨归。自人类社会产生开始,人们的敬畏生命观发生了从"天择时代"到"人择时代"再到"道择时代"的变化,"天择时代"的敬畏生命观,蕴含人们对生命绝对敬畏的思想,甚至人处于"听天由命"的被动境地。随着人改造自然工具的改进,人改造自然的能力也逐步提升,人们的敬畏生命观开始走向另一个极端,即相信"人定胜天",使得敬畏生命观陷入"人择时代"。一定程度上而言,西方国家城镇化进程中所表现出的敬畏生命观就是"人择时代"的敬畏生命观,人们不仅肆意地破坏自然,损毁其他生命的生存环境,而且对自身的生命也开始施加影响和改变,不仅造成了生态系统的失衡,也带来了环境污染、自然灾害等生态灾难。中国特色城镇化作为社会主义国家的城镇化,要避免陷入西方城市化的误区,需要走出"人择时代"敬畏生命观的误区,在绝对敬畏与无畏之间寻找所有生命体和谐相处、共融共存的平衡点,秉持"道择时代"的敬畏生命观,"道择时代最核心的理念正是人们在改造客观世界的过程中,不仅关注人的主体性,而且高度关注合规律性,即人的主体性在充分发挥的同时,应该考虑到自然法则和社会发展规律的制衡"①。中国特色城镇化敬畏生命伦理思想要求我们在进行城镇化的过程中，在自然环境对其他生命施加影响时，不能仅关注人的主体性，不只以经济的发展、人的物欲的满足为标准，而是要尊重自然法则、尊重城镇化发展的规律，合规律地推动城镇化进程。合规律地敬畏生命，就是在人们尚未对自然形成客观、全面的认识和把握之前，不随意、盲目地对其施加影响。人的认知受到客观条件的限制，大自然的奥秘人们始终无法完全掌握，在逐步对自然有了了解的过程中，人容易把一时的能力壮大看作是对自然的胜利，城镇化进程中带来的问题，归根到底都是人们盲目自信造成的恶果，而归根到底，人们要回归到对客观规律的遵循上，在自然的、人类社会的客观规律指引下，合规律地发挥主观能动性。

由此，中国特色城镇化敬畏生命伦理思想，作为中国特色城镇化生态伦理思想的总体框架之一，回答了在中国特色城镇化进程中敬畏谁、如何敬畏和最终的价值旨归问题，我们要敬畏一切生命体生命尤其是人的生命，在城镇化的过程中，离不开人与自然关系的处理，我们要以"度"的原则与之相处，最终追寻在自然规律与社会规律的指引下敬畏生命并推动中国特色城镇化进程。

三 敬畏生命伦理思想对中国特色城镇化的意义

构建中国特色城镇化生态伦理的最终目标是为中国特色城镇化进程服务，为城镇化合理、健康的发展做出理论上的贡献。在敬畏生命伦理思想的作用下推进城镇化，对合规律地彰显人的主体性、在发展的过程中维持城市生态平衡以及有序推进中国特色新型城镇化建设具有重要意义。

其一，有助于合规律地彰显人的主体性。敬畏生命伦理思想涵盖实现人的生命优先性的要求，始终坚持中国特色城镇化发展道路，更为坚定不移走以人为本的城镇化道路提供了理论支持。敬畏生命伦理思想涵盖实现人的生命优先性的要求，"指在敬畏一切生命体生命的基本前提

---

① 陆树程、李佳娟、尤吾兵：《全球发展视阈中的敬畏生命观》，《科学与社会》2017年第4期。

下，对人类的生命敬畏应当具有优先性，即在人类实践活动过程中，当人的生命与其它生命体生命发生矛盾而不能共存时，应当优先保障人的生存权和发展权。"①强调人的生命优先性为中国特色城镇化发展道路更加坚定不移地坚持以人为本为核心的城镇化提供了理论支持。习近平指出，"坚持以人为本，推进以人为核心的城镇化"②，这是贯彻落实"新发展理念"的重要体现。"以人为本是城镇可持续发展的核心，按照可持续发展观念和人的价值观，以人为本就是以人的生命整体为出发点和归宿，树立尊重生命价值，爱护、关心生命的观念，将人改变周围世界的能动行为自觉纳入符合生命规律的要求中来；以人为本就是真正确保人人成为城镇可持续发展的受益者，一切为了培养人、激励人、关心人、服务人，一切为了使城镇居民得到更多的实惠，城镇可持续发展目标的制定、发展阶段和重点的确立、法律法规的出台、具体的实施都要以城镇居民的利益为出发点和归宿。"③ 从人生命的优先性出发，我国走以人的城镇化为核心的中国特色新型城镇化道路，一方面要实现城乡一体化建设，切实保障城乡居民的合法权益，妥善处理好户籍制度改革、农民土地权益等实际问题；另一方面，要充分发挥人民群众在遵循和利用自然规律和社会规律合理改造自然环境，以更好地促进社会发展等方面的积极性、主动性和能动性。敬畏生命伦理思想强调合规律地对自然进行改造，这要求我们合自然规律、合社会发展规律地推进中国特色城镇化。在城镇化的过程中坚持人的优先性，"并不排斥敬畏其它一切生命体生命，而是当人的生存与其它生命体生存发生了难以调和的矛盾时所应遵循的特定规则"④。如果舍弃这一原则，人类很难实现更好地生存和发展的要求，也无法实现敬畏其他一切生命的伦理要求。

其二，有助于在发展的过程中维持城市的生态平衡。城镇化的进程往往伴随着生态的失衡，我们在城镇化进程中面临的生态困境需要在生态伦理中寻找答案。敬畏生命伦理思想强调敬畏一切生命体生命尤其是

---

① 夏东民、陆树程：《后敬畏生命观及其当代价值》，《江苏社会科学》2009年第5期。
② 《习近平总书记系列重要讲话读本》，学习出版社、人民出版社2014年版，第73页。
③ 尚娟：《中国特色城镇化道路》，科学出版社2013年版，第62页。
④ 夏东民、陆树程：《后敬畏生命观及其当代价值》，《江苏社会科学》2009年第5期。

人的生命，并且强调度的原则和合规律的价值旨归，对维持生态平衡具有现实意义。"人类在一切实践活动中，要对一切生命体生命予以敬畏，即不仅敬畏人的生命，而且要敬畏一切其它生命体生命。"① 在城镇化进程中敬畏一切生命体生命是维持城市生态平衡的基础。只有敬畏一切生命体生命，才能深刻认识到人与自然是共同体。人与自然界中的一切生命体都是密切联系、休戚与共的，"人类只是重要的物种之一，而所有的物种都是相互依赖的"②。人与其他生命体之间相互联系、相互影响、相互制约，共同构成自然界中庞大的、稳定、平衡的生态系统。无论处于生态系统的何种位置，哪怕是生态链最底端的生物体，都有其存在的意义和价值，一旦这种生物全部消失，随之而来的是庞大的生态系统的平衡性被打破，继而会引发难以预测的灾难。在城镇化的过程中，"一些城市生态建设盲目追求'洋树种'、'洋植物'……不惜重金从国外引进观赏树种、观赏植物，而且越新奇越好"③。这种追求时髦的城镇化模式是需要警惕的，这些"洋植物"对于生长环境必然会有特殊要求，盲目追求奢华之风，不加研究和考察地移植不但会降低这些高档次景观的存活率，而且这些相对于本土植物而言的外来物种，它们的入侵，很有可能会破坏整个城市自然生态系统。从敬畏生命伦理思想出发，维持生态平衡就是要敬畏所有生命，不肆意改变其生存环境，不因人的主观需要而对其他生命进程和生活环境加以改变，让其他生命在有限度的条件内为人的发展服务，注重营造一种人与自然和谐共生的良好态势，促进人类的社会生产活动与整个自然生态系统实现全面协调可持续发展。

其三，有助于有序推进中国特色新型城镇化建设。中国特色新型城镇化进程就是要实现以城乡统筹、城乡一体、产业互动、节约集约、生态宜居、和谐发展为基本特征的城镇化，党的十九大报告强调，"推动新型工业化、信息化、城镇化、农业现代化同步发展"④。敬畏生命伦理思

---

① 夏东民、陆树程：《后敬畏生命观及其当代价值》，《江苏社会科学》2009年第5期。
② [美]彼得·圣吉：《环境危机与重建生态文明》，《新华日报》2008年10月29日第B7版。
③ 《伍皓经济学微论：中国城镇化"问题清单"及创新解决》，高等教育出版社2014年版，第221页。
④ 习近平：《决胜全面建成小康社会 夺取新时代中国特色社会主义伟大胜利——在中国共产党第十九次全国代表大会上的报告》，人民出版社2017年版，第17页。

想强调适度地、合规律地对自然施加影响，就是要切实保障和维护好一切生命意志的生存权利，而这些生命赖以生存的自然和社会环境也应得到保护和尊重。随着人的主体性力量的不断扩张，人们改造自然的欲望和能力都空前膨胀，城镇化的发展在一定意义上就是改造自然环境，拓展社会环境的过程，而在这一过程中，"不少地方不是'保留'大自然、'保留'青山绿水。他们建设'生态城市'的办法，是把原汁原味的自然景观改造成人工景观，结果是弄巧成拙"[1]。更有甚者，在一些地方，城市的建设演变成肆意的"克隆自然"，"需要警惕的是，当前我国绝大多数城市造的假山假水、喷泉、人工湖，其实并不具备自然的河流来水，要么是从水库引水，要么就是抽取地下水，这对自然生态系统的破坏力是极大的"[2]。城镇化过程中出现的生态问题不仅包括对自然环境的破坏，也包括对自然资源的过度开发和使用，围湖造田、建高楼大厦等，城镇化的发展最终演变成为城市"水泥化"的过程，这些问题的存在使得人与自然的关系日益激化。敬畏生命伦理强调敬畏一切生命并以适度的原则敬畏生命，在敬畏生命的过程中遵循自然和社会发展规律，就是对这些问题的回应。习近平总书记强调，"提高城镇建设水平。体现尊重自然、顺应自然、天人合一的理念，依托现有山水脉络等独特风光，让城市融入大自然，让居民望得见山、看得见水、记得住乡愁"[3]，所谓"尊重自然、顺应自然、天人合一"的理念与敬畏生命伦理的实质是一脉相承的，在遵循敬畏生命伦理的基础上，我们才能朝着新型城镇化建设的目标不断推进，破解城镇化进程中遇到的问题。

总之，敬畏生命伦理思想继承了马克思主义敬畏生命思想的精髓，并对中华传统敬畏生命思想进行了与时俱进的转化，对西方敬畏生命伦理思想进行了"扬弃"，这一思想的主要内容包括敬畏一切生命体生命尤其是人的生命、以"度"的原则敬畏生命和合规律地敬畏生命。这一生态伦理思想对合规律地彰显人的主体性和优先性、在发展的过程中维持

---

[1]《伍皓经济学微论：中国城镇化"问题清单"及创新解决》，高等教育出版社2014年版，第217页。

[2]《伍皓经济学微论：中国城镇化"问题清单"及创新解决》，高等教育出版社2014年版，第220页。

[3]《习近平总书记系列重要讲话读本》，学习出版社、人民出版社2014年版，第74页。

城市的生态平衡具有重要意义。敬畏生命伦理思想与马克思主义生态人思想、科学发展伦理思想，共同构成中国特色城镇化生态伦理思想的框架，对坚定不移地走中国特色城镇化发展道路，妥善处理好城镇化进程中出现的一系列问题具有重要的理论价值和现实意义。

本章小结

中国特色城镇化生态伦理的基本理论主要由马克思主义"生态人"思想、科学发展伦理思想、敬畏生命伦理思想组成。这些思想为更好地建设中国特色新型城镇化以及解决中国特色城镇化生态伦理建设过程中的现实困境提供了科学的理论指引。其中，马克思主义"生态人"思想是对现代化、城镇化发展进程中人所面临的一系列生存和发展困境的理论反思，它要求正确处理人与自然、人与社会、人与自身的关系，以实现"人与自然的和解"和"人与人的和解"为价值诉求，最终指向人类社会的和谐有序发展以及人的自由全面发展。科学发展伦理思想强调发展是第一要义具有重要的伦理进步意义，以人为本是科学发展的伦理核心，人与自然和谐共生是科学发展的伦理基础，实现公平正义是科学发展的伦理实质。敬畏生命伦理思想是指敬畏一切生命体生命、以"度"的原则敬畏生命和合规律地敬畏生命，并分别对"应该敬畏谁""应该怎样敬畏生命""敬畏生命的价值旨归"问题进行了回答。总之，马克思主义"生态人"思想、科学发展伦理思想、敬畏生命伦理思想，三个思想相得益彰，共同构建了中国特色城镇化生态伦理的基本理论。

第五章

中国特色城镇化生态伦理的
理念和原则

中国特色城镇化生态伦理广泛吸收了国外生态伦理思想和中国传统生态伦理思想的有益成分，以习近平生态文明思想、马克思主义生态观、马克思主义伦理观、马克思主义发展观为思想基础，形成了中国特色城镇化生态伦理的理论内涵，构成了以马克思主义生态人为核心和科学发展伦理思想、敬畏生命伦理思想为主要内容的理论框架。中国特色城镇化生态伦理拥有极强的革命性和现实性，目的在于指导我们在推进中国特色新型城镇化的过程中进行科学认知与合理行动。中国特色城镇化生态伦理的思想包括了理念、基本原则和制度规范。理念是整个思想体系的核心，是其逻辑起点和价值归宿，基本原则是根据这些理念所做出的行为统领中最有力的部分，而具体的制度和规范则是在现实中的行为指导与约束、制度设计与安排。

第一节　中国特色城镇化生态伦理
理念和原则的方法论

马克思主义是科学地变革世界的方法，我们必须坚持将马克思主义理论作为中国特色城镇化生态伦理的方法论基础，其中历史唯物主义是认知人类社会和历史的变革世界的最核心方法，即唯物史观揭示出的内在机制——经济发展的提高是人类社会发展的决定性动力，而经济关系的形态依赖于劳动资料和生产资料所有制，即生产资料掌握在哪个阶级手中。物质与意识的关系在人类社会中反映为经济发展决定经济关系，经济关系决定上层建筑的内在机制。历史上有许多思想家指出：财产的个人所有制是一切不公正甚至是罪恶的根源，变革所有制才是解决这些问题的根本性办法，更不断有人进行公有制的尝试，但究其根本，当时的生产力水平决定了这些尝试无一例外地最终走向失败。只有马克思认知到了生产力水平的决定性意义，认知到了经济发展和经济关系之间的结构，把握了它们之间的运行机制，在历史的视域下展示了人类社会在不同阶段的不同面貌，并且指出了人类历史发展的规律与方向。因此，我们在思考中国特色城镇化生态伦理的理念和原则时，必须结合人类当前的发展水平和我国目前的发展阶段，从生产力的发展水平和生产关系的需求出发，充分结合社会的主要矛盾考虑生态问题的对策。

一　以历史唯物主义创设生态伦理理念和原则

历史唯物主义是马克思主义的重要组成，是科学的社会历史观和认识、改造社会的一般方法论，其深刻的思想魅力为中国特色城镇化生态伦理理念和原则的建构提供了根本遵循和强大指引。在全球人与自然的矛盾越来越尖锐的今天，马克思主义的思想为我们提供了根本性的解决方案。但在具体的历史阶段和具体的社会环境中，尤其是中国特色城镇化建设的实践中，我们还需要更有时代性的思想作为中国特色城镇化生态伦理的指导思想。新时代的到来，总是以新思想为标志，历史性成就的取得，离不开新思想的支撑。在中国特色社会主义的实践中产生了新时代的马克思主义——习近平新时代中国特色社会主义思想，生态文明思想则是其极为重要的部分，可以为中国特色城镇化生态伦理的探索提供当代最重要的思想资源。

在中华文明的历史中，不重视生态环境保护曾经为许多地区带来巨大损失，例如我国的母亲河黄河就曾经因为植被破坏而给两岸人民造成巨大的灾难。生态环境遭到破坏必然给人民带来毁灭性的影响，因此，中华民族的伟大复兴离不开对生态环境的保护，中华民族伟大复兴也必然包括美好生态环境的复兴。在当代，生态环境的保护面临从未有过的严峻挑战，尤其是来自市场与资本的强大力量，但习近平总书记站在中华民族伟大复兴的高度，提出让中国在发展道路上能够抵御利益的诱惑和资本的压力,将生态文明建设作为关系中华民族永续发展的根本大计。

在纪念马克思诞辰 200 周年大会上,习近平总书记连续提出了九个"学习马克思",其中特别强调了"学习马克思,就要学习和实践马克思主义关于人与自然关系的思想"①。生态文明思想最重要的源头是马克思主义。习近平多次引用恩格斯"如果说人靠科学和创造性天才征服了自然力,那么自然力也对人进行报复"的话语,揭示了"自然是生命之母,人与自然是生命共同体"的自然规律和"生态兴则文明兴,生态衰则文明衰"的文明定理,丰富和发展了马克思主义对人类文明发展规律、自然规律、经济社会发展规律的认识论。

习近平在河北正定工作期间,主持制定《正定县经济、技术、社会发展总体规划》,提出"宁肯不要钱,也不要污染,严格防止污染搬家、污染下乡",在福建工作期间提出"靠山吃山唱山歌,靠海吃海念海经",在浙江提出"绿水青山就是金山银山",这些思想给了干部群众重要指示,更为地方经济发展和百姓致富指明方向。党的十八大以来,习近平总书记多次就解决损害生态环境问题"打头阵",要求长江经济带"共抓大保护、不搞大开发",将"美丽中国"作为"中国梦"的重要组成部分,直接推动生态环境保护呈现了"历史性、转折性、全局性变化"。"十四五"规划明确提出推进以人为核心的新型城镇化,充分体现了中国特色城镇化鲜明的人民主体地位。积极稳妥地推进新型城镇化建设需要紧密依靠人民群众的创造力,同时更要让人民群众更多、更公平地享受安全健康的高品质城市生活,促进社会,真正实现新型城镇化为人民、靠人民、发展成果由人民共享。

现阶段我国社会主要矛盾已经发生转变,人民群众的美好生活需要已经由过去的"盼温饱""求生存"发展到今天的"盼环保""求生态",期望更加优美的生态环境。习近平总书记从新阶段人民群众的新期待出发,提出生态环境是最普惠的民生福祉,是最公平的公共产品,强调环境就是民生,绿水青山就是金山银山。生态环境是关系民生的重大社会问题,也关系党的使命宗旨。坚持全心全意为人民服务的宗旨,大力推

---

① 习近平:《在纪念马克思诞辰 200 周年大会上的讲话》,《人民日报》2018 年 5 月 5 日第 2 版。

进生态文明建设,提供更多优质的生态产品以满足人民群众的美好生态环境需要,充分彰显了我们党改善民生、造福人民的初心使命,开创了我们党执政理念和执政方式的新境界。

发展生产力是社会主义社会的重要任务,为此我国在社会主义初级阶段需要利用和充分发展市场经济以带动生产力发展和改善民生,但市场经济一方面极大地促进了经济发展水平的提高,另一方面也不同程度地付出了代价,诸如劳动者权益受损、阶层分化严重、贫富差距扩大,而生态环境恶化正是诸多危机中非常突出的一项。造成生态危机的并不是技术本身,也不是产业化本身;"真正产生环境危机的是工业社会/工业文明所处的社会形态、制度架构以及市场逻辑"[①]。资本和市场在西方引起过各种严重危机,在中国未能完全避免。我们在追求市场经济促进生产力水平的同时,也付出了许多代价。但我们仍然必须认识到,我国所发生的生态危机与资本主义国家所发生的生态危机有着本质的区别。所有制决定了我国可以超越人与自然的异化,我国的生态危机是在发展中产生的问题,同时我们必须把握这样的认识:问题从发展中产生,也必须在发展中解决。生态和发展在社会主义制度下并不矛盾,我国所产生的生态危机并非本质性的问题,目前在社会主义制度下可以对资本的力量进行控制,逐步消除生态危机的滋生土壤。我们要寻求的是高水平、高质量、可持续的发展,即面临双重的任务:一方面要坚定不移地深化改革,扩大开放,积极推进经济发展质量的提高;另一方面要明白改革的追求,改革并不是全盘西化,不是完全的自由放任,不能忽视人民的利益。因此,我们要在马克思主义的指引下认知到生态危机的本质来源,从而对这些弊端进行未雨绸缪的监控和预防,而对于某些难以避免的弊端要尽量补救,以减轻它们对人民利益的伤害。

在这一过程中,由于同样的危机在西方有着更久的历史,因此西方积攒了更多的相关知识、经验和技术,因此我们也必须学习和借鉴资本社会在政治管理、经济管理、市场管理和环境管理方面的经验,从中获取启示,吸取教训。同时,我们又必须认知到,由于制度的本质不同,

---

① 周鑫:《西方生态现代化理论与当代中国生态文明建设》,光明日报出版社 2012 年版,第 103 页。

尽管资本主义国家对于诸多危机进行了有益的探索并且取得了不少成果，但从社会制度的本质上来说，这些措施都不可能彻底解决这些危机。因此，资本主义国家的各种治理环境的有效措施可以为我们所借鉴和采用，但要清醒地认知到，要从本质上解决这些危机必须依靠经济发展水平的提高和建筑在高度发达的经济发展水平之上的所有制制度。中国特色城镇化道路必然遵循这样的规律，中国特色城镇化生态伦理的发展同样必然遵循这样的规律。认识世界是变革世界的基础，只有正确理解了社会和自然的发展规律才可能正确理解历史的发展趋势，才可能让人类行为更加合规律；只有行动具有了合规律性才可能成为社会前进的动力，才可能为人民的福祉、国家的强盛、中华民族的伟大复兴以及整个自然生态的改善做出贡献。

二　以唯物辩证法探索生态伦理理念和原则

唯物辩证法是马克思主义哲学的核心组成部分，为正确处理人与自然的关系和探索中国特色城镇化生态伦理理念和原则提供了科学指引。运用唯物辩证法的对立统一规律有利于充分认识人与自然是密切联系、相互依存的生命共同体，城镇化发展进程也始终处于人不断自然化和自然不断人化的辩证运动过程。一方面人使自己的本质力量作用于自然，创造出自然本身所没有的对象，使自然为人类所用，即人的自然化。另一方面，在实践过程中，自然也不断转化为人类生命结构的因素或人类本质力量的因素，变成人的一部分，即自然的人化。习近平总书记关于生态问题的论述始终坚持以唯物辩证法为指引，构成了中国特色社会主义理论的重要组成部分，更是指导当代中国新型城镇化建设的核心思想。习近平生态文明思想在形成和发展过程中的一个显著特征是坚持、发展和创新了马克思主义唯物辩证法。

"人与自然和谐共生"的对立统一自然观为探索新型城镇化生态伦理理念和原则提供重要指引。习近平指出，"人与自然是生命共同体"[1]，在这一生命共同体中，大自然是人类的母亲，人离开大自然就不能生存，大自然正在不断被人所改造和利用，部分自然已成为人化自然。然而，

---

[1] 《习近平谈治国理政》第3卷，外文出版社2020年版，第360页。

这种改造活动必须遵循自然规律。习近平指出："人类发展活动必须尊重自然、顺应自然、保护自然，否则就会遭到大自然的报复。"① 人类对大自然的伤害最终会反噬人类自身，这是客观事实，历史已经无数次验证了这一点。习近平生态思想则强调节约优先、保护优先、自然恢复为主的方针，推动形成人与自然和谐发展现代化建设新格局。

"绿水青山就是金山银山"② 的绿色发展观体现了辩证唯物主义整体系统观，为探索新型城镇化生态伦理理念和原则提供基本遵循。绿色是高质量发展的底色，绿色发展是推动高质量发展的必然要求。习近平指出："必须牢固树立和践行绿水青山就是金山银山的理念，站在人与自然和谐共生的高度谋划发展。"③ 在绿色发展理念的指导下，"形成节约资源和保护环境的空间格局、产业结构、生产方式、生活方式"④。大自然对一定程度内的伤害能够自我修复，超过一定程度就会破坏生态环境，因此必须给自然生态留下休养生息的时间和空间。"绿水青山就是金山银山"⑤ 是新发展理念的价值取向，深刻揭示了生产发展与生态保护的本质关系，指明了实现科学发展与保护、支持自然的内在统一、相互促进、协调共生的方法论。习近平生态思想包含了"山水林田湖草是生命共同体"的辩证唯物主义整体系统观。人的命脉在田，田的命脉在水，水的命脉在山，山的命脉在土，土的命脉在林和草，故而山水林田湖草是一个生命共同体。坚持节约优先、保护优先、自然恢复为主的方针，推动形成人与自然和谐发展的现代化建设新格局。

"共同推进美丽世界"体现了普遍联系的合作共赢全球观，为探索新型城镇化生态伦理理念和原则扩宽了全球视野。当今世界，全球日益成为紧密联系的共同体，中国特色城镇化建设是中国特色社会主义事业的重要组成，也是全球发展的重要组成，无法脱离世界潮流而独善其身。生态伦理理念和原则的建构必须具有开阔的全球视野。习近平指出："人

---

① 《习近平谈治国理政》第 2 卷，外文出版社 2017 年版，第 394 页。
② 《习近平谈治国理政》第 2 卷，外文出版社 2017 年版，第 393 页。
③ 习近平：《高举中国特色社会主义伟大旗帜　为全面建设社会主义现代化国家而团结奋斗——在中国共产党第二十次全国代表大会上的报告》，人民出版社 2022 年版，第 50 页。
④ 《习近平谈治国理政》第 2 卷，外文出版社 2017 年版，第 394 页。
⑤ 《习近平谈治国理政》第 2 卷，外文出版社 2017 年版，第 393 页。

类是命运共同体,保护生态环境是全球面临的共同挑战和共同责任。"① 建设绿色、安全、健康的幸福家园是人类的共同梦想。习近平指出:"保护生态环境、应对气候变化需要世界各国同舟共济、共同努力,任何一国都无法置身事外、独善其身。"② 将中国特色新型城镇化发展进程融入共建全球生态文明、推动实现美丽世界是推动构建人类命运共同体的必然要求,既符合世界未来发展潮流,也符合人类的长远利益。

三 在实践中不断变革生态伦理理念和原则

实践是人类认识世界、变革世界的活动,同时也是人类认识自身、改变自身的活动。马克思指出:"个人怎样表现自己的生活,他们自己也就怎样。因此,他们是什么样的,这同他们的生产是一致的——既和他们生产什么一致,又和他们怎样生产一致。因而,个人是什么样的,这取决于他们进行生产的物质条件。"③ 中国特色城镇化生态伦理的方法论不仅来自已有的光辉理论,也来自漫长而复杂的人类实践。在中国特色城镇化生态伦理的发展中应当牢牢把握、时刻坚持用实践的观点统领我们的思想和行动,才能够保障中国特色城镇化生态伦理的科学性和有效性。

我们可以从以下几个层次来理解马克思主义对于实践和世界关系的认识。

第一,实践指向人自身。人因为实践才成为人,实践赋予人现在的本质。"我们越往前追溯历史,个人,从而也是进行生产的个人。"④ 人类改造世界的活动造就了人的生理基础,例如人对于火的使用使得人类开始食用熟食,从而减少了消化所耗的能量,获得了大量的营养,从而为脑的发育提供了必要的条件;而在人类社会的历史中,劳动更是对人脑的发育和发展起到了重要促进作用。劳动还让人类拥有了灵巧的双手,劳动训练和塑造了我们的双手,而手和脑都是人区分于其他物种,成为

---

① 《习近平谈治国理政》第3卷,外文出版社2020年版,第360页。
② 《习近平谈治国理政》第3卷,外文出版社2020年版,第364页。
③ 《马克思恩格斯全集》第3卷,人民出版社1960年版,第24页。
④ 《马克思恩格斯全集》第46卷,人民出版社1979年版,第21页。

"万物之灵"的最重要生理基础。不仅人的生理基础是变革世界的产品,人具体的自我也是由变革世界创造的产品。人格不是先依赖于历史环境的社会环境的先在产品,并不是一个不变的内核,而是在不断的变革世界中所形成的能力和习惯。而人们的实践既在变革世界也在改变自身,改变自身往往是变革世界的必要条件和必然结果。

产业化带来人口的聚集和商业的发展,城镇化与产业化密切相关,但无论是产业化还是城市化,都不仅仅是经济发展的提高,更是人自身的变革。人要学习和适应新的工作方式,思维也必然发生变革。城镇并不仅仅是人口的聚集和商业的中心,更是一种新的社会状态、思维状态和心理状态。城镇化的变革开始于人的变革,也将人的变革作为目标和归宿。如果没有人的全面变革不可能有真正的城镇化,塑造新城镇也就是塑造新人的过程。如果仅仅在地理上、经济上实现了人口从农村向城市的转移,而人们的思维没有发生变革,头脑中和行动上没有新的伦理规范,必然会带来方方面面的问题,那样的城镇化会给我们带来巨大的代价,甚至会远远超过我们在城镇化中所取得的成就和收获。

第二,实践指向客观世界。实践是人与周遭环境的交互活动,在这样的交互中,人与生态界的交互是重要的构成板块。马克思这样描述人与自然的关系:"地球的表面、气候、植物界、动物界以及人类本身都不断地变化,而且这一切都是由于人的活动。"[1] 我们必须正确理解这些描述——整个物质世界尤其是生态系统是人类实践活动的基础、材料和对象,这样的观点和看法并非马克思主义哲学所特有,但许多哲学观点都仅仅认知到了这一点,将之理解为:生态系统供人类驱使、供人类征服,生态系统就是人类予取予求、永不枯竭的资源和财富来源。很少有哲学观点在马克思的年代就意识到生态系统与人类是紧密关联的一体,认知到自然界"是人的无机的身体。人靠自然界生活"[2]。自然不是人的对立面,也不是人类的仆人,而是人类在变革世界中扩展了的自我。变革世界连接人自身和周遭环境,它让人成为人,也让自然成了人的一部分。因此,我们认知人和生态的关系必须从变革世界入手,在变革世界活动

---

[1] 《马克思恩格斯全集》第20卷,人民出版社1971年版,第574页。
[2] 《马克思恩格斯全集》第42卷,人民出版社1979年版,第95页。

中考察人和生态的关系，思考生态危机，寻求解决方案。

第三，实践指向历史。人类的实践活动贯穿了时间和空间。时间和空间都不是纯粹的物理概念，我们必须将它们放在人类变革世界的视野中才能更加深刻地认知这些范畴。马克思指出："时间实际上是人的积极存在，它不仅是人的生命的尺度，而且是人的发展的空间。"[1] 时间和空间因变革世界而交织，社会和历史既是人类变革世界活动的产品，也是人类变革世界活动的场域，"地球的表面、气候、植物界、动物界以及人类本身都不断地变化，而且这一切都是由于人的活动"[2]。因此，其一，我们的探索必然要指向未来世界的变革和发展，我们的思想、理念、原则、制度和规范都应当为未来的中国特色城镇化发展变革世界提供预见和统领；其二，我们的中国特色城镇化生态伦理必须将发展和历史结合起来，不能走短视的发展道路，而要坚定地走可持续发展道路，关注代际正义，让我们的理论发展和实践取向都指向未来的目标——人的全面自由的发展。

实践是人类的本质属性，人的一切活动都已经深深打上了实践的烙印，人的本质中最不可缺少的来源是社会性和实践性，如果去除这些，人就不再是人。如果我们不把对人的准确认知作为人和生态关系的基础，要营造的关系也必然是扭曲的，无法持续的。因此，我们认知到，我们所要寻求的与自然的和谐共处之道绝不是远离现代文明的"返璞归真"，而是回到人类本质——实践。

我们必须承认，目前人和生态的关系处理得并不好，目前我们对待生态的做法不可持续，那么向何方改变？"向后看"既存在现实上的困难，也暗藏逻辑上的危机。因此，我们必须"向前看"，不是否定、限制和拒绝人类文明和技术的发展，而是继续推动文明和技术的发展，依靠文明和技术的发展与自然和谐相处的道路，这才是真正的可行之道。因此，我们不应当片面地、狭隘地理解人类的实践改造世界活动，实践改造世界并不必然意味着片面的经济效益、人类对自然的疯狂掠夺，也不必然意味着人类的工业制品和肆意排放的污染物。人类的实践改造世界

---

[1] 《马克思恩格斯全集》第47卷，人民出版社1979年版，第532页。
[2] 《马克思恩格斯全集》第20卷，人民出版社1971年版，第574页。

与生态并不是截然分开的，也不是矛盾的，而是内在一致的关系。人类的实践改造世界离不开自然，人类的实践改造世界和自然协调好关系必须依赖更多的科技，而这些科技同样属于人类的实践改造世界。

总的看来，目前已经进行的城镇化道路取得了辉煌的成果，也发生了不少危机；这两方面都是变革世界的成果，也都是中国特色城镇化生态伦理发展的变革世界来源。许多地区有着切合实际的积极探索，值得我们分析、学习和推广；所犯的错误同样值得认真反思，因为许多错误反映了我们思维中的误区，反映了目前所面对的社会和谐基础、人们的行为习惯和思想认知，反映了对于新的科技的需求。这些对于我们未来的城镇化发展起着重要的"前车之鉴"的作用。我们应当对于城镇化中所生成的危机和所犯的错误都牢牢记住、认真分析，严肃对待和深刻反思，以最小的代价换来最多的收益。下面将基于上述的理论和实践探索中国特色城镇化生态伦理的理念和原则。

第二节　中国特色城镇化生态伦理的理念

《辞海》对"理念"一词的解释是"一种理想的、永恒的、和谐性的普遍范型"。该词源于古希腊文，原意为"形象"，是现实中一切具体事物的来源，是其背后抽象的"范本"，西方哲学家曾从不同的角度加以理解和使用，用以指向繁芜丛杂现象世界背后的抽象内容。将理念作为世界的本源是一种对世界的唯心主义的理解，是对于世界本质的错误认识。但这一概念现在已经引申为所有现象背后的、高度抽象出的内容。在一个思想体系中，理念是思想中最为实在的内容，是在理论形成过程和贯彻过程中的引导，是思想的高度凝练，是思想的内核。

因此，我们在把握中国特色城镇化生态伦理的理念时要注意以下几点。

第一，我们要正确认识理念在思想上的核心意义、价值和地位。

理念是思想的内核，是思想最为凝练的表达。中国特色城镇化生态伦理的理论基础是马克思主义生态观、伦理观和发展观，是马克思主义的生态思想和人学思想，是马克思主义对于资本社会异化本质的洞察，也吸收了西方生态伦理中的有益因素和我国传统生态哲学中的有益因素。

因此，中国特色城镇化生态伦理的理念必然来自这些思想，是这些思想的凝聚，是这些思想背后的核心观念，是中国特色城镇化生态伦理中最为本质的部分。

第二，我们必须正确把握理念的现实目的、依据和特征。

中国特色城镇化生态伦理的建设必须贴合中国特色新型城镇化的进程，针对中国特色新型城镇化道路中所出现的危机。构建中国特色城镇化生态伦理并不是发展抽象伦理学理论，也不是试图构建放之四海而皆准的生态伦理；中国特色城镇化生态伦理有着鲜明的危机取向和变革世界意义，其追求就是解决中国改革开放以来城镇化导致的严重生态危机，对中国方兴未艾的城镇化发展给予生态战略上的分析和统领。因此，中国特色城镇化生态伦理的理念必然来自中国特色城镇化发展的变革世界，紧密围绕中国特色城镇化发展所生成和面临的生态危机。中国特色城镇化生态伦理的理念不能够照搬国外生态研究的成果，而应该以中国特色城镇化发展的需求、经验和规划为现实基础，以中国特色城镇化发展的世界意义为创新来源，为更好地推进中国特色城镇化发展服务。

第三，我们必须正确把握理念在理论体系中的逻辑角色、贯穿作用和统领地位。

理念不仅仅是从思维发展上来说必然拥有的思想内核，在理论体系的逻辑结构中也起到重要的作用。原则和规范需要更高层次的理念进行统领，否则原则就可能流于宽泛和空洞，或者失之琐碎和片面。理念是整个理论体系的核心，应当拥有宏观的统领性，能够贯穿原则和规范的始终，作为原则和规范的出发点和落脚点。中国特色城镇化生态伦理拥有完整的思想体系，理念对于发展支持和组成思想体系的各个部分、各个概念都拥有整体的统领作用。

生态伦理作为近年来国际和国内的显学，已经有大量的学者围绕这一问题进行了思考、研究和写作，无论是在国内还是国外都有大量理论。中国特色城镇化的现实危机极为多样，中国特色城镇化生态伦理的内容极为丰富，但必须在中国特色城镇化生态伦理的基本理念指导下进行中国特色城镇化生态伦理的建设。结合马克思主义哲学的理论思考，总结和归纳为以下四大理念：系统整体、以人为本、敬畏自然、和合共生。

一 系统整体理念

整体论是哲学中的重要话题和重要主张,许多伟大的哲学家都有整体论思想,但在这方面论述得最为深刻和完善的是马克思。整体论是马克思主义哲学中的重要构成板块。马克思的整体论反对机械论,反对片面地、部分地看待世界,即将不同事物割裂开来、将事物的不同部分割裂开来,单独地看待事物和危机;不仅各个要素、各个部分之间互相影响、互相定位,整体与部分的关系也互相定位、互相影响;离开整体我们很难准确、深刻、全面地认知部分,而离开部分也很难真正认知整体。

应当如何理解整体?各部分之间互相关联,构成整体;部分之间存在着复杂的、无数的关联,各个层次各种类型的关联,构成各种结构。马克思主义哲学认为,关联拥有客观性和多样性。关联是客观存在的,并不以人的意愿而转移。人类的否认和忽略都不可能消除关联。一个地区的物种在短期内大规模减少往往并不是人类有针对性的捕捞和杀害(尽管有一些物种的灭绝是这种情况,尤其是一些拥有高额商业价值的生物),而是整个地区自然环境的变化(例如气候危机带来的温度升高)或者生态的破坏(例如大气或者水体的污染)。

即使人类没有直接地灭杀一个物种,我们仍然要看到,每一个物种都处于生物链甚至生物网之中,它们的全部生活元素来自其他的生物,例如栖居地、食物、水源和其他共生生物;只要丧失了其中一些甚至一种因素,一个物种的整个生活可能都无法继续,这种生物也就丧失了其继续存活的可能性。生态系统中的其他元素同样如此,由于它们都密切相关,一荣俱荣,一损俱损,就像一座多米诺骨牌的阵型,因此整个生态系统的瓦解甚至毁灭往往只是起于其中一个部分的丧失,一个小小因素的变化就像推倒第一张多米诺骨牌,使得整个系统全部崩塌。

关联拥有客观存在和多样性并不意味着关联是任意的,也不意味着任何事物之间都有关联,更不意味着可以随意解读关联。事物之间的关联有其客观内在机制,生态系统有着物理内在机制,人们的行为存在心理内在机制,经济存在经济内在机制,法律存在法律内在机制,生态也有着内在机制,而"普遍关联"的观念只是一种抽象的哲学观念。因此,要准确地认知关联并不是仅仅拥有"普遍关联"的观念就足够,而是必须深入地了解每一领域每一事件背后的内在机制。如果不能认知某一领域具体的内在机制，就不可能真正把握关联。

关联拥有客观存在和多样性并不意味着关联从来存在、永恒不变，关联是有条件的。旧的关联可能消失，新的关联可能不断生成，关联之间可能生成各种各样的互相作用。关联可能随着时间的推移而变化和生成，A与B原本没有关联，但是由于发生了某些事件导致它们之间生成了关联。这样的关联可能生成于事态的发展，例如生态环境危机的生成与经济发展的提高有着密不可分的关系，许多新的技术将可能与过去毫无干系的事物关联在一起。如果没有石油加工技术，沙漠和海底的石油与世界上绝大多数人都不会有关联，但石油化工的发展改变了这一点，现在我们的衣食住行中都有石油制成品，更重要的是，石油制成品在工作和使用过程中可能生成一些污染，这些污染更是将没有直接工作和使用石油制品的人也拉入了关联之中。

联系的这些特性意味着人对关联的认知永无止境。一方面，要永远在整体论和系统论的哲学思想统领下去认知世界和变革世界，另一方面也必须不断地认知各个领域的具体内在机制，不断发现新的因素，发现旧的因素之间的新关联，发现新的因素与旧的因素之间的关联。我们也可能对于关联生成错误的认知。在人们刚刚开始发现核能时，普遍认为核能非常安全，没有任何污染，与植物能源和化石能源相比是非常清洁绿色的能源。但随着时间的推进，人们发现核电站废料是最大的污染，核电也就遇到了极大的质疑和反对。而随着核废料处理与核能运用技术的逐步提升，作为高效清洁能源的核电事业得到了快速发展，不仅在中国的现代化进程中提供重要的能源根基，而且服务于诸多发展中国家。

事物的关联在不断地发展变化，所构成的整体也就不断地发展变化，因此可以看到，我们理解整体论必须结合共时和历时两个维度。整体和系统并不仅仅是空间上的，也是时间上的；这样，马克思主义哲学的整体和系统就拥有动态性。动态性并不仅仅是一个时间点与另一个时间点不同，而是要将每一个时间点都看作变化的一部分，在发展中看待行动，随时考虑到一个行动可能引发的所有变化。在生态系统中许多影响都要经过一段时间才会展现出来，或者一些恶果是长期积累的产品，如果我们仅仅注意到共时的整体和系统，就可能忽略我们行为可能生成的一些重大影响。

值得一提的是,我们需要区分关联本身和人们对于关联的认知。关联是客观存在的,同时也在不断生成、消亡和变化之中,而人们的意识则可能存在一定的滞后现象。因此,尽管人的意识可以对其进行反映和认知,但人们可能没有认知到一些关联,也可能生成错误的认知和扭曲的反映。人与生态系统的许多关联生成于新的技术,人们的认知往往不可能马上全面而准确地认知这些关联;但人们可以尽量发挥主观能动性去认知关联、把握内在机制,从而统领自己的行动更加符合规律、更加符合自身的长期和本质利益。

可以看到,整体论是马克思主义哲学的重要哲学观点,整体、系统和关联则是20世纪贯穿人类思想诸多领域的重要思想。同时,整体和系统对于我们构建中国特色城镇化生态伦理拥有重要统领意义。

整体论是一种科学的认识世界的方法,它告诉我们世界的存在形态、生态系统的存在形态以及人类社会的存在形态是怎样的,让我们对世界有着更加全面的把握;因此,整体论是一种科学的认知论。它让我们整体地认知世界,而不是独立地看待每一部分,从而既可以让我们更加准确更加全面地认知作为整体的世界,也可以让我们更加深入地认知部分和各个要素,从而更好地全面把握周遭环境之间的内在机制。同时,整体论还是一种变革世界的方法。不仅是认知世界,哲学的任务还有怎样变革世界。我们应该在行动中要时刻记住整体的观念、关联的观念和系统的观念,正确地认知我们行为的影响,在整体中做出行为的抉择,在整体论和系统论的统领下开展我们变革世界的活动。

人与生态是一个深刻关联的整体,与生态系统中的其他部分不同,人并不是一种纯生物性的存在,人类与生态系统最本质的关联依赖于人的实践改造世界活动。正是实践改造世界活动将人与生态紧密地关联在了一起,而造成目前人与生态之间的紧张关系的原因在于人类的实践改造世界遭到了资本的异化;因此,目前的生态危机并不意味着生态和实践改造世界有着本质上的矛盾。生态危机生成于经济发展的提高,但时代发展的过程必然遵循历史辩证法而否定之否定的向前发展,发展带来的危机要在发展中解决,通过更好的、更科学的发展解决。

没有整体和系统的观念和思考方式,我们就无法正确理解生态系统,也无法正确理解人，更无法正确理解人与生态的关系。缺乏这些思维，我们就不可能构建出反映事物内在机制、拥有统领意义的生态伦理体系。因此，系统整体是中国特色城镇化生态伦理的理念之一。

我们确立了整体的对世界的认识就必须破除两种错误认知，一是对于生态的错误认知，二是对于人类自身的错误认知。生态并非独立于人存在，将人与生态对立起来是错误的认知。人是自然的一部分，今天我们看到的地球生态原本就是所有因素共同作用下的产品，人类的活动更是对于今天自然环境的成型起到了至关重要的作用，如果没有人类的活动，没有生命的参与，地球可能现在仍然是一颗光秃秃的石头星球，更不会有什么生态环境。因此，当我们认知生态时原本就应当把人的活动与人的需求考虑在内。人是自然的一部分，如果将人和生态割裂开，自然不再是完整的自然，我们对自然的认知也不可能符合事实。没有了人类的自然就不可能再拥有任何价值论上的意义。

更重要的是，人类起源于自然，人类漫长的适应自然、和自然相处的过程已经规定了人的种种生理属性。例如，尽管人工照明已经发明了很多年，如电灯这样的设施更是让人可以完全打破昼夜之分，可以全天工作或者娱乐，但人类仍然保有夜晚睡觉的自然属性。自然本身就是人的塑造过程的一部分，也成为人的定义的一部分。我们不可能将自然从人类自己之中剔除——如果这样做，无论是我们的身体还是我们的生活都将所剩无几，面目全非；如果脱离了自然，我们从心理上和身体上都将无以为继，甚至不复存在。

因此，在认知的过程中我们必须打破人类—自然截然分开的思维，只有如此我们才能更好地认知到人类—自然二元化思维这一价值观的来源和它的错误所在。在人类—自然二元化思维中，或者认为人类是自然的征服者，是一切资源的追求，是世界的中心，或者认为人类是自然的敌人；这样的认知并不符合事实。

人类本身属于自然的一部分，人类和自然环境有冲突也有一致，将人类与生态矛盾起来的代表性说法是"人类是地球的癌症"，这一说法既没有正确认知生态，也没有正确认知人类，更没有正确认知人类和生态的关系。整体的对世界的认识不但要求我们整体地看待自然和人类，也要求我们在历史中看待自然和人类，以及二者之间的关系。人类在近几百年尤其是产业化以来确实对生态环境造成了很大的破坏,但将这段时间放在整个历史中也是短暂的,更不用说放在地球上生命的历史中,抑或是地球的历史中了。从长远来看,人类可以与自然和平共处,也应当和自然和平共处,中国特色城镇化生态伦理正是指引我们探索人与自然和平共处道路的理论探索和道德先导。

二 以人为本理念

认识到了人与自然作为整体,不能将人与自然割裂,我们必须澄清这样的错误观念:当我们追求认同人是生态的一部分,那就意味着只承认人的"生物性",强调人在自然面前的局限,强调人对自然的无力,将人作为一种和草木走兽无异的、完全脱离社会性和文明性的生物来看待,才可能达成健康的人与生态之间的关系,人才能真正融合为自然的一部分。这种追求常常被概括为"返璞归真",一些自然理论者常常反对现代科技,反对产业化,隐居在深山老林之中,居住在简陋的小木屋里,自己挑水砍柴,拒绝电器和现代化设施,摒除一切人类文明的痕迹,像动物一样生活。这样的心理状态作为一些人的爱好无可厚非,但是作为人与生态相处的理想状态、最佳状态甚至是唯一道路,则大谬不然。人居住在地球上,处处依赖自然,自然是生态的一部分。但我们需求强调的是:不仅作为生物的人是生态的一部分,而且人的全部活动都是生态的一部分。我们不能把生态做"去人化"理解,也不能把人做"去社会化"理解。

由此,必须认识到:我们保护生态并非为了生态环境本身,"价值"原本就是人类视野中的观念,即使是对自然的所谓科学认识同样是人类的认识,如果没有人类就无所谓自然,更无所谓价值。

其一,离开了人类,世界并不会有"价值"这一维度,生态系统同样如此。这并不意味着生态系统只拥有对人类的价值和意义,例如自然环境对于所有生物都有价值,但很难说拥有伦理意义。我们脱离人类的道德意识谈论自然的伦理意义没有实际意义。马克思说:将对于自然的理解和观点区分成"人类本位"和"非人类本位"本身就是人类—自然二元化思维的产品,并没有真正把人类和自然真正视为一个整体,更没有视作动态平衡、和合共生体系中的不同部分,也没有将自然界的形态作为社会历史进程的一部分来看待。

我们不应当将生态危机理解为人与生态的关系，那样就会陷入"人类经济"还是"自然经济"的选择；但事实上，"人同自然的关系之所以具有道德意义，是因为这种关系归根结底反映着人与人之间的关系。人们对生态的破坏和对环境的污染，直接损害到另一些人甚至绝大多数人的利益，因此，这种人同自然的关系也就不可避免地成为了人与人的关系的一部分，从而具有了道德意义"①。我们并不是在人与生态之间选择，而是在人的个体益处与集体益处、局部益处和整体益处、短期益处和长远益处之间进行认知、选择和分配。因此，"人类本位"和"非人类本位"这一矛盾并不真实，马克思主义伦理学对于这一选择的答案是"两个和解"，即达到人与生态的和解以及人同自身的和解。通过经济发展的提高和经济关系的变革，人类将达到全面自由发展，摆脱了资本对利润的畸形追逐，人类就可以真正将人与生态看作整体，而不是矛盾的、非此即彼的存在。马克思指出："'人'类的才能的这种发展，虽然在开始时要靠牺牲多数的个人，甚至靠牺牲整个阶级，但最终会克服这种对抗，而同每个个人的发展相一致。"②

马克思主义伦理学对于道德本质的认知决定了中国特色城镇化生态伦理必然要坚持"以人为本"为基本理念。但这一理念不意味着人类经济至上。"两个和解"要求我们必须在以人为本的同时还要强调敬畏自然的理念。人类需求发展，追求人与生态的平衡关系绝不意味着停止人类的发展。我们只能在发展中解决危机，而不能通过停滞发展来解决危机，那样也不可能解决危机。生命已经是宇宙的奇迹，如人类这样的高等智慧生命更加是伟大的奇迹，以限制甚至牺牲人类生理和智慧的发展是对这一奇迹的辜负。人的能力决定了人的本质。地球有孕育生命的潜在能力，人类只是生命有机体的一部分，不应将自然资源完全占为己有，而应尊重自然固有客观规律，顺应自然。发挥人类的潜能并不意味着将资源剥夺殆尽，而是说要让人类的能力和智慧得到充分的发挥。"自由只能是：社会化的人，联合起来的生产者，将合理地调节他们和自然之间的

---

① 罗国杰：《马克思主义伦理学的探索》，中国人民大学出版社2016年版，第279页。
② 《马克思恩格斯全集》第26卷第2分册，人民出版社1973年版，第124—125页。

物质变换，把它置于他们的共同控制之下，而不让它作为盲目的力量来统治自己；靠消耗最小的力量，在最无愧于和最适合于他们的人类本性的条件下来进行这种物质变换。"① 错误的生态观念只是历史中的一个小小的阶段，只有发展本身才能够解决危机。发展既包括更为清洁的科学技术，也包括更加高明的理念和思想。人们的认知过程是否定之否定，螺旋式上升的，必然走向更高的认知层面，即合理支配自然。"合理支配自然，就是坚持在自然对人的制约性与人对自然的能动性的统一下来进行人与自然之间的物质变换，而且只有实现了共产主义社会，才能合理支配自然。"②

尽管人类对自然造成了巨大的破坏，但要挽回这些损害仍然必须依靠人，更重要的是要依靠人的发展。保护生态是人类的责任，也是人类的利益，长远来说人与自然的关系是一荣俱荣、一损俱损，保护生态绝不意味着牺牲人类自身的发展，正好相反，过去的生态危机是不正确的发展方式造成的恶果，只有通过更加科学的发展才能够保持人类与自然的共赢。因此，中国特色城镇化生态伦理必须包含以人为本的理念。人是马克思主义哲学中最重要的要素，是主体和目的。

其二，我们必须认知到，生态危机的生成是人的危机。导致生态危机的因素可以概括为人的异化、人对利益的追求失控和人的思想观念扭曲三个方面。

（1）生态危机的本质依赖于人的异化。一方面，近现代出现的大规模、全球性生态危机的本质原因在于资本的全世界的确立与扩张，"美国高级气候谈判代表哈兰·沃特森近来声称，要让美国因为气候变化采取行动而摧毁其经济，仅仅是不现实的愿望"③。资本为了追求价值而不断追求新技术、追求无限的工作、追求过度的甚至是无限的消费盲目扩张，消费成了人们生活意义的来源，追求利润则成为一切工作的追求。劳动者与自己的工作矛盾，工作的产品越多，为资本的持有者创造的价值就

---

① 《马克思恩格斯全集》第 25 卷，人民出版社 1961 年版，第 926—927 页。
② 董强：《马克思主义生态观研究》，人民出版社 2015 年版，第 99 页。
③ [英] 简·汉考克：《环境人权：权力、伦理与法律》，李隼译，重庆出版社 2007 年版，第 107 页。

越多，资本的持有者压榨的价值就越多，劳动承担者自己被压榨得就越严重。另一方面，劳动承担者的异化工作使消费社会制造出的种种光怪陆离的产品，并不是为了满足人的需求和幸福。无论是作为生产者还是消费者，人都已经被全面地异化了。人们的工作成果不再属于自身，人被严重地工具化；整个世界的意义只存在和依赖于利润和消费之间，人们沉迷于"物"的海洋，人附属于物而不是相反，世界上的一切都只在消费这一维度上具有价值，也将生态系统仅仅作为"物"看待，仅仅将自然作为满足人消费欲望的资源和工具。异化不仅破坏了人与人之间的关系、人与自身的关系，也必然破坏人与自然之间的关系。

（2）生态危机的加剧起源于人对经济利益的盲目追求。生态危机从本质上来说并不是人与生态的关系，而是人类内部的关系，尤其是人类内部之间的经济关系。当资本的增殖必然付出代价，资本的持有者必然会将代价转移到更低和更广大的阶层身上，用生态环境的恶化和广大人民生命健康受损来换取利润，并且损害没有资本、没有话语权的广大人民的利益。我们可以看到，几乎所有的污染背后都有利益的驱动，无论是滥施化肥还是工业排污，抑或是伐木填湖，都是少数人为了自身的经济利益而损害多数人的生态利益。

（3）生态危机的扩大来源于人错误的观念和意识。在对整体论的阐释中我们已经提到，事物存在客观的、普遍的关联，但是关联本身不等于人们对关联的认知，人们的认知常常可能滞后或者发生错误。在中国特色城镇化的过程中，由于许多时候人们没有能够正确地认知生态系统，没有能够全面、系统、动态地认知自然，没有能够正确地认知自身，认知自己行为的全部影响，导致了人们在行为中无所顾忌，严重损害了生态环境，也严重地损害了人类自身。

（4）生态危机的解决途径依赖于人。人是生态危机的造成因素，也只有人能够解决生态危机。我们必须认知到，解决生态危机是人的需求。无论是大水围城还是垃圾成山，是久久不散的雾霾还是遮天蔽日的沙尘，恶化的自然环境已经大大地损害了人们的生活质量；当发生严重的核污染和化工污染、发生气候灾难和生态灾难时，整个地区人口的存活都会受到威胁。当然，解决生态危机并不仅仅是人的需求，但解决生态危机是人的责任和义务，只有人拥有解决生态危机的能力。解决生态危机必须依靠人的技术和文明。营造和谐的生态环境需要大量的经济、需要许多依托当代科技的设备设施，更需要经过长期发展的理论统领，而绝不是只要人类消极不作为，甚至消灭自身就可以达到的状态。这些条件需要发达的人类物质文明和人类和谐发展才能达成，因此，我们绝不能认为人类是生态的敌人，将人类和生态彻底地、永恒地矛盾起来，而必须认知到，人类的发展与生态的矛盾仅仅是一个时期的失衡，从长期看来，人和生态可以达到平衡，可以和谐共处，这种和谐共处绝不是通过人类的退让和自我消灭来达到，正好相反，生态的保护和和谐必须以人类文明的发展为基础。因此，我们不应该说"人类是地球的癌症"，而应当说"人类错误的观念和行为是地球的癌症"，而且这种癌症绝非不可治疗，也不是不可预防的。如前所述，正确的观念和行为并非一些人所幻想的前工业时代的观念和行为，而是需要我们将城镇化道路中将人类的需求和智慧的发展考虑在内，将科技、文明和经济发展过程考虑在内，综合地认知这些需求和现实状况，思考如何平衡和协调这些需求与生态的需求。

我们探讨中国特色城镇化发展中的生态危机，正是为了人的幸福生活。城镇化的目标是人的幸福生活，城镇化道路中保护生态也是为了人的幸福生活。生态伦理的发展和实现需要从"理性经济人"转变为马克思主义的"生态人"；寻求人与生态的和谐关系是为了敬畏人、解放人、发展人，是为了最终达到人的全面自由发展。

三 敬畏自然理念

在中国特色城镇化的发展过程中，必须秉持敬畏自然的理念。

其一，许多民族有"自然有灵"的观念。尽管传统西方思想中并非没有这样的元素（例如柏拉图的思想就可以视为盖亚假说的先声），但并没有太多主流哲学家关注这样的想法；与此相反，西方哲学的主流倾向于用理性认知事物，尤其是在文艺复兴以后，在科学的浪潮下机械论大行其道，独立地认知事物的各个部分，忽略各部分之间的关联与整体成为主流倾向。而西方的生态伦理思想则多对这样的思想倾向提出批评，并往往大量吸收了来自东方哲学的思想。"万物有灵""敬畏自然""尊重自然"这些都是西方生态伦理中非常核心的理念，我们可以在诸如儒家、道家思想中看到相类似的思想，也可以在佛教、印第安人的宗教抑或是我国一些少数民族的宗教或者简单的信念与心灵中看到类似的思想。但是我们也要看到，这些"敬畏自然"的观念虽然值得我们借鉴，但也拥有一些特定的历史基础，我们在认知和继承它们的时候需要突破一些误区。人与生态的关系在工业革命之前并非如一些生态环境保护理论者所幻想的温情脉脉的田园牧歌，而是人类在自然中艰难地挣扎存活，这种关系并不能称之为和谐。所谓和谐就是互利共赢，就是每一方都得到了充分的存活空间，而不是仅用自己的牺牲来换取其他部分的存活。值得注意的是，那些目前还处于前工业时代的人们并不是在有所选择的情况下选择了这样的心理状态，在这样的状态中人们对自然认知极少，正确的认知更少，所谓的"敬畏"其实"畏"多于"敬"，甚至"敬"的本质是"畏"。如果是这样，一旦人们发现自然不可"畏"，就会很自然地发现一丝一毫的"敬"也不存在了。实际情况往往是，一旦人们发现了外界世界的丰富和精彩，就会拼命地争取加入那个世界的机会；一旦他们发现自己的环境中有可以交换物质财富从而改变他们生活质量的资源，这些以前所谓"自然淳朴"的人们同样会疯狂地采集和出卖资源，不惜以破坏自然环境为代价去换取物质财富。

其二，"敬畏自然"直接影响到人自身的生存，更直接影响到国家民族的未来发展方向。人的一切生活资料都直接或者间接地来自生态系统，生态系统为人类的农业工作和工业工作提供了原料，是人类科学研究中不可缺少的部分。敬畏不意味着完全不作为，而意味着认知到其价值，它们对人类的价值本身就是人类对于它们敬畏的来源，人类应当因为它们的牺牲而产生感恩之情，了解到它们是不可或缺的，并以共情之心看待自然。动物实验伦理中 3R 原则就体现了这一点。完全不使用动物进行科学实验必然会造成科学研究的极大延缓甚至停滞，而这种停滞带来的后果必然是人类经济的极大损害。同样是生命，牺牲人类生命保护动物生命同样没有理由。因此，伦理学家提出了"动物福利伦理"，其中主张"4R 原则"，即减量（Reduce）、优化（Refinement）、替代（Replace）和责任（Responsibility）。这些原则体现了对实验动物的敬畏与关怀。生态系统中的"蝴蝶效应"使得生态系统格外脆弱，保护生态系统也需要付出极大的努力，我们要努力做到在引入一种新的元素或者改变一种旧的元素的时候全面地评估它对整个系统的影响,这就要求我们全面地认知每个元素对于其他元素的所有可能影响,准确地认知整个系统中每个元素在系统中的位置和各个元素之间的关系,从而在做决策或者在做任何一种行动时全面地评估收益和代价,尤其是全面而准确地评估生态代价。当然,生态代价本身也不是独立的,它并非与经济效益毫不相关,或者与经济效益矛盾;生态代价往往既体现为生态系统本身的破坏,也体现为人们生活质量的下降,最终往往必然体现为经济损失。例如在渔民过度捕捞之后,很快就发现许多珍贵的鱼类灭绝,原来世世代代可以"靠海吃海"的水域已经无法再养活一家人,掠夺性的捕捞带来了一时的经济收益,却断绝了未来的经济收益。在我国工业化和城镇化的发展过程中,长期存在独立地看待经济收益和一些成果(例如房地产的开发),导致了生态系统破坏中的"多米诺骨牌效应"大量发生,整个生态出现了严重的恶化。准确地评估人的行为在自然中可能生成的全部影响并且基于这样的影响估算去行动,这必然会带来大量的工作量,同时要人类对自己的活动和行为进行极大的约束和克制。这种克制既需要以人们的正确认知和观念为基础,也需要道德引导和发展,同时还需要长期的、稳固的制度对人们的行为进行规范。由于生态系统的复杂性,我们永远不可能完全了解正在发生的一切和它们的全部影响。即使我们已经对某一事物了解甚多,也不意味着我们了解了全部。除了系统本身的复杂性以外,还有事物发展的历时性——一切都在不断变化和发展之中,当不同的元素在时间中相遇,可能造成不同的影响。这并非不可知论,而是描述人类的认知永不可能达到"全知"。人的认知总会落后于变革世界一些,因此,"畏"不意味着人类的彻底无力和失控,也不意味着人类只能无所作为,而是认知到由于系统本身的复杂性,我们的每一个行动都有可能有着现在无法预知的影响和后果。为了避免过于严重而且无法挽回的损失,我们必须对未知存有"畏"。因此,有学者提出了"自然剃刀",即"如无必要,尽量不要对生态系统实施人为干预"[1]。

其三,敬畏的根源是人类与整个自然、与一切生命的关联,地球上

---

[1] 曾建平:《环境正义:发展中国家环境伦理问题探究》,山东人民出版社2007年版,第75页。

的所有生命与我们共享家园;我们同在一个生态系统中,彼此关联,互相影响,生活密切相关;所有生命都有着同样的对存活的渴望和意志,许多生物和人有着同样的能力和需求,甚至有着类似的情感。我们的生活经验告诉我们不能否认动物在失去子女和同类时的痛苦和悲哀,不能否认动物在族群分配中出现不公平时的愤怒和抵抗,不能否认动物与人类之间的情感关联,不能否认动物在为了保存自己种族时的无私牺牲。如果我们对于人类的这些情感和行为肃然起敬,为什么对于动物的同样情感和行为不予敬畏呢?我们敬畏的是虽然渺小但历史久远的结构,是虽然脆弱但生生不绝的物种,是可能会生成不可估量的影响力的小小变化。因此,与古代人们对于大自然非理性的恐惧和各种带有宗教甚至迷信色彩的阐释不同,现在中国特色城镇化生态伦理中的"畏"绝不是这种非理性的恐惧,而正是人类对于整个生态系统复杂性的认知,对于自身能力的认知和对于人类所处位置的认知;它意味着对自我行动理性、深刻的认知和控制,因此,"敬畏"绝不意味着反科技、反理性,更不意味着反文明,中国特色城镇化生态伦理中的"敬畏"本身就以对自然的理性认知和评估为基础。

四 和合共生理念

中国特色城镇化生态伦理以马克思主义哲学认知论、对世界的认识和变革世界的方法为基础,同样也应当充分吸收中国传统哲学的智慧。无论是中国还是世界都有"宇宙是和谐的""美是和谐的"这样的观点;中国更是格外长久地推崇"和为贵""和为美"。和合思想在中国有着古老的传统,无论是在官方还是民间,无论精英还是平民,都推崇"和合"思想;甚至有"和合二圣"之说:一名因隐居天台山寒岩而取名寒山的僧人,与另一名叫拾得的僧人关系很好,两人常常一起吟诗答对,后来他们所在寺院更名为寒山寺。寒山得雍正赐号"和圣",拾得赐号"合圣","和合二圣"从此名扬天下,这段传说也昭示了人们对于"和合"价值的仰慕。"和合"来自中国传统思想与智慧。和合这一观念在儒家、道家和佛家的思想中均有所体现,"和合"学也吸收了儒家、道家和佛家的思想。

"和合"的内容中与儒家的"仁""中庸"等核心概念有着密切的关

联和深刻的一致，儒家追求的目标就依赖于人的生活中各个层次的"和"：个人修身养性，克制欲望，身体健康，达到身心和谐；孝悌礼让，父母兄弟夫妻子女互相爱护，家庭和睦；社会定纷止争、互相礼让，较少冲突，公平正义，气氛和谐，运行良好；各国之间互相了解、互相敬畏，加强合作、求同存异。

与儒家不同的是，老子认为天、地孕育"人"与"万物"，并没有任何是、非、利、害，老子不把"天"看成有意志的主体。老子说："天地不仁，以万物为刍狗；圣人不仁，以百姓为刍狗。天地之间，其犹橐龠乎？虚而不屈，动而愈出。多言数穷，不如守中。"[①] "道"法"自然"中的"自然"，是指效法自然的整体的生态观；这里的"自然"是指一种"自然而本来如此"。换句话说，"自然"实际上就是"和谐"。天地的自然万物以及人类的生活方式，都要效法自然之"道"，遵循"和谐的原则"，宇宙间天地自然万物与人和谐共生，效法"道法自然"的生态哲学观。道家学者乐爱国在其《道教生态学》一书中认为老子的这段话正是从宇宙万物同源于"道"这一基本观点出发，乐爱国在其《道教生态学》一书中指出老子的生态哲学有以下三方面的生态观：一是万物和谐的思想；二是自然无为的思想；三是寡欲知足的思想。[②]

老子主张取法"天道"，即人法地，地法天，天法道，道法自然。"天道"有循环往返的规律，人应效法天、地间自然而然的"常道"，顺从自然世界的规律。换句话说，万物的发展都将回归其本源，即为"静"，也就是永恒的本性，即为"常"，能够了解此"常道"，便称为"明"，不能了解"常道"而胡乱妄伤，便会凶多吉少；今日人类的生态危机，就是不知"常道"和破坏"常道"的产物。生活在现代科技商业社会里的人们，外在的物质生活已变得愈来愈复杂，我们的生活几乎已被各种各类的商业活动所统治，生活的四周充斥着各种各类的商业广告，各种的精美食物、饮料、化妆品、电器用品……都在刺激人们的消费欲望，但在消费的另一面却是不断制造的废水废气和生活垃圾。从"道法自然"的道家生态哲学观看来；天地万物为不可分割的整体，而且有内

[①] （魏）王弼注：《老子道德经注》，楼宇烈校释，中华书局2011年版，第15页。
[②] 乐爱国：《道教生态学》，社会科学文献出版社2005年版，第53—55页。

在和谐的生长规律，不应该人为地去破坏或改变自然生态的平衡法则。人们只能"因势利导"地保护自然生态，达到老子所谓的："以辅万物之自然，而不敢为。"① 老子认为，人类要遵循"无为"的生活方式。换句话来说，就是顺从万物自然的本性，以及自然内在的和谐法则。并且用人类自己的行为去维护自然的和谐与平衡。

老子的"无为"，并不是要人们"无所作为"，任由自然生态遭受破坏，而是如李约瑟说："无为的意思就是不做违反自然的活动，亦即不固执得要违反事物的本性，不强迫物质材料完成它不适合的样貌。"② 由此，我们可以看出老子的"无为"，就是不要以个人的偏见或私人的意志，去强加干扰自然之"道"，而要顺道而行。"无为而无不为"，"无为"并不是"无所作为"，或者是保持沉默，而是让万物都做它们自然会做的事情。换句话来说，不违反自然规律的活动，即是道家的"无为"生态观。

在道家经典《道德经》中就有着关于"和"的论述："道生一，一生二，二生三，三生万物。万物负阴而抱阳，冲气以为和。"③ 可以看到，和是变化的产品，而变化则是一切事物发生的机制。不仅在形而上学上如此，道家也非常推崇"和"。道家比儒家更加强调顺应自然、强调人与生态的内在一致，体现了人与生态之间和谐关系的伦理意义。

和道家思想有着非常多的相通和一致之处，佛家思想则从缘起性空这样的本体论角度来认识世界和指导人们的行为，尤其是无我论、整体论和慈悲论，为理解人与世界、人与自然的关系提供了思想依据，并在此基础上建立了关于人与环境关系的理论，这就是佛教的生态观。

(一) 无我论

佛教中的"空"指的是世界上的一切事物都是相对的。"空"不代表虚无，并不是绝对的无，强调的是事物没有不变的本质。"空"的分类繁多，有"二空""三空""四空""六空"等多种说法，在佛教中，人空、法空即为"二空"，"二空"的说法相对被较多教徒认同。人空又叫人无

---

① (魏) 王弼注：《老子道德经注》，楼宇烈校释，中华书局2011年版，第171页。
② [英] 李约瑟：《中国科学技术史》第2卷，科学出版社、上海古籍出版社1990年版，第76页。
③ (魏) 王弼注：《老子道德经注》，楼宇烈校释，中华书局2011年版，第120页。

我，法空又叫法无我。佛教以此二空，破除众生对生命主体和事物的执著，即破除所谓的人我执和法我执。

破除人我执，即否定包括人在内的一切生命存在的实体性，体现了一种虚无性。涅槃说建立在无我论基础之上，它否定人类中心主义，赞扬宇宙主义。破除法我执，即否定一切事物的实体性。佛教关于人与自然关系的见解为解决当今遇到的环境危机提供了精神慰藉。环境问题即人与自然的关系问题，其背后实质是人与人的关系问题。环境问题的根源在于人类把自然视作障碍或者实现个人目的的手段、不断征服自然。作为佛教基础的宇宙主义从宇宙的立场出发，将人视作自然的一部分，而不是把自然视作人的附属物。这种观点不仅使人克服与自然的疏离，而且让人在与自然和谐相处中又不失个性。佛教的观点对于自然生态发展具有重要的启示意义。

（二）整体论

整体论是佛教生态观的首要特征。佛教认为，世界是一个不可分割的整体，彼此你中有我，我中有你。每一个因素都是处于重重网络中相互依赖的因子，是彼此既独立又相关的存在。从佛教看，人与自然是一个整体，相互联系、相互渗透、互为因果、相互依恃。一旦割裂事物之间的关系，就不能真正理解事物的本质和特征。佛教的全息思想是整体论特色的最鲜明体现，它认为，世界上任何一个微小事物都蕴含着宇宙的全部信息。在整体论的基础上，大乘佛教展现出大慈大悲、天下一体的菩萨情怀。在这一思想的指导下，人们看待生态实践不应拘泥于个人、小集体、地区甚至是国家的范围内，而是从全球的角度来思考。在生态问题上，没有任何一个国家可以独善其身，只有将世界看作整体，利人利己才是根本的出路。

（三）慈悲论

佛教认为，无论是有情感的动物还是没有情感的植物、无机物都有佛性，一切都是佛性的显现。天台宗大师湛然将此定义为"无情有性"，即没有情感意识的山川、草木、大地、瓦石等都具有佛性。禅宗强调"郁郁黄花无非般若，青青翠竹皆是法身"，大自然的一草一木都有其存在的价值。因此，珍爱自然是佛教徒天然的使命。

众生平等是佛教生命观的基调，不杀生的观点正是在此基础上提出的，这对保护生物、敬畏生命具有启迪意义。佛教的众生平等不仅是针对人而言的平等，更超越了人的范围，是指宇宙间一切生命的平等。佛教所讲的众生有十类，称为六凡四圣。"六凡"即鬼、地狱、畜生、阿修罗、人、天；"四圣"即声闻、缘觉、菩萨、佛。他们在表现上有高低序列，但其生命的存在是平等的，既可上升进步，又能下降堕落。故而每个生命，既不可自傲，亦不必自卑。

尊重生命、珍惜生命，是佛家的根本观念。佛家为此提出了"不杀生"的戒律要求，成为约束佛教徒的第一大戒。只有排除了人自身过分的欲望，爱惜生命，对万事万物抱有一颗慈悲之心，与自然环境、动物都和谐共处，才可能做到不生恶念、不为恶行，才能与自己的内心和谐相处，才可能摆脱业障和罪愆，摆脱痛苦与牵挂，最终达到涅槃境地，修成正果。

可以看到，"和合"是中国传统智慧，对传统文化和社会发展产生了深远的影响，其中许多元素与马克思主义哲学的辩证法内在一致。与马克思主义哲学对矛盾的理解有相似之处的是，"和合"并非不承认冲突，更不是不允许冲突。其一，和合不排斥差异。事实上没有冲突就不是完整的和合，而是单调的内在一致。和的前提正是"不同"。如果全部相同，又何须"和"？其二，和合不排斥变化。和合是变化的原因，也是变化的产品。变化是和合的核心概念之一、贯穿和合的全过程。其三，差异和变化必然产生矛盾，而和合则要求动态地处理矛盾。和合并不是要消除一切冲突，而是承认冲突，接纳冲突，合理地缓解冲突。在差异、变化和冲突中走向和合就必然要在历史和变化中生成和维护动态的平衡。"和"和"同"的区别主要在"道"，即"和"能生成新事物，而"同"则会导致停滞。

"和合共生"中的"生"并不仅仅指生命，更指"存在""发生"。对于无机世界来说，尽管没有生命，但同样有着自身的存在状态和存在内在机制。例如海水、岩石、土壤严格意义上来说并无生命，但它们有着自己的存在状态和内在机制，例如在生态系统中的物质循环、能量循环所起的作用。这些状态和作用既维持了整个生态体系的健康与和谐，也是其自身应有的存在状态。"共生"并不仅仅指生态系统中的生物共同存活、共同生长，也指和无机世界以其自身的状态和内在机制共同存在，不损害其原有的状态，不违背其原有的内在机制。

和合共生中包含了天人合一和中庸之道的思想。从思考方式上来说，和合共生既有理性的概念，又有感性的体贴；既有逻辑的推导，又有直觉的成果。可以看到，"和合"不是片面地牺牲任何一方的利益，而是正视、敬畏和维护每一方的利益；"和合"不是因循守旧，反对创新，和合本身就是变化、矛盾和冲突的结果。因此，和合思想可以精妙地解释生态系统的状态、人与生态的关系，更向我们描述了未来人与自身、人与生态之间的相处状态，与马克思所提倡的"两个和解"遥相呼应。这样，中国特色城镇化生态伦理思想就应当融合和吸收"和合"思想，吸纳中国传统智慧中的"和合共生"作为我们处理生态危机的基本理念。

第三节 中国特色城镇化生态伦理应坚持的原则

原则是一个理论体系中的必要构成板块，它的作用是为行动设置本质的准则。中国特色城镇化生态伦理来自中国特色城镇化的变革世界，追求解决我们在中国特色城镇化道路中所遇到的危机，对未来的中国特色城镇化变革世界做出科学的理论统领。因此，建构原则的标准是：能够贯彻理念，是理念的必然延伸，是实现理念的必需途径；能够给予我们的制度、规范和行为以解释和统领；贴合中国特色城镇化实际，服务中国特色城镇化发展。根据这些标准，中国特色城镇化生态伦理确立了三条原则，即绿色环保、宜居宜人和简单节约。

一 落实绿色环保原则

绿色环保原则受到世界各国的广泛认同，也是中国特色城镇化生态伦理的首要原则。绿色是植物的颜色，也是生命的颜色。植物是生态系统的象征，绿色也就成为生态系统的颜色，也是人亲近自然、保护自然的象征。绿色象征着更少的能耗。植物为动物提供栖息之所和食物，也为人类提供清新美丽的生活环境；植物是维持生态系统的重要元素，维持水土，提供氧气，对于地区的温度、湿度都有巨大影响。在世界性的环保思潮和运动中，绿色已不仅仅代表植物，而成为了与环境和谐相处的象征。绿色象征了自然、节约、循环，象征着无污染或者少污染，象征着人类的和平、团结和友爱，象征着希望和未来。

在中国特色城镇化发展中要贯彻绿色原则，就必然让绿色环保的理念贯穿整个城镇化道路，贯穿新型城镇化发展。

其一，绿色城市要在最直接的意义上有足够的绿色：一个城市的绿化覆盖面积要求达到一定的比例，这是自然的需求，也是人类的需求。传统的农村由于主要依靠农业工作方式，往往留有大量的耕地、林地、草地，植被面积可以得到保障；但在城镇化道路中，许多人认为城市就是高楼大厦、车水马龙、水泥森林，这种想法极为错误。我们绝不能在城镇化道路上将城市和生态对立，让城市变成对自然的侵吞，而应当让城市的发展符合生态的原有样貌和内在机制，让人在城中，城在绿色中。一个城市是否绿色城市自然不仅仅要看其颜色有多"绿"，还应当看其能源供给是否绿色环保：城市经济来源是严重污染产业还是绿色节能产业？城市的总排放是多少？生活排放是多少？商业排放是多少？是否在积极推进诸如光能、风能这样的可再生能源在人们日常生活中的运用？

其二，要在中国特色城镇化发展中创建"绿色城市"，必须不再将单一经济增长作为城市发展的追求，而是将为全民谋求幸福作为城市发展的追求。我们应该在城市的经济发展道路上努力开拓新的道路，按照绿色环保的原则选择城市的支柱产业，发展绿色产业替代传统产业，通过发掘"绿色经济发展"推动产业结构升级转型。实施绿色发展意味着经济发展方式必须转型，"审慎对待传统的以煤炭、石油为主的能源工业和以冶金、建材、化工材料为主的原材料工业优先发展的产业规划。调整二、三产业内部结构……大力发展创新金融、网络信息、创意设计等高端服务业"[①]。"绿色革命"给经济带来的是全面的机会，2008年国际经济危机以来，我国积极探索转变发展思路，试图从原来的外向型经济转向了内需型经济，从制造业为龙头转向将创新创业、进行供给侧改革作为经济的驱动，为居民提供更节能、更环保的住宅、更加安全的食品、更加便利和经济的交通、更加舒适宜人的生活条件。绿色城市必然需求发展绿色交通。在交通方面，绿色城市需求加强发展公共交通；补贴和鼓励公共交通；在整个交通体系内实施"公交优先"的做法，设置公交

---

① 王永芹：《中国城市绿色发展的路径选择》，《河北经贸大学学报》2014年第3期。

车道路；通过诸如燃油税、限购、限号、限牌照的方式限制私家车的使用和行驶；鼓励环保型汽车的工作、出售和购买，对环保型汽车实施优惠和补贴政策，通过这些措施来推动人们的绿色出行。

其三，绿色城市的标准和内涵既非已经确定，也非固定不变。它必然随着人们科学的认知和技术的发展不断变化、不断突破，在绿色环保原则的指引下，中国特色城镇化依据丰富的变革世界必然能够不断推进发展绿色城市的新思路、新概念以及新理论。

中国特色城镇化生态伦理的基本原则拥有高度的抽象性，在贯彻这些原则的过程中我们还需要一些次级原则来进行具体化，一方面可以让我们更好地理解和贯彻基本原则，另一方面也可以为中国特色城镇化生态伦理的制度与规范提供更具体的统领。绿色环保原则可以细化为以下三个次级原则。

（1）低毒低害甚至无毒无害。一方面指对人无害，另一方面也要注意对生态和自然环境低毒低害。这就要求不仅要对生物低毒低害，还要尽量少地改变无机世界的状态和运行内在机制。这一原则要求我们在工作和消费中要努力做到：工作所用原材料低毒低害、工作过程低毒低害、产品本身低毒低害、使用过程低毒低害；生成的废弃物低毒低害。目前可能还做不到所有的产品完全无毒无害，但我们应当不断进行技术创新，一方面应当尽量开发出无毒无害的材料和产品，另一方面要不断禁止有毒有害的产品工作和出售；在不得不使用有毒有害材料时，国家必须出台法律法规强制要求厂家对于任何产品中的任何有毒有害的成分都要进行详细标识，对于使用中需注意的事项进行说明，同时对于此类产品增收环境税提高其价格，促使研发生产低毒低害的替代产品。

（2）节能减排并且低碳环保。二氧化碳是改变地球大气结构、造成气候危机的主要物质，而人们的衣食住行都会不同程度地排出二氧化碳。与自然环境其他方面遭到威胁不同，全世界的气候危机关乎每一个人的生存与发展，即使一些人可以凭借财富和特权享用特别制作的食物、水或者其他无污染的生活用品，但却无论如何也无法免于气候的影响。而在城镇生活中二氧化碳的排放量往往更高，因此，中国特色城镇化生态伦理的绿色环保原则必然要求减排低碳，尽早实现碳中和。

除了应当在日常生活中处处做到减排低碳，我们还应当在工业和经济中也强调低碳要求，从技术上和制度上完善对于减排低碳的支持，例如"加快对碳排放量化方法、监测等方面的技术研究；加强对城市的工业企业、典型行业的碳排放评价方法研究和标准制定；加强对低碳产品评价方法以及基于项目的碳减排量核算方法的研究和标准制定。这些技术的研发和标准的制定将为支撑新能源应用和产业发展、碳排放核算、低碳产品认证制度以及碳减排交易制度的建立和完善提供强有力的技术支撑"[1]。

（3）公共优先并且促进共享。在中国特色的城镇生活中，私家车或者公务用车不应当是人们出行的主要方式，人们应当以步行和公交车为主要出行方式；这就要求人们树立绿色低碳理念作为思想基础、形成新的生活习惯作为行为基础，同时还需要城镇公共设施作为必要的物质基础，需要一些政策扶持作为制度基础。中国特色的绿色城市必须拥有发达便利的公交系统，在衡量一个城镇的绿色环保程度和宜居宜人程度时应当纳入人均公交车辆数和人均公交车道面积。不仅仅是公共交通系统，更重要的是整个公共服务系统应当优先于商业服务系统，在整个城市规划中应当树立"公共优先"的思维方式。必须指出，这一点既是社会主义社会的要求，也必然是社会主义社会的优势。

除了公共优先以外，我们也必须看到，新的技术、新的生活习惯催生了新的经济模式。"共享经济"如今已经为改善人们的生活质量起到了巨大的作用。共享经济最早由美国得克萨斯州立大学社会学教授费尔逊和伊利诺伊大学社会学教授斯潘思提出，最近几年变得特别流行。共享经济包括由第三方创建的、以信息技术为基础的市场平台。第三方可以是广泛的社会主体，例如商业机构或社会组织。借助这些平台，交换闲置物品，共享房屋、汽车、自行车、书籍甚至是自己的知识、经验或者向企业、创新项目筹措资金。共享经济已经极大地改变了我们的生活，为我们的生活提供了极大的便利，同时也大大地盘活了闲置资源，提高了许多资源的利用率，从而促进了节约，保护了环境。我国的共享经济市场方兴未艾，在政府的扶持、市场的推动和人们的积极参与下，一定

---

[1] 宋敏、耿荣海：《基于绿色发展的城市标准体系框架构建》，《建筑科学》2012年第12期。

可以为绿色城市化做出巨大的贡献。

二 确保宜居宜人原则

在中国城镇化过程中必须遵循宜居宜人的原则。城市是为了人的需求而生成的,中国特色的城镇必须坚持以人为本这一中国特色城镇化生态伦理的基本理念。中国特色城镇化要体现以人为本的理念,美丽的家园城市就必须宜居宜人。宜居宜人的原则与绿色环保的原则具有内在的一致性。对亲密接触自然的需求构成了人们生活质量的重要部分,也是一个城市是否宜居的重要标准。传统的城市化仅仅追求工业的扩张、经济的增长和商业的繁荣,却忽略了人们对于生活的一些基本要求,这种城市化气质必须在中国特色城镇化发展中得到改变。如前所述,保护和支持生态的要求并不是要降低人们的生活质量,让人们回到经济发展低下的生活状态,是要通过完成人与生态的融合来提高人们的生活质量。因此,我们必须认知到,生态危机就是民生危机,并且是重大民生危机。我们必须转变经济发展战略思维,不再片面强调城市的经济作用,转而重视城市发展的综合功能——城市应当以人的居住和生活为中心,而不应该以物质的工作和资本的增殖为中心。生态宜居城市也可以理解为,在科学发展观统领下,以城市的全面和可持续发展为宗旨,在生态系统负担能力范围内运用生态经济学原理和系统工程的方法而建立的,贴合个人需求、宜居的城市。[1]

其一,中国特色城镇化所要发展的宜居宜人城市必须保证清洁的空气、水源和土壤,远离各类污染。空气、水和土壤是人们生活的必要条件,而在城市化的过程中往往面临巨大的威胁。我们目前面临的污染可以分为以下几类:一是化学污染,主要来自工业生产和生活过程中生成和排放的废水、废气、粉尘以及生活垃圾,这些污染物会污染空气、水源和土壤。二是光污染,主要来自目前无处不在的景观灯、广告灯和广告屏幕。这些污染虽然看起来并不像废水、废气和垃圾危害那样大,但事实上同样严重影响了人们的生活,干扰了人们的宁静,也会影响人们的身体健康。西方马克思主义哲学的代表人物马尔库塞"敏锐地看到了

---

[1] 张文忠:《宜居城市的内涵及评价指标体系探讨》,《城市规划学刊》2007年第3期。

资本主义商业扩张对生态环境、自然景观的破坏,对人们生活空间产生的压迫感。他认为,在这种到处充斥着商品广告的社会中生活,比受奴役和监禁好不了多少"[①]。三是噪声污染,主要来自工业工作、道路交通(包括公路交通和轨道交通,也包括航空运行)和商业经营。四是辐射污染,最大的辐射污染来源自然是核电项目,尽管在世界的许多地区核电已经得到了广泛应用,但由于核物质泄漏的后果极其严重,会给人类和自然都带来几乎永远无法消除的辐射危险,因此核电站的发展仍然面临争议和反对。

这些污染不仅仅是对人类的威胁,更会严重地影响其他生物的存活空间。例如滥用药物让鱼类绝迹,土壤污染让许多植物中毒枯死等。人类在城市化过程中的不合理规划及其实施造成这些污染全面破坏生态系统,当我们试图维护和重建生态系统时,仅仅看到生态系统中的一部分,仅仅复原这一部分是不可能达到预期效果的。我们必须紧密结合"整体系统"的理念,将生态系统看作一个整体,针对多种多样的污染制定详细准确可操作的标准,并且进行严密监控,定期向公众公布相关信息,接受监督,重拳惩罚制造污染者,才可能为其中生态系统中更多的要素创造恢复的条件,让它们互相作用、共同作用,让生态系统生成自我维护的生机。

其二,中国特色城镇化所要发展的宜居宜人城市必须舒适便利。宜居宜人的城市需要合适的温度。室外温度往往受到地理位置和气候的影响,人类很难影响,随着科技的发展,无论是冬季还是夏季,甚至是一年四季,人们已经习惯了用空调来调节室内温度,这会消耗大量的能源。如何才能够兼顾居民的舒适感受和生态的需求?更多地需要通过建筑技术来实现二者的平衡。例如通过开发和运用拥有调温功能的建筑材料、通过外墙植被调节室温,尽量减少使用大量耗能的设备。

宜居宜人的城市需要合适的湿度。尽管湿度与地区气候有关,但整个区域的湿度可以通过发展和维护水循环系统进行调节;同时提高植被覆盖率也可以调节城市空气湿度,让城市更加舒适宜人。

宜居宜人的城市需要合适的密度。无论是建筑密度还是人口密度都

[①] 解保军:《生态资本主义批判》,中国环境出版社2015年版,第61页。

会直接影响居民的生活感受,这些因素也与生态环境密切相关。过于密集的建筑和人口都可能会给环境带来很大压力,例如过多的人口会造成垃圾处理、噪声污染、废水废气;密集的建筑可能会造成有害气体影响大、疏散难,可能会影响城市的通风和采光,可能会产生"热岛效应",等等。舒适的生活并不必然要求建筑尽量稀疏,因为那样既可能浪费土地资源,也可能加大了人们出行的需求,耗费更多的时间和能源,生成更多的污染。因此,绿色城市化过程必须根据一个地区的生态负担力控制居民密度和游客密度,建立和完善生态负担力监测制度和系统,根据动态的数据调整城市未来的计划和规划。

为了达到以上这些要求,我们就必须以功能复合、本土个性和快行漫游三个次级原则来充实、丰富和支撑宜居宜人这一原则。

(1)功能复合。过去的城镇往往会分为不同的功能区,例如工业区、商业区和住宅区;一些城镇更是出现工业区过于集中、所占比例过大的情况,使得整个城镇变成了一个大工厂,非常不适宜人类居住。不同功能区截然分开会拉长人们的通勤路程,制造大量的交通需求,既浪费时间又浪费能源,更为人们的城镇生活增加了不便。

在中国漫长的历史中,不同的时期采取了不同的城镇发展气质,例如唐代采取了"坊市制",将住宅区(坊)和商业区(市)严格区分开来;而到了宋代则采取功能区混合的结构和气质,北宋著名画家张择端的《清明上河图》就反映了当时汴梁商业发达、应有尽有的繁华胜景。新中国成立后,我国城镇中实行了单位制,形成了在城镇中一个个以单位为核心集聚工作和生活功能的单位区,成为拥有中国特色的城镇分区气质。在西方,城镇发展时期也经历了不同的阶段,在工业革命前期,工厂会制造大量的污水、垃圾、噪声和烟尘,会严重地损害人们的居住质量,因此将工业区和居住区分开成为趋势;但随着理性发展尤其是工具理性发展到登峰造极,城镇被分割和孤立,工业区不再拥有任何人性的色彩,人在其中的工作也变得机械化,这种设计方案已经受到了越来越多的批评。城市学者黄莉指出:"无论古今中外,城市的功能组织模式随着经济社会发展演变而发生不同变化,但归根结底,都是由不同历史背景下人的就业和居住方式所决定。社会经济发展水平越高,人对生活环境的要求越高，功能复合就成为必然选择。"①

随着我们对工业提出绿色和环保的要求，随着城镇化慢慢超越工业化，城镇开始包含更多的内容，例如生态农业、生态旅游、和谐创造与展示等，城镇不再是工业带来的人口聚集，而是必须成为以人为本、宜居宜人的处所。因此，功能区复合即成为可能，也成为必然要求。有人提出宜居城镇要"中式炒饭"，即各种材料混合在一起，倡导城镇多业态开发形式，提高城镇的功能密度和土地利用率，提供更为舒适、多样化的公共空间，满足人们各种各样的生活工作需求，而不再是"西餐"，即不同的材料完全分开。尤其值得注意的是，将每一个功能区都赋予生态功能，例如对于生态环境充分坚持"在保护中开发，在开发中保护"，才能够将社会、经济、和谐、空间、环境等多方面要素予以整合，在中国特色城镇化发展中建成宜居宜人宜游宜业的新城镇。

（2）本土个性。提到城镇人们脑中出现的印象往往是高楼林立、水泥森林，千城一面。但这是一种误区，那不是城镇必然和唯一的面貌。一样的建筑风格、城市规划甚至是城市气质往往会造成城镇失去个性，也让居住在其中的居民感到茫然失措、索然无味、没有归属感。其实，我国的绝大多数城市都有着悠久的历史，也有着自己的地理条件，如果忽略了这一点，那么人们很难在其中感到舒适、自由和愉快。另一方面，千城一面也必然忽略城镇的地理、气候和人文、历史条件，而这些都是一个城镇发展的珍贵资源，也是一座城市独特性格的构成板块。一个城市的个性可能受到以下因素的影响：自然资源、地理条件、经济发展方式、历史和谐传统、生态负担能力、在更大的经济格局和更长远的经济规划中的位置等等。诸如一些地区拥有独特的人文历史，一些地区拥有独特的自然风光，一些地区拥有驰名中外的特产，一些地区有着独特的风俗，等等。这些特点对于本地居民来说是个体漫长的城市记忆，是流淌在一个地区人们身上的地域性格和身份认同，是历史积淀的自豪与骄傲；而对于地区外的其他人来说，这些特点则是新奇的体验、吸引人的风情，是满足人们好奇心，更多地认识世界的文化资源。因此，结合这些条件打造自己的城镇名片，就像塑造一个人生动的脸一样，只有这样，

---

① 黄莉：《城市功能复合：模式与策略》，《热带地理》2012年第4期。

才能够让城镇的发展符合当地生态环境需求、符合自然内在机制，也抓住自身发展经济的优势，保留和发展地区的人文内涵，让城镇不仅为人们提供财富和舒适的生活，也能够提供强烈的归属感和幸福感。只有这样有自己历史传承、地理特色和文化个性的城市才可能更好地与生态环境融合，既能够充分地利用生态资源，又可以建设具有巨大文化价值、经济价值和社会价值的新型城市。这样的城市才是我国城镇化所要建设的城市。

（3）快行漫游。在对于绿色环保原则的阐释中我们已经介绍了"公交优先"的原则，这一原则对于降低有害气体排放、节约能源有着重要意义。但是，这并不意味着在城镇交通中效率是唯一要求；尽管我们认识到应当拥有更多的"慢城"，但"慢城"也不意味着等待和不便。当人们需求效率的时候可以拥有效率，但效率应当出于人的需求，而不能变成人们生活的主导。中国特色城镇化除了要遵守绿色环保原则还应当遵守宜居宜人原则，这体现在公共交通中就是"快行漫游"的原则，即除了公交车道保障人们快速高效的出行以外，还必须在城镇中发展充足的人行道、步行街，将二者区分开来，让公交车可以畅通无阻，保证人们快捷畅达的出行，同时为人们提供在城镇里悠闲散步、享受自然环境的条件，才能够满足城镇宜居宜人的要求。

当然，就像绿色城市的标准和内涵会不断随着时间的推进、技术的更新和认知的深入而变化一样，宜居的标准同样不应当是统一的，更不应当是固定的。宜居的标准应当适应每个地区和城市的地理、气候、历史、和谐、人口、经济等因素，让每个地区在中国特色城镇化道路中探索出适合自身、拥有个性的宜居之路。

三 采用简单节约原则

简单节约原则最核心的思想是以最小的成本获取最基本、最优美的生存、生活条件。在遵循这一原则过程中，需要遏制消费主义，实现真实需要，发扬中华优秀传统文化中的勤俭节约美德。

面对当今社会种种不合理的消费现象，需要在中国特色城镇化生态伦理的理念、原则和相关制度的指导和规约下，运用中国特色城镇化生态伦理规范人们的消费行为，反对消费主义，提倡简单节约的消费生活方式。具体而言，就是要遵循简单节约的消费原则，坚持理性消费、坚持循环利用资源、坚持消费理念升级。其一，理性消费首先要树立正确的价值观，明确消费社会中物品的价值并非取决于价格的高低，不是价格越高越有价值，而是要树立满足人的生产生活需要和提高生活品质的正确价值观，并在理性价值观的指导下，开展减量消费、多次使用；其二，循环利用资源是人类居安思危意识指导下的合理消费实践。循环利用资源的本质不是只强调节俭，而是表达对人类命运的长远关切。人类的发展始终指向可持续发展方向，不仅要为今天的人类生存、生产、生活服务，更要为子孙后代的幸福生活谋求发展权利和空间。从长远来看，循环利用资源既符合自然规律，又是一项事关人类长期发展的造福大业；其三，消费理念升级主张开展更贴合人性、更具个性和科技含量、更易操作的消费活动和理念升级，是绿色消费的理念先导，对解决我国长期以来依靠以制造业为主的劳动密集型产业、资源密集型产业，造成的环境问题、贫富差距问题等意义重大。

在中国特色城镇化发展过程中，采用简单节约原则，可以从减量消费、多次使用、循环利用等方面着手。

本章小结

中国城镇化进程方兴未艾，取得了巨大的成就，为人民带来了许多福祉，但由于不合理的发展方式和生态伦理理念、原则的不同程度缺位而导致了许多问题，生态问题是其中的重要问题之一。中国特色城镇化生态伦理所要求的发展是全面的发展，它绝不单纯等于经济和物质的成就，而是指向人的全面发展。这种全面发展并非仅仅以人的主体需求和能力作为标准，也要以人类内部、人与社会、人与生态的关系作为标准，其中必须包括人与生态关系的平衡。这就要求我们承认更多的价值，引入更多的指标，更加全面地考虑危机，用多样的、更加丰富的价值体系统领城镇化建设的全过程。因此，建构中国特色城镇化生态伦理的理念、原则和规范就显得极为重要。中国特色城镇化生态伦理的理念和原则相互联系，相辅相成，理念指导整个体系，原则是在理念的指导下无时不在、无处不在的行动纲领。中国特色城镇化生态伦理理念和原则的构建始终坚持历史唯物主义和辩证唯物主义的方法论指导，形成了以系统整体、以人为本、敬畏自然、和合共生为核心的理念系统和以绿色环保、宜居宜人、简单节约为核心的基本原则。我们必须全面、细致、深入地理解中国特色城镇化生态伦理的理念和原则，把握其精髓，并以理念、原则来规范和指导新型城镇化实践，努力实现中国特色城镇化发展、人的全面发展和生态文明的进步三者共生共荣、相得益彰。

第 六 章

中国特色城镇化生态伦理的
制度与规范

  在上一章中我们探讨了中国特色城镇化生态伦理的理念和原则，理念和原则是对中国特色城镇化生态伦理思想体系的概括和凝练，是贯穿思想体系的线索，同时也是中国特色城镇化生态伦理的核心内容。但是我们还必须认识到，中国特色城镇化生态伦理并不是纯思辨的理论，而是为了解决城镇化进程中遇到的生态危机所探索出的理论。因此，一方面，原则与理念必然落到对于具体行动的规范上，另一方面，中国特色城镇化生态伦理也必须针对现实，提出对于变革世界的具体指导——规范与制度。习近平总书记指出："全面依法治国是国家治理的一场深刻革命，关系党执政兴国，关系人民幸福安康。"① 制度与规范是道德伦理的社会化反映，是道德伦理的现实化过程，是道德伦理的凝聚和固化。当我们探讨生态制度和生态规范时必然以生态伦理为研究基础和精神内核，当我们探讨生态伦理时必然要落实到制度与规范。

  保护生态环境必须依靠最严格制度最严密法治。坚持用最严格制度最严密法治保护生态环境是习近平生态文明思想的重要组成。党的十八大以来，习近平总书记高度重视生态环境，不断采取各种措施保护生态环境，同时也不断加强制度建设，我国生态环境立法不仅在量上有所扩张，而且在质上全面提升。全国人民代表大会审议通过了20多部生态环境相关的法律，涵盖了大气、水、土壤、噪声等污染防治领域，以及长

---

① 习近平：《高举中国特色社会主义伟大旗帜　为全面建设社会主义现代化国家而团结奋斗——在中国共产党第二十次全国代表大会上的报告》，人民出版社2022年版，第40页。

江、湿地、黑土地等重要生态系统和要素。生态环境领域现行法律达到30余部，已经初步形成了具有中国特色的生态环境保护法律体系。

第一节 中国特色城镇化生态伦理制度与规范的意义

制度是相对稳定的规则，它可以通过固定的内容来制约人的行为，调整人类内部、人与社会之间的关系。制度涵盖生态文明建设的源头处置、过程控制、损害赔偿和责任追究，覆盖生态环境保护的主体和对象，建有最严格的执行机制。以制度力量提升生态环境治理效能，促进人与自然和谐共生。常见的一些制度有：财务制度、管理制度、监督制度、官员的任用与选拔制度、代议制度等；制度是一些规则按照一定目的的汇总和集合，一项或者一套制度往往由许多具体的规则构成，根据以上所列的不同，规则可能分为不同的种类，当这些规则拥有法律的生成程序、效力来源和效力范围时，它们就是法律；法律是由国家公权力支持执行的规则，在我国，《宪法》和《立法法》对于法律的制定、修改和废止进行了详细的说明，按照这些说明产生的文件属于法律。但制度并不尽然都是法律，例如一个单位内部的管理制度并不体现为法律性文件。

而规范则更多地针对行为，规范指人们的行为标准、典范和目标。与制度相比，规范往往拥有更加具体的特点，它针对人们的行为做出统领和约束，但并不必然成体系，也可以是针对某一行为的限制和引导。制度和规范在表现形式、效力对象和体系性上有所不同，但它们所针对的都是人们的现实行为，而且往往表现为规则，是中国特色城镇化生态伦理的理念和原则的具体化，是针对中国特色城镇化变革世界做出的具体统领。

我们必须认知到，与道德相比，针对行为的制度与规范有着独特的意义和作用。首先，制度比道德能够更加长期、更加广泛、更加稳定地发挥作用。其次，制度往往拥有强制力，在道德无法发挥作用的地方可以起到更为明显而快速的效果。再次，制度本身就是培养道德必不可少的途径。最后，制度与规范绝不脱离于道德伦理存在。

一 制度与规范是中国特色城镇化生态伦理的必要组成部分

在中国特色城镇化建设的过程中,我们看到,如果缺乏制度的保障,当一部分人获得丰厚的利益时,却可能损害另一部分人的生态利益,一旦生态利益损失的承担者缺乏反映自身状况的渠道、平台和机制,就可能导致生态利益被损害的群体声音无法被听到,严重的生态危机被掩盖,直到损害所有人的利益,损害整个生态系统,造成不可挽回的损失。在当代,资本的力量过于强大,当它们为了高额的利润沆瀣一气时,仅仅依靠道德来维护生态系统无异于痴人说梦。如果缺乏完善、稳定而有效的利益表达和协调机制,生态的利益就会失去最后一个代言人。

2019年9月24日,习近平总书记在中央政治局第十七次集体学习时强调:"坚持依法治国,坚持法治国家、法治政府、法治社会一体建设,为解放和增强社会活力、促进社会公平正义、维护社会和谐稳定、确保党和国家长治久安发挥了重要作用。"[1] 习近平总书记在党的二十大报告中指出:"坚持精准治污、科学治污、依法治污,持续深入打好蓝天、碧水、净土保卫战。"[2] 可以看到,依法治国是我国政治生活与道德生活中必不可少的构成板块,也必然是中国特色城镇化生态伦理中的重要构成板块,是建设生态中国、美丽中国的基石。要发展中国特色城镇化生态伦理,必须结合制度建设,完善环境和生态法律体系。我们可以看到,党和政府已经高度重视生态文明的发展,旗帜鲜明地指出了在实现生态文明的过程中制度与法律的重要性。因此,规范人们的行为离不开法律制度的设计和执行,离不开政治文明的支持,离不开道德教育对于人们行为的指引和规范。

将生态文明制度建设作为中国特色社会主义制度建设的一项重要内容和不可分割的有机组成部分,是由中国特色社会主义制度的内在要求决定的。党的十七大报告第一次明确提出建设生态文明的要求。党的十

---

[1] 《习近平在中央政治局第十七次集体学习时强调 继续沿着党和人民开辟的正确道路前进 不断推进国家治理体系和治理能力现代化》,2019年9月24日,新华网(http://www.xinhuanet.com/politics/leaders/2019-09/24/c_1125035490.htm)。

[2] 习近平:《高举中国特色社会主义伟大旗帜 为全面建设社会主义现代化国家而团结奋斗——在中国共产党第二十次全国代表大会上的报告》,人民出版社2022年版,第50页。

八大报告把生态文明建设纳入"五位一体"总体布局。党的十八届三中全会要求加快建立系统完整的生态文明制度体系。党的十八届四中全会提出用最严格的法律制度保护生态环境。党的十八届五中全会确立了包括绿色在内的新发展理念，提出完善生态文明制度体系。党的十九大报告指出，加快生态文明体制改革，建设美丽中国。

党的十八大以来，生态文明建设已成为我国发展"五位一体"总体布局的重要内容之一。党的十八届五中全会审议通过《中共中央关于制定国民经济和社会发展第十三个五年规划的建议》，将生态文明建设系统纳入中国经济社会中长期发展的规划之中。2015 年，党中央、国务院出台《关于加快推进生态文明建设的意见》和《生态文明体制改革总体方案》这两个顶层设计文件，依据这两个重要文件，我国又制订了40 多项涉及生态文明建设的方案，并修订了相关的环境保护法律法规，从总体目标、主要原则、重点任务、制度保障等多方面对生态文明建设进行全面系统部署。

《关于加快推进生态文明建设的意见》明确了一个指导思想，就是邓小平理论、三个代表重要思想、科学发展观和习近平生态文明思想；提出了五项原则，就是节约优先、保护优先、自然恢复为主的方针，绿色发展、循环发展、低碳发展的发展途径，深化改革和创新驱动的发展动力，生态文化的支撑作用，重点突破和整体推进的工作方式；提出了七大任务，就是强化主体功能区定位、推动技术创新和结构调整、资源节约循环高效利用、加大生态和环境保护力度、健全生态文明制度体系、加强统计监测和执法监督、形成良好社会风尚；明确了四种组织领导方式，就是统筹协调、探索有效模式、国际合作、贯彻落实。

二 制度与规范是政治文明在中国特色城镇化生态伦理中的体现

中国特色城镇化生态伦理必须依靠制度发展和依法治国，而制度发展和依法治国都属于政治文明的一部分。因此，生态文明和政治文明的关系成为我们认知和理论发展的重点。我们可以试着从以下几方面来认识生态文明与政治文明的关系。

（一）生态文明与政治文明内在一致

中国特色城镇化生态伦理的理论基础是马克思主义对世界的认识与

价值观,是对于资本主义社会的深刻洞察、审视和批判,本身拥有很强的民主性、革命性和批判性;西方的生态运动无论是左翼还是右翼,是传统的还是后现代的,都属于批判理论,集中关注自然和社会中的不公正,强调关注弱者,并且强调对每个生命给予平等的尊严。这些运动都具有很强的政治性,也最终指向政治生态的民主、公开、透明。

(二) 生态文明是政治文明的必然选择

牺牲生态追逐经济的前提往往基于以下事实:生态的代价并不由经济的获得者来支付,这二者在现实中往往是分离的,而权力和资本往往会用其自身的强大力量转嫁生态环境的代价,甚至压制承担生态环境遭破坏代价的群体。但是,当政治文明发展成熟时,当关于生态的事务得到全民的充分参与,所有利益相关者的诉求都能够得到充分表达,当人们能够认识到自己的各种利益,人们的利益能够得到充分的保护,能够在各个层次的博弈中得到全面的协调,而不被权力和资本所裹挟、所控制,生态政策坚持"以人民为中心"发展要求时,生态文明的价值才会获得充分的认知、表达和保护。

(三) 政治文明是生态文明的保障

如果没有充分的参与机制,没有长期稳定的保护机制,人们的利益和诉求不可能得到充分的表达和保护,生态利益同样如此。保护生态环境,实现生态文明需要良好的法治环境;需要合理、科学的法律制度;需要良好的执法和司法体系;需要有效的管理和监督,需要公开透明的经济协调与分配机制,对生态环境的破坏往往来自资本和权力的垄断,而每一个经济相关者的充分参与则能够帮助实现生态的保护和资源的公正分配。只有充分地参与、充分地保障每个经济相关者的权利,充分实现民主、平等和公正,才能够实现生态伦理的诉求。

第二节 中国特色城镇化生态伦理的制度发展

贯彻中国特色城镇化生态伦理,我们不能仅仅依靠宣传抽象的理念和原则,而必须在这些原则统领下制定制度来塑造人们的观念,规范人们的行为。

我国长期坚持全面推进依法治国,不断发展完善社会主义制度。我们生活的方方面面都存在制度的保护与约束。中国特色城镇化生态伦理的制度是在中国特色城镇化生态伦理的建设过程中要求全体社会成员共同遵守的规章和准则，因而全民都是城镇化建设主体，也都是责任主体，都应当是制度造福和约束对象。但是不同的责任主体往往由于自身权力不同，需要不同的调节领域和执行方式，这就需要根据责任主体来制定不同的制度。因此，可以将整个中国特色城镇化生态伦理制度部分细化为由政府及其他公权力机构负责的制度、责任主体为市场经济参与者的制度、责任主体为普通公民的制度，设计和建设一整套无缝衔接的制度，从而为城镇化过程中生态文明做好保障。

一　针对公权力机构的制度

（一）建立和完善生态信息公开制度

中国特色城镇化生态伦理的制度发展要求公共参与。在公共参与的基础上才会有各项科学合理的制度诞生。如果没有准确真实的信息，公众就会在事实上被剥夺参与权。

首先，公共参与是以人为本的具体体现。我们的中国特色城镇化生态伦理不同于西方的生态伦理理论，中国特色城镇化生态伦理的五大理念之一是以人为本。它的追求不是为了保护生态而保护生态，而是为了人类的城镇化发展更好地开展。在前面的论述中我们已经明确认识到，生态危机的源头是人，解决方法依靠人，解决危机为了人。因此，每一个人都有关注生态的权利，也有保护生态的义务。

其次，公共参与是维护公平、加强监管的有力途径。民主监督是当代社会防止渎职和腐败的最好办法。西方有谚语"阳光是最好的防腐剂"，"阳光"指的就是让公共事务充分公开在公众视野之中，通过公共参与和监督来避免暗箱操作和损公肥私。

最后，公共参与是保障法律制定和政治决策科学性与公平性的关键。生态危机涉及人们生活的方方面面，在知识上需要许多不同领域，在认知上需要许多不同视角，在信息上需要许多不同来源，仅仅依靠少部分人的工作很难面面俱到，也很难做出科学的决策和判断，因此必须促使更多的人参与，贡献自己的知识、信息和智慧，才能让生态方面的制度更加完善。更重要的是，每个部门都有着自己的私利，可能会为了自己的私利而损害公益,这就必须要有更多的经济相关者参与其中。因此,要让各方利益充分了解、充分表达、充分辩论,才能够让所有的经济体都得到考虑和博弈,才能够更好地维护边缘经济,克服资本和权力在生态危机上的侵蚀和破坏。而且,"只有在环境立法中引入公众参与机制,在政府和公众共同磋商的基础上制定相应的行为规范,给予公众一定的利益表达权利,才能从整体上保障环境资源立法的实施效果,使已经颁布实施的环境资源立法获得严格执行,改变过去环境立法量多而无力执行的软法状态"①。

因此,我们必须建立自然生态信息公开制度。信息公开分为主动公开和被动公开,前者是政府机关或者企事业单位依法主动公开生态环境相关信息,后者是政府机关或者企事业单位依申请公开生态环境相关信息。这两种方式并无优劣之分,但无论是哪一种方式,相关部门都应该积极配合群众的需求,让公民能够更便捷地查询到自己所需要的信息,而不得通过诸如收费、审查、拖延等方法阻碍公民获取生态信息。

(二)建立和完善自然资源管理相关制度

1. 健全自然资源用途管制制度

自然资源作为中国永续发展的基础条件,在优化或限制开发区域时,要严格遵循用途管制,严禁随意改变资源用途。其他物品的所有者往往可以拥有对于物品的完全处分权,但自然资源例如耕地、草场、林地、矿产则不同。如果任由人们自行处理这些自然资源,可能会生成很大的资源浪费和资源破坏。因此,对自然资源的消费不应当属于传统法学所认可的完全自由。从资源管理体制来看,强调健全自然资源监管机制,使得国有自然资源资产所有权人和国家自然资源管理者彼此独立、紧密配合、严格监督,内在一致行使自然资源的用途管制职责,对各类生态空间进行内在一致的用途管制制度,从整体上进行资源调配、环境修复和生态系统维持。

2. 建立资源环境负担能力监测预警机制

一些城市在现行发展方式下的扩张已经接近或者超出其资源环境负

---

① 何勤华、顾盈颖:《生态文明与生态法律文明建设论纲》,《山东社会科学》2013年第11期。

担能力的上限，绿色面积锐减，地下水面临枯竭，空气质量恶化，垃圾无法处理，污染排放量已经超过了环境自净能力。面对这种情况，我们必须探明资源环境负担能力的下限，当开发接近这一下限时发出预警，及时制止过度开发，防止过度开发造成不可逆的严重后果。这一机制是"敬畏自然"的具体表现，必须以人民的根本利益和经济的可持续发展铸成制度之笼，锁住资本和利润的猛兽。如果没有这样具体、准确、严格的制度进行规范，仅仅依靠人们的道德修养和自我克制很难规约中国特色城镇化中趋利的冲动。

3. 实施全面的自然资源付费制度

目前中国自然资源总体价格偏低，没有体现出资源稀缺的状况和开发中所造成的生态代价，也无法促使人们对其加以节约使用。因此，我们现在必须加快自然资源价格改革，使其全面反映总量和剩余量、供应难度、自然付出的代价和恢复成本。土地、水、电、燃油等产品的价格要通过税收制度调节其市场价格，以及利用阶梯化收费引导人们的消费行为，养成环保节约的习惯，发展节约型社会。

（三）实施城市绿色规划

随着人类进入工业化时代，整个人类的活动都带来了对生态环境的威胁和破坏，也正因为如此，环境问题成为当代社会的核心问题之一。但在中国特色城镇化进程中，对环境的最大威胁就来自城市建设本身。城市的规划如果缺乏对生态环境的考虑，必然会使得城镇化变成生态环境保护的逆流。但城镇化绝不意味着必然要破坏环境，在城镇化建设之初就进行绿色规划是避免城镇化威胁生态的最佳办法，可以极大地节省成本，避免损失。

目前我国已经制定了《城乡规划法》《环境保护法》《全国生态示范区发展规划纲要》《生态县、生态市、生态省发展指标》《规划环境影响评价条例》等法律文件，并于2014年4月经十二届全国人大常委会第八次会议表决通过了《环保法修订案》，于2015年正式施行。但我国生态法治道路仍然任重道远。但这些法律法规也有待进一步完善，例如强化生态法律制定理念、完善相关配套法律、强化对破坏生态环境的责任规定等。当今诸多发达国家在生态城市规划中往往呈现出重生态理念、重公共参与、重法律配套体系发展等特点，例如日本有着以《城市规划法》

为核心的完善生态城市规划体系,共 200 余个法律文件,并且形成了多层次、相互支持的完善体系。在借鉴国外先进经验以及我国已有相关探索的基础之上,我们可以进一步建立、完善和实施以下规范,来做好生态城市的绿色规划。

1. 建立和完善生态用地规划制度

在绿色城市中要做好生态用地规划。生态用地指拥有生态意义的公有土地,例如林地、湿地、水域、草地等。我国已经建立了一定的生态用地制度,但我国针对生态用地的规定还不够完善,往往存在法律效力低(例如浙江省出台了《浙江省湿地保护条例》,但仅仅是地方行政法规)、有效时间短、法律法规分布散、保护层次和力度不一等问题。

国外往往非常重视生态用地的保护,美国通过国家公园、国家森林、自然保护区、城市植被覆盖、退(休)耕还林等制度对生态用地进行规划和保护;俄罗斯将土地分为 7 个等级进行不同的管理,日本将土地分为两级,一级共 7 类,二级共 27 类,规定详细具体,配套法律齐全,而且可操作性强、刚性强。我们可以借鉴这些管理经验,建立和完善严格的生态用地征收、征用程序,对重要的生态用地实行冻结,不得占用;明确和限制使用和开发的程序,参照耕地管理制度完善生态用地使用和开发的调查和允许的过程规定,构建生态用地规划体系;基于宪法、法律基础和需求,出台《生态用地保护条例》。

2. 以"弹性城市"为标准进行城市规划

"弹性"是指在灾难面前的承受能力和恢复能力。生态灾难拥有不确定性高、随机性强与破坏性大等特点。而"弹性"就意味着并不是"硬碰硬"地迎接灾难,承担全部损失,而是在灾难发生之前做好准备工作和设计工作,在灾难来临时拥有吸收和化解其冲击和影响的机制,就像冲击波被减震层吸收一样,我们在城市和居民生活中也应当设置这样的"减震层",减少生态灾难造成的损失,并且在遭受损失之后能够快速消除灾难造成的影响。纽约在经历 2012 年"桑迪"飓风后提出了这样的城市建设口号——"更富弹性的纽约"。从思维上来说,发展海绵城市的思路不再是减少干扰,而是减少干扰所带来的影响。例如城市具备可替换因素,即备用设施和体系,例如备用的道路、医疗设施、通信线路、市民居所等。但海绵城市并不仅仅针对硬件设施,还包括社会、管理、和谐等层面的创新设计。"弹性"可以包括工程弹性、社会弹性、经济弹性、组织弹性。在未来,"弹性城市"可能不仅仅针对自然灾难和生态灾难,还针对经济灾难、社会事件。

3. 以"海绵城市"为目标进行城市规划

"海绵城市"意味着城镇的排水防涝系统由"修管道"转向发展城市"海绵化",在雨水来临时不是通过水泥管道排出,而是能够运用土壤、植被来吸收和净化水质,及时补充地下水,让雨水不是进入了人工排水系统最终流入大海,而是进入了本地的生态,让城市的水循环更加健康、更加符合自然的运行。在一定程度来说,"弹性城市"也属于"海绵城市",海绵城市即在暴雨、洪水这样的冲击面前拥有弹性的城市。当然,海绵城市的追求不止于防灾减灾,对于生态系统也很有好处。海绵城市发展的本质追求是构建良性的城市水循环体系,而非仅仅依靠人工管道系统对整个城市的各种水进行收集然后排走,因此,海绵城市并不仅仅是更新城市排水系统,而是指通过加强城市规划发展和管理,充分发挥楼宇、空地、水网等城市中各种各样的组成部分对雨水的吸收和再分配作用。

4. 以"浓缩城市"为理念进行城市规划

在中国特色城镇化发展过程中,我们还可以借鉴国外"浓缩城市"的理念,在城市规划设计实现多功能而不是单一功能,让工业区、商业区和生活区等不同的功能区混合,实现不同功能的高密度,从而尽量减少市民的出行。这不仅可以节约居民个人的时间、精力和金钱,更重要的是可以节约更多资源。浓缩城市对于盲目"摊大饼"式的城市化是适当的纠正,可以遏制我国在城镇化道路中出现的城市规模盲目扩张趋势,从而减轻城镇化对于生态环境的影响和压力。

5. 将"慢城"作为城市规划的补充选项

过快的城镇化进程已经带来了诸多生态环境危机,因此,中国特色城镇化发展需要"慢下来",打造"慢城市"。"慢城"的概念起源于欧洲,1999年意大利率先掀起了"慢城运动","慢城市"的内涵有:人口规模不大;积极利用现代科技支持生态环境;充分利用本地的和谐、资源和比较优势,寻找个性化的发展途径;坚持走环境友好型发展道路,绝非不要发展,而是要科学的、有质量的发展;这样的发展即使速度慢一些也是值得追求的，比快速但造成诸多隐患、破坏生态的发展要好得多。在"慢城"中，人们不再为最基本的生计而紧张劳碌，也不是为了赶上永不停息的消费风潮而把自己逼到绝境；人们可以在绿色的长廊、花园和植被覆盖上漫步，可以轻松愉快地与家人朋友相处而不是沉浸于无限的电子产品之中；人们可以安静地思考什么是真正的幸福，而不是处于都市中无所不在的声与光的污染中，在随处可见的商业广告轰炸中。"慢城"如今已经不再仅仅是一种城市的气质，更是一种发展方式，一种新的城市形态，甚至是一种心理状态和一种生活哲学。江苏省南京市高淳县（现为高淳区）桠溪镇已经在2012年12月成为我国首个慢城，"慢城运动"也在全世界蓬勃展开。可以说，在全国范围内广泛发展"慢城"而不是飞速扩张的城市是中国特色城镇化发展的必由之路。

（四）建立领导干部生态责任终身追究制

中国生态环境的危机与过去部分存在的不全面、不科学的政绩观及干部任用体制有着极大的关系。唯GDP政绩观往往导致不惜违反自然规律、破坏生态系统，造成了严重的生态危机，甚至是无法补救的整体性崩溃。因此，应当建立生态责任长期负责制，对于那些不顾百姓生活质量、只顾自己利益从而造成严重后果的领导干部追究终身责任，即使卸任或者升迁之后也不能放纵姑息，从成本上惩罚和遏制地方领导因个人私利损害人民、国家公益的行为，维护人民群众的整体经济和长远经济。

破坏自然污染环境的行为往往损害巨大，一旦发生很难补救，或者补救成本远远大于预防成本。因此，我们必须加强监督，要防患于未然，不能再"先污染后治理"，而要建立严格、敏感的监督机制，在污染之前就进行预警和制止。但人与生态环境的接触无时不在，仅仅依靠环保部门和行政力量很难及时全面地观察到违规行为。中国特色城镇化中生态文明的发展是一场全面的社会运动，是一种和谐的塑造，是一种心理状态的培养，因此必须全民参与，动员每一个单位和个人对环境状况进行监督。这就需求我们建立生态信息公开制度，将诸如项目、企业排放信息向公众开放，保证公众的生态信息知情权、参与权和监督权，健全环境危机举报制度，保护举报者权利，严肃对待公民对环境危机的检举，发现危机一查到底，坚决追究责任，决不姑息，从而避免惩罚制度沦为一纸空文。

二 以市场经济参与者为责任主体的制度

（一）建立和完善监管污染物排放制度

目前我国仍存在生态环境污染危机，解决污染危机、改善环境质量是当务之急。为此，需建立内在一致的监管污染物排放的环境管理制度，对于一个城市中包括工业、农业、交通、生活等方面生成的所有污染物进行内在一致的监管，实现全防全控，整合各个领域、各个部门、各个层次的监管力量成为一个体系，推进联合执法、区域执法、交叉执法等执法机制创新，对于违规排污行为给予及时、准确而严厉的打击。

（二）建立和实施完善污染物排放许可制

中国特色城镇化并非完全实行环境至上、自然中心，而是要兼顾发展和生态；现阶段完全停止工业、放弃经济、禁止排放都是不可能的，也会阻止人类科学技术和经济发展继续进步，这样做的后果可能阻碍人类挽救和扭转目前已经生成的种种生态危机。因此，我们不应当一刀切地禁止污染和排放，这样做既不现实，也无必要。我们应当借鉴国际上的环境管理制度——污染排放许可制这项制度并不是对污染大开绿灯，而是要求排污者必须在一定范围内排污，将污染控制在可以接受的程度。目前我国一些地区建立了这一制度，但法律制定层次总体较低、约束力不强，而且未形成全国内在一致的制度，因此，在中国特色城镇化道路中我们应当全面建立和完善污染排放许可证制度，才能更好地将污染排放纳入监管。

（三）实行企事业单位污染物排放计划制度

凝聚全国之力制定具有战略性、导向性的发展规划是社会主义制度优越性的生动体现。制定各经济体和非营利机构污染物排放总量也能够让人们的行为有明确的标准可循，更加便于制定每个单位的"能源预算"和"排放预算"，更加具体实际地规范人们的行为。

（四）实行生态损害赔偿制度

无论是企事业单位还是个人，只要造成了生态环境的严重破坏，就必须承担责任，并且要进行赔偿。许多企业违规排污的一个重要原因是违法成本远低于造成污染所获得的经济利益，所以，资本逐利的本性使得他们甘愿一边违法违规，一边缴纳罚款，一边继续排污。因此，我们必须实行反映生态环境损害程度和治理成本的惩罚和赔偿制度,让污染者彻底赔偿所造成的全部损失,甚至包括在时间维度中的长期损失、间接损失和精神损失,让污染成本高于收益;对于给人民群众生命健康造成严重危害和长期危害的要追究当事人的刑事责任。只有依靠这样严肃的责任制度才能让人们警醒,不敢破坏环境。

"无救济则无权利",当公民的生态利益遭到了损害,能够通过诉讼程序来进行救济至关重要。与一般诉讼不同,生态环境遭受的损害往往波及甚大,因此采取"公益诉讼"的制度势在必行。公益诉讼并非一种独立于刑事、民事和行政诉讼的诉讼形式,而是诉讼追求、诉讼方式、诉讼途径、举证责任、诉讼规模等都比较特殊的诉讼形式。我国 2015 年新修订的《环境保护法》对公益诉讼进行了规定,支持公民通过公益诉讼来维护自己的、公众的生态经济,现在需要的是更为具体和细化的制度,以及在司法中坚持依法办理。值得一提的是,一些法学家提出了为自然本身的公益诉讼和为后代代理的公益诉讼,这样的制度可能会大大促进生态权利和生态利益的维护,如何通过这样的诉讼更好地实现生态权利救济还有待研究和互动。

(五) 实行生态补偿专项经济制度

生态补偿专项经济制度是通过法律制定对生态补偿专项经济的性质、经济取得、使用、保值增值与管理所做的系统化规定。政府支持的生态补偿的经济来源包括环境与资源税收、生态基金以及生态利益的消耗者所支付的费用,补偿的对象涵盖生态系统中的各个方面和部分。市场主导的生态补偿机制则包括占补平衡、绿色产品、绿色偿付、碳排放交易等。[1] 生态补偿需要一定的经济投入,生态补偿金制度的关键依赖于资金的渠道与监管,经济渠道除统筹资金外,还有专项资金。它的来源则主要是生态税的征收,并把这些收入专项用于生态环境保护,使税收在生态环境保护中发挥巨大的作用。[2]

---

[1] 吴越:《国外生态补偿的理论与实践——发达国家实施重点生态功能区生态补偿的经验及启示》,《环境保护》2014 年第 12 期。

[2] 秦绪红:《发达国家推进绿色债券发展的主要做法及对我国的启示》,《金融理论与变革世界》2015 年第 12 期。

税收是现代经济生活中必不可少的来源，是国家获取公共财政经济的重要途径，也可以作为国家调节经济的重要途径。生态税的征收既为生态补偿提供了经济基础，也体现了人类对生态的义务性与补偿性伦理责任。

（六）政府绿色采购法律制度

政府采购是一种市场行为，但又是一种行政行为，因此它并不能完全由市场机制来调节，而必须与政府的公益性相符，为维护集体经济、保障公共利益做出表率。因此，我们应当制定政府采购的生态友好标准和生态友好清单。政府绿色采购标准可以按照以下几个方面来制定：一是产品的有毒有害物质含量；二是产品中材料的重复使用率；三是节能率；四是物品使用寿命和可回收性等。政府应当优先采购更为绿色、更为环保的产品，如果这类产品价格较高，政府可以在这方面增加预算作为补贴。政府不能够像个人以经济为首要考虑因素，而是要扶持绿色产品。绿色采购从根本上来说是一种对于绿色产品的支持途径，通过政府行为给这些产品扩大销路、增加市场。

三 以普通公民为责任主体的制度

在论述中国特色城镇化生态伦理的简单节约原则时我们已经提到了消费主义的危害，提出了转变消费方式，培养绿色休闲的习惯。我国尽管已经进入中国特色社会主义新时代，但公民道德作为上层建筑存在一定的滞后现象，经济发展的提高和经济关系的变革都还不能让现阶段社会中的所有人都达到极高的道德标准，因此在培养生态消费行为习惯和社会氛围过程中制度是不可或缺的。资本的力量太过强大，在资本无处不在的冲击和诱惑下人们很容易迷失。要让人们从消费主义转变到生态消费主义，生态消费法律制定势在必行，要通过法律来规范人们的消费行为，促进消费活动中从个人本位向社会本位转变，对于消费者的行为从强调权利向强调义务转变。

从上述的诸多绿色生活方式的内容中我们可以看到，要实现从消费主义到生态消费的转变亟待从以下方面着手。

其一，从权利本位到兼顾权利义务。长期以来消费市场以权利本位为原则，市场以消费者的需求为导向，这固然为技术的进步和经济的发展起到了巨大的促进和推动作用，创造了我们今天物质产品极为丰富的社会，但是不可否认的是，权利本位强调个人的自由，让人们只要拥有消费能力就可以随心所欲地消费，这并不符合消费的事实和生态的要求。首先，消费品要消耗自然资源，而这些自然资源可能并不是取之不尽用之不竭的；其次，消费品必然存在丢弃、回收和处理的过程，一个人的消费往往是为了使用，而使用之前和使用之后会生成巨大的生态影响，因此，一个人的消费行为绝不仅仅涉及个人，人们并不能仅仅为自己所获取的实际价值付费，还应当考虑消费行为对环境的全部影响，如果片面强调消费者的权利必然会造成自然资源的进一步浪费，也会造成人与生态关系的进一步紧张。

其二，从消费者个体本位到社会本位。消费行为并不尽然是个人行为，而往往拥有很大的社会影响。人的消费行为具有社会性，而且消费往往受周围环境的左右，这也正是消费行为被异化的一个原因。因此，我们应当转变思路，从社会影响出发而不是从个人意志出发看待考虑消费行为和消费伦理。法学理论发展的历史同样经历了从个人本位、权利本位到兼顾权利义务、兼顾个人与社会的变化，20世纪中叶以后兴起的工作法、社会保障法和环境法都是社会法的重要部分。社会法主要调节社会整体的经济，不再以个人经济和自由作为唯一出发点。

其三，从消费行为的无序化到国家干预。消费行为本身是一种市场行为，它必然受市场内在机制的调节和约束。但市场并非万能的，市场的理论基础"理性经济人"本身就没有将人与生态的关系考虑在内，许多破坏生态的行为正是在"理性经济人"的计算之下，在市场内在机制的驱动下做出的行为。例如一旦发现一种自然资源价格上涨，当地的人们往往就会一拥而上、涸泽而渔。人们的动机看起来缺乏长远考虑，实则完全符合"理性经济人"的思维，因为如果自己不抢夺这些资源，别人也会将资源抢夺殆尽，为了自身经济利益最大化，每个人都会不顾未来地夺取更多现在的资源。"理性经济人"必须也必然进化为"生态人"，但在人完全成为"生态人"之前，人们的行为不能仅仅依靠市场内在机制来调节，而需要国家进行调控和管理。而在现代经济和政治理论中，克服市场的无效率行为、纠正市场的种种缺陷正是国家的职能，只有从外部对人们的消费行为进行约束和调节才能克服市场中人们行为的短视和无序，从长远和本质层次维护人们的经济。

提到奢侈品，许多人都会想到诸如黄金白银这样的贵金属，或者珠宝，或者有着悠久历史的品牌产品，等等。但事实上我们的生活中还存在着"环境奢侈品"，即使用的不可再生资源，我们日常生活中许多看起来极为平常、价格并不高昂的产品诸如水、森林甚至净水都属于环境奢侈品。正因为这些都是生活必需品，是人类生活所不可或缺的资源和产品，才必须保证它们的长远供应，处理好当前和未来的关系，制定相关制度帮助人们树立节约资源的意识。如果我们在当代不这样做，尽管可能当代人享受了更为随意的生活（而并不必然是质量更高的生活），后代人可能要为此付出更为高昂的代价，也许在未来这些产品将成为由供需关系导致的奢侈品，那时候必然导致人们生活质量真正的下降。

因此，我们应当未雨绸缪，将此类产品列为"环境奢侈品"，通过提高价格、增加税收的方式让人们消费这些产品时付出与其生态价值相应的价格。我们目前的一些商品的定价机制未能充分考虑自然资源本身的价值，一定程度上加剧了使用过程中的浪费现象。如人们的生活必需品"自来水"，不能因为低价将自然资源作为人类取之不尽用之不竭的"库"，完全不考虑水的生态价值。如果我们将水的生态作用全部考虑在内，就会意识到其价值远远不止加工成本，而价格也应当反映这一部分的价值。此外，这部分产品的消费往往会生成环境的代价，而环境的代价却又不可能由某一消费者承担，而是由所有人共同承担，这就决定了仅仅依靠单个产品的价格机制很难全部反映其生态成本，而由全民共担的环境成本往往要通过公共服务来承担，因此，这部分产品的消费者应当通过额外的税收缴纳来弥补这部分公共服务的支出。

上面所列出的制度可以反映中国特色城镇化生态伦理的精神和原则，既是中国特色城镇化生态伦理的组成部分，也是中国特色城镇化生态伦理的必然体现。可以看到，在中国特色城镇化生态伦理建设中，最主要的责任主体是公权力机构，毫无疑问，生态环境治理首先是国家的义务和政府的义务，维护生态环境虽然人人有责，但制度是具有稳定和强制效力的手段，而往往有权机构才能够制定和执行制度，因此通过制度来进行调节主要涉及公权力机构。

第三节 中国特色城镇化生态伦理的规范建设

较之于稳定且具有强制力的制度，规范则更为灵活，也更为广泛，规范往往可以适用于较为具体的情况、调节较为具体的行为，它不必是非常固定的一套规则体系，也可以是对各类主体行为的指导思想和大致方向。规范比制度更为微观，是对于人们生活的指引，理念、原则和制度也必然要细化和落实到行为规范层面，给社会生活中各个层级的主体以详细而可操作的统领。如果没有具体的行为规范，思想、理念、原则和制度都无法与生活充分地对接，也无法发挥实际的效果。因此，规范是中国特色城镇化生态伦理中必不可少的部分。

由于规范所针对的是人们的生活和行为，往往不需要非常确定的执行机构和权力，因此，我们以社会生活的不同领域来划分中国特色城镇化生态伦理的规范体系，结合中国特色城镇化生态伦理的理念和原则，对于所需要制定、实行和遵守的规范按照社会生活的不同领域进行了分类列举。

一 城镇化绿色地产规范

城镇化过程中除了通过建立各种绿色制度对于城市规划做出整体布局以外，还需制定相应的规范对相关个体行为进行制约。特别是对于近年来在国民经济和公民生活方面具有巨大影响的房地产开发商而言，需遵循绿色地产规范，倡导改善人居环境，形成绿色城市、绿色社区。

房地产行业是我国经济中承担重要作用的构成板块，由于经历了快速发展和高利润的阶段，许多耕地、农用地、树林、草地、湿地都被开发成为建筑用地，甚至出现了填湖开发房地产的情况，使得房地产行业的发展对生态环境造成了很大的破坏。但糟糕的历史并不意味着房地产业必然与生态环境矛盾，也不说明要维护和支持生态环境就不能发展房地产业；正好相反，和许多传统行业一样，"绿色环保"既是挑战也是机遇，带来的不是灭亡而是新生。对"绿色建筑"的探索能够让房地产业充分进行创新、利用创新，不仅可以打开新的蓝海市场，更可以保护环境、发展和谐人居，从"住"的角度为人的幸福生活谋求新的领域和方向。无论是国际还是国内都已经有了不少智慧建筑的尝试和应用，在一些国家已经建造出了零排放、零能耗、零开销的建筑，而且尽量减少对周边生态环境的影响和破坏，与周边环境进行生态交流。绿色建筑往往要求使用更为坚固耐用的建筑材料，以延长建筑的使用周期，减少修缮和更新成本。无论是商业还是民居，绿色建筑现在都已经成为新的潮流。在中国特色城镇化发展过程中，发展绿色房地产是有利于经济、有利于生态、有利于民生的上乘之选。

在住宅开发的过程中还应当在每个社区内部规划相应的植被覆盖，管理部门可以设置社区最低植被覆盖面积标准；在每个社区配备亲水平台，在社区中发展景观水源，在社区发展中同样采取海绵城市技术，增强社区的防洪防旱能力；在建筑中采取环保、无毒、使用期限长的建筑材料，减少返修造成的资源浪费；路灯采取节能技术，尽量减少景观灯的使用，建筑朝向设计便于通风，采光良好，使室内冬暖夏凉，从而减少电灯和空调的使用，减少建筑能耗；每一幢建筑都配备太阳能设备；合理规划住宅小区的充电桩，方便电动汽车充电。

综上所述，城镇化绿色地产规范是指在房地产开发利用过程中应该探索绿色建筑，在建筑中必须使用环保无毒、使用期限长的建筑材料，要求每一栋建筑都配备太阳能设备，配备住宅小区充电桩，方便电动汽车充电。

二 城镇化绿色农业规范

城镇化并非人口脱离农业的过程，脱离农业的城镇化既不符合城市的生态需求，也不符合城市的生活需要。为避免城市远离农业，使农业逐渐成为城市中的农业，需在推进城镇化的过程中进一步发展形成绿色农业规范，让农业、养殖业与城市居民的生活密切结合，逐步发展成半参与型的都市农业。

一方面，在城市中发展农业除了可以给城市居民提供更为新鲜和便宜的农产品，也可以发挥其在就业领域中的作用。在城镇化道路中农村居民的转移是十分重要的危机，往往会出现农村人口由于年龄较大、知识结构老化而就业困难，他们无法适应城市里完全陌生的"他者"生活，自身在传统农业上的经验在城市中变得一钱不值，甚至变成了屈辱的标志；这既是一种不公平，也是一种资源的浪费。因此，在中国特色城镇化道路中我们应当积极引导转移农村人口流向绿色农业，例如有机农业、园林发展，让农村居民继续用他们的经验为绿色的城市做贡献，让他们感受到城市并不只有让他们感到陌生和无力的工厂和商业，还有他们熟悉的绿色田野。这样不仅仅是使城市更加绿色，还能够更好地解决城镇化进程中农村人口转移就业的危机。

另一方面我们也必须注意到，农业似乎天然是绿色的，但随着人类技术的发展，农业也越来越产业化，甚至越来越依赖石油化工；不断更新换代的化学制剂和各种各样的种植、养殖技术使得农业的工作效率得到了空前的发展，却也带来了诸多危机。许多地区的农业过度使用化肥造成土壤板结、土壤酸化；一些地区过度放牧、过度捕捞，破坏了生态链条，使得整个地区的生态系统都被严重破坏；一些地方的人工养殖同样可能严重破坏生态环境，例如海水养殖往往会造成养殖水域水体富营养化，导致赤潮频发；在养殖过程中由于往往要大量使用药物，往往会导致严重的药物残留；对当地的生态环境造成毁灭性的破坏。这些现象使得如今农业也不那么绿色。当前要发展绿色农业必须积极发展无公害农业。在中国特色城镇化过程中发展"绿色农业"应当满足两个条件，一是走农业与城市充分结合的道路，二是大力发展有机农业，减少农业对环境的破坏。

发展绿色城市的过程中不仅可以发展绿色农业，还可以结合自身特色和优势，发展绿色服务业和绿色旅游业，绿色旅游业应当用可持续的自然风光和人文风情吸引游客，让自然环境的改善和旅游业的繁荣呈正相关，让旅游业的发展和自然环境的改善互相推动，提倡自然风光，反对人工造景；提倡原生态旅游，但同时要注意旅游业不能超过当地自然环境的承受力。这就需要科学评估游客可能给环境带来的影响，科学计算景区的负担力，确保景区载客量在其负担力的范围内。

综上所述，城镇化绿色农业规范是指在城镇化过程中应当促使农村人口流向绿色农业，应该大力发展有机农业，提倡绿色服务和原生态旅游。

三　城镇化生态基础设施建设规范

基础设施建设是城镇化中极为重要的一环，但传统意义上的基础设施建设往往仅包括了人们生存必需的内容，例如水、电、煤气、网络和下水系统等；学校、医院、健身场地和文化设施也都属于基础设施建设，这些是牵涉面广泛的巨型网络，以钢筋水泥构成，因此我们可以称之为"灰色基础设施"。而中国特色城镇化建设则要求我们在城市的发展中引入"生态基础设施"的观念，充分落实城镇化生态基础设施建设规范。

"生态基础设施"是相对于"灰色基础设施"而言的，传统意义上的城市基础设施往往是指公路、桥梁、下水管道、交通指挥系统、学校、医院、幼儿园、水电煤气等；这样的定义并没有把人作为生态人来看待，也没有把人作为自然的一部分来看待；它忽略了人对于自然的需求，忽略了人与生态的关系这一维度，于是让城市变成了灰色的水泥森林，让城市与自然隔绝并且矛盾，让城市变成了大地上的灰色伤疤。

如果我们将人作为自然的一部分，就会意识到生态环境本身就应当是城市基础设施的一部分。现在已经有越来越多的城市和居民小区开始将公园、绿化和景观水源作为重要的基础设施，而这些还远远不够。生态基础设施发展应当至少包括：城市中拥有相当比例的植被覆盖，广泛采取"绿色屋顶"的做法，即在屋顶上种植绿色植物。这不仅可以扩大植被覆盖，还可以改善城市空气、美化环境、调节温度、节约能源。应当发展和维护"生态保留地""绿色步道""绿色天桥""生态走廊"等让人和动物得以自由徜徉，让植物之间的种子交换得以进行，让整个城市的生态连成一体，在整个城市进行渗透铺装，充分吸收降水，补充地下水，同时过滤有毒有害物质，预防地下水污染。城市生态基础设施发展中还应该包括绿色基础网络的固着点，例如城市中各种各样的绿色区域和开放空间。新加坡的"公园绿带网"计划就是满足市民需求和服务大众的典范，该计划的主要内容是以用公园构成整个城市的绿色网络。

中国特色城镇化发展中必须包含"生态基础设施发展"，才真正是为"生态人"设计和居住的城市。值得一提的是，生态基础设施发展并不应该仅仅是个人爱好和选择，而应该属于城市公共服务的一部分。例如在绿色屋顶发展中，这势必会增加房屋的建造成本，但这一成本可以由个人支付和部分财政支付相结合，甚至是全额财政支付，以此鼓励绿色屋顶的建造。

综上所述，城镇化生态基础设施建设规范是指在城镇化过程中，必须将"灰色基础设施"转变为生态基础设施，提倡"绿色屋顶"，应该发展和维护"生态保留地""绿色步道""绿色天桥""生态走廊"等。

四　城镇化绿色交通规范

目前我国大气污染的一个重要来源就是越来越多的汽车尾气排放。在推进城镇化的过程中，我们应逐步建立城镇化绿色交通规范，媒体进行正确的引导，充分宣传绿色出行，在全社会形成绿色出行的良好风气甚至是新的潮流。

要做到这一点必须确保公共交通方便快捷舒适，应当加大对于公共交通的投入，让公交系统更加充裕，更加舒适；对于公共交通的使用者提供补贴，诸如公交卡的优惠政策；让公交站台更为普遍、等车更为舒适，例如在公交站台增加遮阳挡雨的设施，在公交站台设置一些常见的生活需求枢纽，例如免费的无线网设置，手机免费充电，免费饮用水，免费针线包和常见药物领取等；让公交抵达区域更多，形成四通八达的公交线路网络；让公交线路设计更加科学，例如在城市社区越来越大的今天，公交公司可以开发社区内的小巴士，从而提供"最后一公里"的便利。

自行车是一种既省力又环保的交通工具，我国曾经是自行车大国，但随着物质条件的提高和财富的增加，骑自行车的人越来越少，我国从自行车大国变成了汽车大国。在城市里设置公用自行车。现在已经有一些城市开始配备公用自行车，但往往存在使用率低、丢失率高的危机，这些危机类似于"公地悲剧"，即人们往往对于公共设施不太爱惜，往往又缺乏完善的责任制度，于是人们只是使用，而不保管、不维护，就造成了公共资源大量被浪费甚至被毁坏的危机。对此我们可以通过身份证（或者护照）进行实名登记借车，如果自行车丢失，使用者应当赔偿。针对此问题，一方面可以监督使用者的行为和自行车的状况，另一方面也可以辅助记录公民的"绿色足迹"。

目前无论是智能硬件还是手机应用都具备测量出行里程的功能，那么可以通过一个人使用公共交通出行多少距离、使用自行车出行多少距离、步行了多少距离来计算一个人的"绿色足迹",以"绿色足迹"换取公民的"绿色积分",存入"绿色账户",可以选择换取奖品、作为信用佐证或者在生活的其他方面获得奖励、补贴和优惠。

综上所述,城镇化绿色交通规范是指应该确保公交优先,提倡和保护自行车出行,以"绿色足迹"换取公民的"绿色积分",存入"绿色银行"。

五 城镇化绿色生活规范

绿色城镇说到底与每一个人的日常生活息息相关,因此,相关绿色理念还要贯彻落实到人们的日常生活,促使人们形成绿色健康的生活方式。

(一)倡导绿色办公

传统办公过程中需要大量的纸张,而纸张的制造需要消耗大量的原木,会造成森林和植被的破坏。在电子产品和网络越来越普及的今天,我们应当提倡"无纸化办公",从而实现绿色、节能的办公方式。无纸化要求人们通过电子媒介和平台进行沟通和汇报,用信息技术进行记录、存储和交流,实行电子对账单、电子发票等;无纸化办公还可以在必须使用纸张的时候尽量使用循环纸和无酸纸。无纸化办公既可以环保节能,又可以大规模削减办公经费,还可以提高办公效率,优化办公效果。例如采用电子信息加密制度保存机密文件而不是将纸质的机密文件放在又大又重的保险柜里,在环保的同时还能够更好地保障信息安全。

许多企事业单位都存在浪费现象,人们可能长时间地开空调、开灯、开电脑或者其他办公设备,无论是否在使用。在目前的经济发展水平下,经济关系与上层建筑都不可能脱离长期以来个人所有制传统对人性造成的束缚,导致一定程度上存在自私自利的思考方式。因此,我们必须用制度来约束人们的行为。针对办公用水、用电和设备器材等层面不同程度的浪费现象,我们可以实行基本补助,进行限额的办法,即根据人数和工作时间计算能耗,基本能耗进行补贴和保障,但超过基本能耗的部分由私人负担,而不能一概报销,这样才能够避免人们肆无忌惮的浪费行为。

（二）倡导绿色教育

传统生活中的一个"用纸大户"是学校，在过去，学校里的课本、作业和试卷都是纸质的，而这些纸制品的使用寿命又非常短，于是不仅要大量消耗纸张，还会在这些纸制品的印刷过程中生成污染。基于电子设备和网络技术的不断发展，而今越来越多的学校已经引入"电子"，即在课程中使用越来越多的电子设备辅助教学，布置电子作业、进行在线提交；电子甚至可以和移动智能硬件结合，将电子变成随身物品，让学习随时随地与生活的方方面面相结合，这样既能够提高受教育者的学习动力，也能提高受教育者的学习成绩，还可以节约资源。结合现在已经非常丰富的在线课程内容，许多学校和教师采取了"逆向教学法"，即受教育者通过自学先观看老师布置的网络课程，然后在老师带领的课堂上进行互动。这种教学方法不仅可以充分调动受教育者的主动性和创造性，增加学习乐趣，改善教学效果，还可以大大减少纸张的消耗。

在电子化、无纸化教育的过程中需要注意两点，第一是为了避免在教育中形成"电子鸿沟"或者"信息鸿沟"，教育电子化应当是属于教育基础设施由政府同意出资采购和分发，而不是由受教育者和家长来承担，以免造成受教育者之间由于经济状况的不同而在教育信息化中拉开差距。第二是未成年人自控力有限，因此必须在硬件和软件两个方面对于受教育者通过电子设备能够接触到的信息加以控制，让受教育者健康地学习、健康地娱乐。

在2020年的新冠疫情期间，由于防疫的需要，诸多的办公、教学活动搬到了网上，意外地让人们发现网络技术已经完全可以承担这些活动，进而减少许多资源的消耗。在"后疫情"时代，我们应当进一步坚持探索"在线办公""在线教育"的潜力与活力，向着资源节约型社会跨进一大步。

（三）倡导绿色休闲

关联工作和生活的就是休闲活动，由于休闲往往被视为私人行为，属于人们的个人自由，而不被作为社会规范的对象。但事实上，休闲对于生态的影响丝毫不亚于许多工业、农业的影响。休闲中应当遵守中国特色城镇化生态伦理的基本原则：绿色环保、宜居宜人和简单节约。消费是人们实现自己生活追求的途径，而不应当是追求本身。

生态消费需要消费者超越个人享受的需求，为更广泛、更长远、更本质的经济考虑，约束自己的消费行为，形成健康、克制、可持续的心理状态。更重要的是，它让人们摆脱资本所制造的消费主义，让人们摆脱物质本位的价值取向和和谐追求，摆脱由物决定人的价值倒置，回到人的本质和人的真正需求，更加深刻地理解生活的需求和意义。

（四）倡导绿色娱乐

随着人们生活水平的提高，越来越多的人对于娱乐的需求和要求逐渐发生变化。财富的增加让人们娱乐的选择空间也越来越大。但与消费类似，娱乐原本是为了给人们提供工作之余的休闲，但在消费主义的浪潮裹挟下遭到了异化，诸如网络游戏这样的娱乐以其超强的吸引力风靡全世界，许多游戏爱好者没日没夜地打游戏，在游戏上花费大量金钱，这样游戏不再是生活的调剂，而变成了生活的主体，极大地消耗了个人的时间、精力和金钱，更极大地消耗了能源。这样的娱乐既不健康也不环保，让人们和自然进一步隔绝，甚至与现实生活与社会也进一步隔绝，让一些血腥、暴力、色情的内容在社会中传播。我们要发展中国特色的宜居宜人城市就不能够将人们的娱乐生活交给消费和感官刺激，而应当将人们的娱乐生活交给自然和运动，交给人类内部之间的现实交流，交给人、自然和自我的和谐共处。因此，我们应当在全社会提倡能耗低、排放少、污染小的绿色娱乐项目，一方面节约能源，更重要的是可以创造社会主义的先进文化，让人们走出仅仅追求刺激的享乐方式，获得更为健康的情操。

为推广绿色娱乐，我们鼓励人们走向户外、亲近自然，并为之创造条件。一方面要通过宣传和教育转变人们的观念，让人们注意到自然之美，学会欣赏自然之美；另一方面要完善相应的配套设施和管理体系。我们可以开发更多的绿色旅游线路，加大旅游业的投入；也可以在城市中结合生态农业，让每家每户都拥有自己的菜园或者果园，即使不在人们的住宅中，也可以在城市中集中发展生态农业，人们可以每天走不远的距离就去自家的菜园或者果园进行短时间的耕种和料理。

推广绿色娱乐需要我们充分发掘传统文化活动中有价值的娱乐项目，积极地将传统项目注入市场活力，让它们焕发新的活力和光彩。我国在漫长的历史中形成了大量有趣有品的娱乐活动，例如放风筝、抖空竹、滚铁环或者是舞龙、赛龙舟等；这些活动兼具趣味性、观赏性和竞技性，既可以锻炼身体，又可以为人们提供更多交流的机会，为人们提供走到室外亲近自然的机会。除了这些体能活动，我国历史上还有许多益智游戏，例如围棋、象棋等；被称为"国技"的麻将在去除了其中的赌博成分、规范规则以后也可以变成一种健康的竞技运动，成为人们生活中一项有益的娱乐。

除了游戏以外，我国传统文化中还有着大量的戏曲、音乐和舞蹈，都可以持续继承和发展，演变为积极健康、富有魅力的娱乐项目。许多地区的地方戏作为传统文化的代表受到流行文化的冲击，花叶凋零，将近失传，这是传统文化的重大损失。在中国特色城镇化的发展中，需要结合传统文化培育更接地气的绿色娱乐活动，如发展社区舞台、社区戏台，多办社区音乐会等，让普通人走进古老的传统戏曲、音乐和舞蹈，更可以参与其中，提高自己的艺术素质，增加娱乐生活的品质。

在中国特色城镇化的建设中，要提倡绿色娱乐并不能够仅仅靠宣传和劝导，而必须真正为人们提供进行绿色娱乐的场所和设施。在过去的城镇化过程中，很明显，我们忽略了人们的绿色娱乐需求，从而导致了诸如"广场舞扰民""公路上的暴走团"等社会问题。正是因为在城市设计和城市规划过程中缺乏对于绿色娱乐重要性的认识，导致了在公共空间中没有为绿色娱乐留下空间、建造设施。在未来的城镇化建设中，我们决不可重蹈覆辙，而必须在中国特色城镇化生态伦理的指导下为绿色娱乐创造条件，让人们有走出家门、走向清新绿色的社区和城市的条件，我们的倡导和宣传才可能收到实效，将娱乐与正确的价值观、健康的心理状态结合起来，将生态文明发展与和谐发展结合起来，将人们从奢靡、空虚、能耗高的娱乐吸引到节约、健康、绿色的娱乐中来。

综上所述，城镇化绿色生活规范是指在城镇化建设过程中，倡导绿色办公、绿色教育、绿色休闲、绿色娱乐。

六 积极发展城镇化绿色金融

"十四五"规划明确提出发展绿色金融，支持绿色技术创新，推进重点行业和重要领域绿色化改造。无论是顶层的制度设计，还是绿色金融理念的普及推广、绿色金融产品创新，都有大量的工作要做。绿色金融制度主要包括绿色基金制度和生态债券制度,绿色基金是指在证券市场上仅以或部分以企业的环境绩效为考核标准筛选投资对象进行投资的基金,它不仅以获得经济收益为主要目的,而且追求生态、经济的协调发展。在美国、日本、西欧等地,绿色投资基金得到了很大的发展。不同国家由于市场发育程度的差异,绿色投资基金表现出不同的形式。在美国和西欧,绿色投资基金的发行主体主要为非政府组织和机构投资者;1996年美国成立了社会投资论坛,它为生态投资提供了广阔的交流平台,同时也标志着美国包括绿色投资基金在内的 SRI 进入迅猛发展阶段。[1]

无论是在我国还是在全球,绿色金融都呈现迅猛发展之势。我国政府充分重视了绿色金融的意义和价值,并且开始发挥绿色金融的重要作用。2016年是全球绿色金融取得突破性进展的一年。从国内来看,《关于构建绿色金融体系指导意见》正式发布,标志着中国的绿色金融体系建设已经全面启动。"一带一路"是我国的重要国家战略,它既是拉动投资,推动供给侧改革的重要抓手,也是建设新型全球化,带动全世界共享繁荣与发展的必经之路。因此,绿色金融与"一带一路"建设可以也应当紧密结合。

首先,绿色金融通过金融网点和信息优势为"一带一路"企业提供产品和服务。我国工商银行在全球有400多家境外机构,其中有127家分布在"一带一路"上。"通过合作方式积极参与'一带一路'基础设施和产能合作。2016年底在'一带一路'方面工商银行支持项目有100多个,承载着金额超过300多亿美元;同时还储备了200多个'一带一路'方面项目,涉及金融上千亿美元。"[2]

其次,绿色金融可以通过金融机构产品,标志和风险管理优势,帮助企业有效防范和管理环境风险。张红力表示:"商业银行在提供'一带一路'服务的时候,可以对环保不达标企业实行一票否决制;对高污染高耗能,高资源的耗费项目严格调查和环境评估。对清洁能源,生态农

---

[1] 蒋华雄、谢双玉:《国外绿色投资基金的发展现状及其对中国的启示》,《兰州商学院学报》2012年第5期。

[2] 《工商银行张红力:绿色金融将推动引领绿色"一带一路"发展》,2017年4月15日,搜狐网(https://www.sohu.com/a/134134709_436021)。

业、绿色交通等等绿色项目进行支持,同时积极推动'一带一路'绿色发展。"①

最后,绿色金融通过金融机构合作,推动"一带一路"沿线国家树立绿色发展理念。在国际合作中,分享发展绿色金融的国际经验,推动绿色投资和经济的绿色转型,实现"一带一路"绿色、和谐、健康、可持续的战略目标。

金融作为一种市场化的制度安排,对于促进环境保护和生态建设具有重要作用。从近年来的客观实践来看,创新型金融产品,比如绿色债券、绿色证券、绿色保险、环境基金等不断涌现,加之人民银行等部门高度重视绿色金融的发展,促进金融政策与产业政策协调配合。具体来讲,严格控制高耗能高污染行业、环境违法企业的资金支持,加大对绿色产业、节能环保产业的资金支持力度。这些举措旨在:"(1)支持在中央和地方层面设立绿色发展基金,支持民间资本与外资设立绿色基金;(2)开展对绿色项目的贴息和提供专业化担保的试点,利用央行贷款支持绿色信贷,降低绿色项目的融资成本;(3)推动和支持金融机构及企业发行绿色债券,积极开展绿色资产证券化;(4)进一步完善绿色债券的认证与评级方法,建立自律机制,发展服务质量,探索降低绿色债券认证成本的方法;(5)推出更多的绿色股票指数和相关金融产品;(6)强化上市公司和发债企业的环境信息披露,开展上市公司环境信息披露试点;(7)推动在环境高风险领域建立环境污染强制责任保险制度;(8)支持更多的金融机构开展环境风险压力测试;(9)推动'一带一路'建设中的绿色投资;(10)加强绿色金融领域的多边与双边国际合作,进一步发展中国在该领域的影响力。"②

综上所述,城镇化绿色金融规范是指在城镇化建设过程中,应设立绿色基金,对环保不达标企业实行一票否决制,大力扶持清洁能源、生态农业、绿色交通等生态项目。

---

① 《工商银行张红力:绿色金融将推动引领绿色"一带一路"发展》,2017年4月15日,搜狐网(https://www.sohu.com/a/134134709_436021)。
② 《人民银行马骏:绿金委将利用央行再贷款支持绿色信贷》(2017年4月15日),2022年6月3日,中国网(http://finance.china.com.cn/news/20170415/4176314.shtml)。

七 城镇化绿色医疗健康产业规范

在城镇化过程中,生态环境问题都直接导致了公共卫生问题和健康问题。伦敦在工业发展后产生了红色的"伦敦雾",并带来了长期的公共健康问题;日本在"二战"后的经济发展迅速产生了"水俣病"等问题;印度的化工厂泄漏造成了著名的"博帕尔惨案",乌克兰的核电站泄漏造成了"切尔诺贝利惨案",日本的福岛核电站核泄漏事件同样造成了许多人的死亡和疾病。生态环境的污染同样严重地威胁了人民的健康与生命。即使是日常的空气污染、水污染、噪声污染和光污染等同样会给人们的健康带来很大威胁,可以看到,在城镇化过程中,"绿色"是"健康"的基石,没有"绿色"就没有"健康"。为此,在城镇化过程中,需树立并充分践行绿色医疗健康产业规范。

生态环境的破坏是许多疾病的诱因,与此对应,"绿色"也是许多疾病的最好治疗方式。通过消除污染、创造绿色环境,可以为人们提供重要的健康养生环境,为人们提供更为健康的成长、生活、养老环境,提升人们的生活质量、健康水平和寿命。这样的对策属于"治本之策",相较于盲目发展医疗技术、开发昂贵的新药、不断争取人对自然(人体内的"自然")的"胜利",通过"绿色"达到"健康"不仅更加经济,而且在各方面都效果更好:人们减少了病痛,家庭减轻了照护负担,医护人员减少了工作压力,国家减少了医疗开支,整个社会有了更多的劳动力和创造力。

因此,我们应当将"绿色生态"同样作为健康产业的重中之重。《"健康中国 2030"规划》明确提出了"以治疗为主转变为预防为主,以疾病为中心转变为健康为中心"的要求,"治未病"更是我国传统医药文化的最高目标。目前人民群众也普遍地、自发地追求"养生","有机"在国外也广泛作为"健康"的同义语。目前"养生之旅""生态养老"等已经成为热门话题,可以看到,"绿色健康"行业大有可为,在中国特色城镇化道路中坚持绿色生态原则,既可以为广大人民提供更为科学、更为合理的健康保障,还可以为"健康中国"战略提供具有广阔前途的实现路径,更可以为"大健康"产业提供新的前景。

综上所述,城镇化绿色医疗健康产业规范是指在城镇化建设过程中,应该消除空气、水、噪声污染，创造绿色环境，倡导养生之旅、生态养老。

本章小结

制度与规范是指导推进新型城镇化建设过程中约束全体成员行为，规定工作程序和方法的各种规章、条例、守则、程序、标准以及办法的总称，是中国特色城镇化生态伦理的重要组成部分，是社会主义政治文明在中国特色城镇化生态伦理中的具体体现。中国特色城镇化生态伦理的构建与现实作用的发挥离不开各项制度和规范，二者有机结合，同向发力方能彰显刚柔并济的合力。中国特色城镇化生态伦理的制度建构主要从公权力机构的制度、市场经济参与者为责任主体的制度、普通公民为责任主体的制度这紧密联系、有机统一的三方面着手。中国特色城镇化生态伦理的规范比制度更为微观，是对于人们生活的指引，生态伦理理念、原则和制度也必然要细化和落实到行为规范层面，给社会生活中各个层级的主体以详细而可操作的统领。我们既需要生态伦理理念和原则，也需要规范和制度，一方面坚持马克思主义经典理论的思想内核和根本精神，另一方面坚持与时俱进，在习近平新时代中国特色社会主义思想的指引下，实事求是、坚定不移，以亿万人民的福祉、中华民族的伟大复兴和推动人类命运共同体为使命担当，坚定地在各个层面、各个领域以制度和规范限制非理性和反生态冲动，让中国特色城镇化生态伦理的制度与规范入脑入心入行，融入新型城镇化建设的全过程，促使每个公民逐步成为马克思主义生态人，推动实现人—社会—自然和谐共生的高质量发展。

第 七 章

中国特色城镇化生态伦理信息
网络平台模型的创建

在信息化快速发展的今天,信息网络技术已经成为各行各业普遍应用的技术,为各行各业的信息收集、分析与运用提供了强大的技术支持。同样地,信息资源优势能够有效地促进中国特色城镇化生态伦理的互动交流,进而推动中国特色城镇化生态建设的健康、永续发展。因此,创建中国特色城镇化生态伦理信息网络平台,即"中国特色城镇化生态伦理网站",既有利于相关理论、科技等研究成果和经验的总结与交流,又可以促进中国特色城镇化生态伦理思想、制度、政策的宣传推广,具有重要意义。

第一节 中国特色城镇化生态伦理信息
网络平台创建的现实基础

在中国特色新型城镇化道路探索的进程中,伦理问题如影随形。为了能够有效收集和汇总在城镇化过程中大量产生的生态建设资料、伦理问题相关的学术研究资料以及各界对城镇化生态伦理的思考和建议,并能对这些资料、研究成果进行检索和阅览,构建以"中国特色城镇化生态伦理建设"为主题的信息网络资源库具有重要的现实价值。

一 中国特色城镇化生态伦理信息网络平台创建的必要性

(一)信息化在创建创新城镇化网络平台中发挥重要作用

信息化是推动城镇化建设的重要创新手段,在我国新型城镇化建设进程中发挥基础性作用。以现代通信、网络、数据库技术为基础，将信息要素汇总至数据库，供特定人群学习、研究、决策，这些是中国特色城镇化生态伦理建设系统研究的重要抓手。信息化技术可以助力城镇建设规划，完善城镇服务设施使环境资源的配置更加合理，进一步推进产业升级，不断提高城镇人民的生活品质。构建中国特色城镇化生态伦理研究网络平台是城镇化与信息化融合的重要手段。通过建构网络平台，可以实现各部门的信息整合，帮助建设高效率城镇，避免在城镇化进程中走弯路。

其一，信息化促进生产方式的变革，坚实城镇化产业基础。生产方式随着人类社会的变迁而发展，即不同时代下不同的生产活动都形成了差别化的生产方式。传统以大批量生产的加工生产模式，正逐渐向小批量定制发展，信息化作为一种先进的生产力，给生产方式带来了巨大变革。劳动者既要支出体力也要支出智力，大量劳动者从事信息活动，如"互联网＋"催生出"大众创业、万众创新"的新高潮，为城镇化打下了坚实的产业基础。

其二，信息化优化了城镇资源配置。传统的城镇资源管理上，卫生、医疗、教育、社会保障等社会资源呈现出分散运作的模式，难以实现集中管理。网络等信息技术的运用有效地解决了社会资源因时空限制而存在的分散和集中的矛盾。另外，通过构建网络平台，可以有效提高公共资源的优化配置，并不断提升效率，为提高中国特色新型城镇化的服务水平奠定了基础。

其三，信息化提升城镇的政务水平。国务院于2015年9月发布的《关于促进大数据发展的行动纲要》，详细规定了我国政府大数据的开放时间。公开政府大数据是电子政务数据化转向的前提，是打造智慧政府生态圈的基础。通过信息化技术，政府不断丰富服务内容，改进服务手段，提高服务能力和质量，进而彰显新型城镇化建设"以人为本"的发展理念。

其四，信息化发展推动了智慧城市建设。信息化时代，中国特色城镇化建设向着更高级的智慧城市发展。智慧城市运用信息化手段和互联网技术，对城市的管理和运行进行整体规划设计[1]，是信息化与城镇化结

---

[1] 李建明：《智慧城市发展综述》，《中国电子科学研究院学报》2014年第3期。

合的时代性产物,具备发散与聚合的新特征。与传统的静态聚合相区别,智慧城市是一种更利于知识和技术传播的动态聚合,旨在结合新科技的基础上,整合重组信息并最大化其利用效果。信息在社会中的作用日趋重要,智慧城市已经成为世界上众多国家的共识,这些国家纷纷出台智慧城市规划战略,以期占领信息基础产业的制高点。

(二)中国特色城镇化生态伦理传统研究方式的弊端

中国特色城镇化生态伦理建设研究要想充分发挥其现实指导性作用,快速转化为积极成果,就需要改善其推广和管理的陈旧模式。随着网络时代的到来,信息化要求不断提高,中国特色城镇化生态伦理建设传统研究方式的弊端逐渐暴露出来,总体来说,存在以下几点不足。

其一,研究成果多为纸质资料,难以保存、翻阅和检索。早期的资料管理方式多为档案式管理,即运用书写、印刷等形式记录研究成果、总结发展经验等,这种方式需要占用较大的空间来专门保存档案资料,消耗大量的人力资源整理材料,也为资料的利用带来了很多障碍。此外,纸质资料很容易出现信息重复问题,即相同的信息在多个不同的机构和部门重复保存,造成资源浪费。如果有人需要查找相关资料,必须首先明确资料的归属单位,然后到相应部门自行查找翻阅。这种方式耗费大量的人力、物力、财力,不利于中国特色城镇化生态伦理建设研究的推进。

其二,各部门机构各自规划,缺少统筹管理,信息孤岛现象严重。随着互联网运用范围不断扩大,许多部门建立了电子数据,从事中国特色城镇化生态伦理建设研究的单位包括高校、科研机构、各地区规划办、企事业单位等。其中高校是独立的教学单位,科研机构是独立的研究机构,各地区规划办属于政府的职能部门,企业属于生产机构,实际上它们之间的联系并不紧密。尽管网络能够满足信息的开放和共享,实现数据的流通,但深入来看,仍然迫切需要研发统一的信息网络互动平台,用以将各机构和部门的数据整合起来,实现数据的精细挖掘。①

其三,在总结和推广城镇化建设中处理生态问题的成功经验时发现,

---

① 刘国斌、王轩:《基于信息化建设的新型城镇化发展研究——以吉林省为例》,《情报科学》2014年第4期。

传统传播方式的速度、广度和精细度明显不足，导致许多优秀做法无法得到快速传播。中国特色城镇化生态伦理建设研究，既要研究问题、总结教训，也要荟萃成功经验、广泛传播，因此需要及时总结当前在中国特色城镇化生态伦理建设中的优秀做法。我国的新型城镇化建设进程中存在发展方式方法的选择和创新的问题，而选择方式方法的重要参考基础就在于正确的信息，即需要各地区城镇化建设的相关部门及时与学术界和社会交流发展诉求、难题、困惑等，听取各界的合理建议，因而，这就需要有良好的沟通平台，实现多方的互动沟通。

（三）中国特色城镇化与生态伦理交互信息平台研究存在不足

1. 城镇化建设中信息技术应用水平相较于发达国家差距较大

从《2016年全球信息技术报告》来看，就信息通信技术发展状况而言，中国处于第59位。"全球信息技术报告"是世界经济论坛发布的重要年度报告之一，共设有环境、就绪程度、使用情况和影响力等四大类评价指标。报告显示，世界各国在发展和应用信息及通信技术上的差距正在进一步扩大，排名前10%的国家进步幅度是后10%的两倍。也就是说，随着科学技术的进步，技术对各国经济影响上的鸿沟正在不断扩大，由图7-1可见，亚洲国家城镇化建设中的信息技术应用水平相较于经济发达国家还有较大差距。从国际研究前沿分析看，开展城镇化与生态环境交互效应的研究，已经成为国际上现代性研究和可持续发展研究的热点与前沿领域。2009年IBM公司为避免城镇化进程出现的种种弊端，提出了智慧城市的概念，意在使用信息化、智能化手段，推进城市中包括交通、建设、居住、医疗、环保等各方面、多层次、宽领域的智慧化发展，在绿色发展理念指导下，通过高科技、高创新的技术手段，破解城市可持续发展过程中面临的问题和困境。欧盟一直致力于在推动区域和城市发展过程中融入智慧发展理念，尤其是信息和通信技术对社会文化的智慧化影响。因此，加强中国特色城镇化生态伦理网络平台研究是大势所趋。

2. 城镇化与生态伦理交互信息平台研究关注度尚且不足

随着信息科学技术的迅猛发展，物联网、云计算、大数据分析等相关技术也不断发展和应用。目前，城镇化建设与信息网络发展相互影响且发生交互作用，对二者的相关研究也集中在智慧城市建设方面。智慧

1.1: The Networked Readiness Index 2016

Figure 6: Time trends for individual, business, and government usage, 2012-16

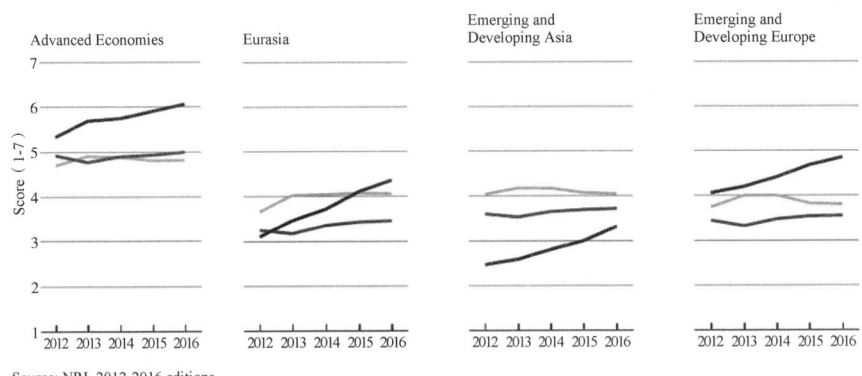

图 7-1　个体企业和政府使用信息技术的趋势

资料来源：2016 年全球信息技术报告。www3. weforum. org/docs/GITR2016/GITR_2016_full%20report_final. pdf。

城市建设是通过一系列信息化、智能化的现代科技手段，促进城市设计、城市建设、城市交通、城市居住、城市医疗、城市环保等方面的智慧化发展，在绿色发展理念的指导下，运用相关的技术手段，来解决城镇化过程中所出现的问题，智慧城市建设系统是一套庞大的科学的城市管理、运维体系。然而，专门针对应对城镇化与生态伦理交互效应的网络信息平台建设的研究尚且不足。而且我国传统的城镇化生态伦理研究方式也存在不少弊端，例如：研究成果多为纸质资料，难以保存、翻阅和检索；各部门机构各自规划，缺少统筹管理，信息孤岛现象严重；传统管理方式缺乏信息化和自动化，无法实现精确管理和标准化操作。中国特色城镇化生态伦理研究要想充分发挥其理论指导实践的作用，快速转化为成果，就需要改善其推广和管理模式。因此，建立一个大数据共享、多领域交叉互动的城镇化生态伦理信息网络平台具有现实意义。

二　中国特色城镇化生态伦理信息网络平台创建的可行性

（一）信息技术创新为城镇化生态伦理网络平台构建提供技术保障

习近平总书记指出："必须坚持科技是第一生产力、人才是第一资源、创新是第一动力,深入实施科教兴国战略、人才强国战略、创新驱动发展战略,开辟发展新领域新赛道,不断塑造发展新动能新优势。"[1]新型工业化、信息化、城镇化、农业现代化的发展过程正是彼此相互影响、相互渗透、相互作用的过程。信息化是城镇化建设过程中不可或缺的重要平台和技术支撑。在传统的城镇资源管理上,卫生、医疗、教育、社会保障等社会资源呈现出分散运作的模式,难以实现集中管理。互联网等信息技术的运用则有效解决了分散和集中的矛盾,大大提高了公共资源的服务能力和效率,为构建城镇化生态伦理信息网络平台提供了技术保障。

(二)"互联网+"行动计划为城镇化生态伦理网络平台建设提供了政策红利

国务院于2015年制定实施《关于积极推进"互联网+"行动的指导意见》,强调加快推动互联网与各领域的深入融合和创新发展,提出打造"互联网+绿色生态"模式、建设绿色智慧城市、推动我国美丽城市建设的全新思路。"互联网+"是互联网思维在新时代多行业的实践成果,它代表着先进生产力的发展方向,将信息技术的创新成果渗透、融入经济社会的方方面面,在创新力和社会生产力不断提升的基础上,"形成更广泛的以互联网为基础设施和实现工具的经济发展新形态"[2]。习近平指出:"发展必须是科学发展,必须坚定不移贯彻创新、协调、绿色、开放、共享的发展理念。"[3]"创新、协调、绿色、开放、共享"新发展理念,为中国特色社会主义城镇化发展赋予了新的内涵,为城镇化生态伦理建设提出了新的要求。利用"互联网+"现代信息技术将生态伦理概念引入新型城镇化建设的目标,就要理解和把握好国务院发布的《促进大数据发展行动纲要》《关于积极推进"互联网+"行动的指导意见》等文件的指导精神,创新运用云计算、物联网、移动互联网、智能终端、移动

---

[1] 习近平:《高举中国特色社会主义伟大旗帜　为全面建设社会主义现代化国家而团结奋斗——在中国共产党第二十次全国代表大会上的报告》,人民出版社2022年版,第33页。

[2] 朱宏斌:《"互联网+"背景下的广西城镇化与信息化的融合发展》,《广西城镇建设》2015年第12期。

[3] 习近平:《决胜全面建成小康社会　夺取新时代中国特色社会主义伟大胜利——在中国共产党第十九次全国代表大会上的报告》,人民出版社2017年版,第21页。

App 等高新科技，实现城乡格局规划、市政基础设施建设与安全运行、城市公共信息平台、便民服务和产业发展等方面的紧密结合，推动建设以智能化管理为手段的资源节约型、环境友好型城市。

（三）手机智能终端的高普及率和利用率为城镇化生态伦理网络平台的民众参与奠定了基础

中国互联网络信息中心（CNNIC）发布的第 50 次《中国互联网络发展状况统计报告》显示，截至 2022 年 6 月，我国网民规模达 10.51 亿，互联网普及率达到 74.4%。报告显示，较 2021 年 12 月新增网民 1919 万人。其中，网民使用手机上网的规模达 99.6%。[①] 移动互联网正在向生产生活领域深度渗透，大数据、云计算、物联网、移动互联网等技术，距离普通人的生活也越来越近。各类手机智能终端的普及和使用，如滴滴打车、帮帮公交等，大量以城市节能环保为主题的 App 也在陆续研发上市，手机软件开发技术的飞速发展在深刻地变革着人、信息技术、社会经济之间的关系，信息化将城市发展向着智能化、服务化、人性化、环保化的方向推进，城镇化进程在不断革新的信息化生活方式中逐步从"集约型"向"内涵型"发展。手机智能终端的普及和利用虽没有形成一个完整的生态环保网络体系，但是为加强城镇化生态伦理网络平台的民众参与奠定了基础，同时也有利于构建城镇化生态伦理网络平台进行行业数据的搜集和整合。

第二节 中国特色城镇化生态伦理信息网络平台创建的目标和原则

中国特色城镇化生态伦理信息网络平台的创建并非对中国特色城镇化生态伦理传统研究积弊的简单应对，也并非"互联网+"时代、信息化时代背景下与城镇化问题研究的简单相加生硬结合的产物。作为一项新事物，它符合事物发展的客观规律和前进趋势，具有强大的生命力，彰显了明确目标导向与鲜明原则的统一。

---

① 《第 50 次中国互联网络发展状况统计报告》，2022 年 8 月 31 日，中国互联网络信息中心（http://www.cnnic.net.cn/n4/2022/0914/c88-10226.html）。

一　中国特色城镇化生态伦理信息网络平台创建的指导目标

本平台目标是构建中国特色城镇化生态伦理研究网络平台，为中国特色城镇化生态建设提供伦理学研究维度的网络平台，提供相关理论研究成果和经验总结交流网络平台，提供中国特色城镇化生态伦理思想理论、制度安排、政策宣传和互动交流的网络平台，运用高新信息网络技术和信息资源优势，推动中国特色城镇化生态建设健康发展。此外，访问者可以通过登录网络平台加强对中国特色城镇化生态伦理的认知；各地区政府部门可以通过该网络平台进行沟通交流，从中获得其他城镇的优秀做法和先进经验，避免自身在新型城镇化推进过程中走弯路。此外，所有的访问人员可以通过该平台反馈自己的意见、分享好的做法、加深理论研究和实际应用的深度和广度等等。

二　中国特色城镇化生态伦理信息网络平台创建的设计原则

中国特色城镇化生态伦理研究网络平台不是简单地堆砌理论资料，或者简单的内容链接，而是具有多重功能的研究型网站平台，能够实现信息的检索、上传、下载、互动交流等功能，其目的是为访问者深入学习、研讨中国特色城镇化生态伦理建设提供必要的参与、引导、管理等多方面的技术。该网络平台能够填补目前中国特色城镇化生态伦理研究技术性较弱的缺陷。中国特色城镇化生态伦理研究网络平台提供文字、图片、表格、音频、视频等多种资料，设计专家解读专栏帮助抽象理论通俗化，突出重点栏目，给访问者创造互动交流平台，激发他们参与到中国特色城镇化生态伦理研究的学习和实践当中。具体来说，中国特色城镇化生态伦理信息网络平台创建应该遵循以下原则。

（一）知识传播和交流互动并重原则

中国特色城镇化生态伦理研究网络平台要体现出传播城镇化建设知识和生态知识这一意图，按照知识体系的内在逻辑结构，科学梳理分类，丰富网络平台的模块内容，增强理论知识的深度和广度。此外，除了满足知识性要求，还要结合受众的个人需求，注重网络平台的互动性开发。中国特色城镇化生态伦理信息网络平台为城镇化建设的各地区、关注城镇化建设的个人提供了理想的虚拟平台，所以该平台应该充分发挥这一优势，提供有利于区域合作交流的互动场域。互动活动是包含理论研究和实践操作为一体的群体性沟通、交流手段，以参与者为主体，借助专家解读、线上讲座、在线答疑、网络留言等方式为网络平台的参与者提供合作交流的平台。

（二）理论研究和实践指导兼具原则

传统的理论研究网站侧重于理论学习和知识灌输，缺乏实践性。中国特色城镇化生态伦理研究网络平台的特色之一是注重理论联系实际，关注理论的实际操作性和指导实践的功能。因此，设计该平台时，应遵从理论与实践并重的原则，注重如何把枯燥乏味、抽象难懂的理论转化成简洁易懂、容易接受的现实案例，照顾到不同地域的操作性需求。该网络平台应该注重各地区实施经验的积累，分类整合呈现于网上，方便其他地区操作人员掌控和利用。

（三）通俗易懂与易于操作兼备

城镇化的过程可能会牵涉许多学科，如经济学、地理学、历史学、土木工程、环境工程、公共卫生、管理学等，对中国特色城镇化生态伦理的研究也需要结合这些内容，网络信息平台会包括多学科交叉的内容和机制；但由于平台并不仅仅面向研究者，也面对非专业的受众，例如政府官员、企业管理者和普通大众，因此，网络平台的设计应当坚持易操作性原则。

（四）政府主导与企业居民有效参与相统一的原则

中国特色城镇化生态伦理信息网络平台因科技含量高、投入成本大等因素决定了创建开发、维护管理必须要由政府主导完成。政府主导并不意味着居民在整个信息网络平台的管理维护中始终处于弱势地位，该信息网络平台创建的重要目标之一即为提高中国特色新型城镇化过程中政府的服务和管理水平，服务和管理的主客体关系决定了该信息网络平台必然要涉及企业和普通居民的有效参与。因此，中国特色城镇化生态伦理信息网络平台的创建必然要遵循政府主导与居民有效参与相统一的原则，更大程度地实现政府与企业、居民的互动。

第三节　中国特色城镇化生态伦理信息网络平台的模拟创设

利用"互联网＋"等新兴手段，融合信息技术与城镇化生态伦理，创设中国特色城镇化生态伦理信息网络平台，对有效促进中国特色城镇化生态伦理建设研究的互动交流，推动美丽中国建设，实现发展是为了人自身这一真正目的，具有积极价值。

一 中国特色城镇化生态伦理信息网络平台的框架结构

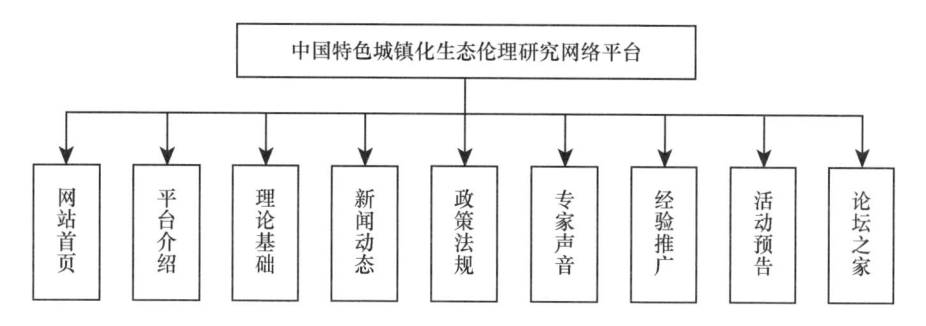

中国特色城镇化生态伦理研究网络平台的框架结构包括：网站首页、平台介绍、理论基础、新闻动态、政策法规、专家声音、经验推广、视频新闻、网上讨论。其中，网站首页是该网络平台的入口页面，用来引导浏览者访问平台的其他内容；平台介绍模块主要介绍该网络平台的宗旨、目的以及相关联系方式；理论基础模块涉及网络平台研究的理论部分内容，包括中西方城镇化生态伦理思想的相关内容、中国特色新型城镇化生态伦理建设研究的理论成果和实践经验等；新闻动态模块主要是发布国家关于中国特色新型城镇化生态伦理的最新报道；政策法规模块主要是发布国家有关中国特色新型城镇化生态伦理制定的相应法律、法规和政策措施；专家声音模块是邀请一些著名的专家学者对中国特色新型城镇化生态伦理理论进行解读，对国家出台的相应政策措施和法律规范进行深入分析；经验推广模块主要是发布各地城镇化发展动态，同时总结经验成果传播推广；视频新闻模块提供相关视频信息的下载和播放；网上讨论模块是为广大受众提供沟通交流平台。网站平台的框架结构示意图见图7-2。

图7-2 中国特色城镇化生态伦理研究网络平台

二 中国特色城镇化生态伦理信息网络平台设计的机制保障

随着城镇化的加速发展，各地政府将城镇化建设的质量列为重要目标。尤其是大数据时代，改善城市公共服务和生活质量，进行科学详细的城市格局规划，必须基于大数据分析，应用智能信息科技，才能使城市管理具有高效性与创新性。当前，智慧城市概念越来越深入人心。智慧城市不仅是数字化和网络化的象征，更是人的城市，使生活在城市里的人拥有归属感、安全感、幸福感，其发展过程充分考虑绿色可持续的发展目标，通过资源互通、信息共享的方式平衡利益各方，而不是孤立解决问题。智慧城市的建设和运行方式，大大区别于传统的"自上而下"模式，变得更为开放。运用"互联网+大数据"创建信息互动平台，为下一阶段智慧城市转型升级提供新思路，公开、透明的管理体系在鼓励创新的同时，也给智慧城市发展创造了更多机会。这种开放的模式也让更多市民及社会利益相关方共同推进中国特色新型城镇化建设。

（一）建立相应的评估机制

在智慧城市建设过程中，互联网、云计算等关键信息设施的建设是基础，政府在前期需要加大对宽带网络和云计算中心等设施的投入。事实上，有没有相关法律的支持，以及监管框架的态度等，都会对本国的智慧城市发展起到支持或者阻碍作用。对于构建中国特色城镇化生态伦理信息网络平台来说，建立相应的评估机制是关键。一是要评估信息安全。评估中国特色城镇化生态伦理信息网络平台是否对数据、信息做好了相应的安全工作，尤其是为了保护知识产权、数据、资料等，要评估好安全测试水平及其与服务中心建设的情况。二是要评估构建和使用中国特色城镇化生态伦理信息网络平台中是否有存在网络犯罪等情况的可能，评估会造成网络犯罪的可能性，如利用信息网络平台上的资料、数据进行违法犯罪，最大限度地规避风险。三是要评估基础设施的建设水平，如中国特色城镇化生态伦理相关内容数据存储率、数据的交换共享率、无涉密的数据开放率、基础数据库建成率等等。

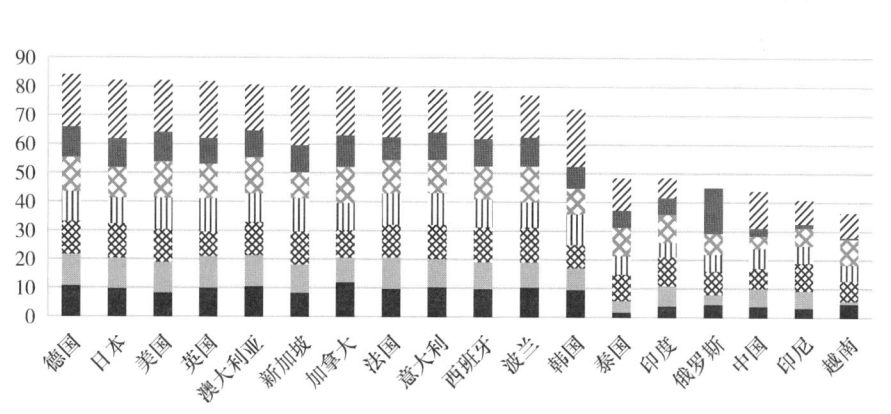

图 7-3 2018 年全球云计算评分

数据来源：2018 BSA Global Cloud Computing Scorecard。

（二）建立相关的辅助激励机制

保障中国特色城镇化生态伦理信息网络平台平稳运行，必须制定相关的辅助政策。以日本为例，通过完善的法律法规，对本国云计算产业展开大力扶持。据相关研究显示，日本连续数年在云计算部署方面处于世界领先位置，很大程度上离不开相关政策的大力支持。就中国而言，尽管近年来云计算排名有所提升，但与发达国家相比仍有很大差距，相信未来对相关信息技术和基础设施建设的支持政策红利将不断释放。同样，制定中国特色城镇化生态伦理信息网络平台的辅助政策具有重要意义，如线上线下的良好互动就是最具活力的发展形式之一，是促进生态文明建设的新亮点，使生态环保研究与技术真正能深入现实中，成为保护环境的科学方法，增强环境保护的新动力、服务生态建设。

（三）建立公众参与激励机制

完善公众参与机制，提高公众参与的积极性、主动性、创造性。通过大数据、云管理平台，每个人都可以参与到环境保护的具体行动、具体流程中，进而开展自愿自觉的环保行为，如对环境污染的行为进行监督举报，相关部门根据举报信息及时将处理意见反馈给举报人，并按照规定给予举报人相应的"绿色积分"。建立公众参与激励机制，要将具体的实施操作落实到位，具体步骤如下：首先，运用平台的检索系统确定团队候选人；其次，通过平台留言、电子邮件、即时通信、电话、会面等方式将任务发布给候选人；再次，候选人组建小组完成所接受的任务；最后，平台根据候选人完成任务的情况，任务的属性和难度等，按照评价标准进行评价并给予"绿色积分"。"绿色积分"与国家相关政策挂钩，比如消费税的减免等。还可以与政府的其他政策挂钩，如规定公民的公众参与"绿色积分"达到一定程度，可以享受子女教育、医疗保障、劳动保障等与个人生活息息相关的优惠政策，让公众体会到服务社会、社会反馈公众的幸福感，提高公众参与的积极性。[①]

（四）建立相应的融资机制

发展绿色融资模式，组合社会资本解决城镇化进程中的生态伦理危机。智慧城市建设是复杂的系统工程，往往伴随大量的资金投入，单靠公众参与的个体力量是远远不够的，需要社会资本的广泛参与。融资问题是智慧城市推进所面临的最大挑战之一，也是构建中国特色城镇化生态伦理信息网络平台的关键。世界各地智慧城市项目中使用的金融工具包括：绿色债券、节能绩效保证合约（ESPC）、税收增量融资（TIF）以及众筹等形式。

表7-1　　　　　　部分国家智慧城市建设投融资模式一览

投融资模式	应用说明	建设活动范例	城市
PPP	公司合作伙伴关系，长期风险由私营部门分摊	公共自行车建筑节能	巴黎、伦敦、巴塞罗那、哥本哈根、柏林、巴黎
金融和税收优惠政策	法律规定绿色项目可获得更高补贴；基础设施信贷担保基金（ICGF）提供信贷担保	绿色增长五年行动计划，鼓励智慧城市基础设施PPP筹资	韩国
绿色债券	固定收益证券，作为政府工具来划拨缓和气候变化资金	为低碳、气候适应性经济的项目筹资	芝加哥

---

① 刘国斌、王轩：《基于信息化建设的新型城镇化发展研究——以吉林省为例》，《情报科学》2014年第4期。

续表

投融资模式	应用说明	建设活动范例	城市
节能绩效保证合约（ESPC）	初始资本由金融界提供，从累计能源节约中向投资者支付回报	服务由能源服务公司（ESCO）提供，能源效率改造城市排放量下降	休斯敦
税收增量融资（TIF）	经济发展工具	城市为资本改良制定TIF区域，将未来物业税收收入增加额保留，用于支付基础设施投资等	美国、加拿大
众筹	潜在的智慧城市筹资机制，克服财政障碍限制	社区众筹模式，支持城市可再生能源项目	芝加哥

资料来源：C40最佳实践项目，《绿色城市基础设施筹资》，海通证券研究所。

从欧盟的经验来看，其融资模式不是一个专项基金对应城市的某个建设项目，而是开发了专门用于某一类智慧城市功能建设的预算资金和私人投资补充工具，进而使得其在有效利用各类金融资源方面有更大的选择组合范围和灵活性，并通过多种资金调度工具，确保环境保护和能源有效利用，如2014—2020年企业和中小型企业竞争力计划（COSME）、智能能源欧洲（IEE）、带领欧洲实现智慧、可持续及包容性的"地平线2020"研究资助计划、欧洲地方能源援助（ELENA）、欧洲能源效率基金（EEEF）、为提高能源效率规划的深绿平台、可持续投资城市区域基金（JESSICA）等。[①] 因此，保障中国特色城镇化生态伦理信息网络平台的长久运行，也要建构相应的投融资模式，模式一：政府独自投资建设和运用，负责信息网络互动平台的投资、建设、维护。在这种模式下，政府跳过运营商，利用自己的资金和技术对生态建设进行整体规划、独立投资以及后期运维，或者政府将设计、建设、运营等业务外包给其他公司。模式二：政府作为主导方和发起人，统一规划整体项目，承担前期的投融资工作以及基础设施的建设，并制定相关的政策、法律规则，营造平

---

① 《"十三五"规划系列深度报告之一：新型城镇化发展正当时，关注智慧城市民生大数据应用》，海通证券，2015年10月21日。

台的良好环境，而运营方在工程开始后作为承建的一方全面参与，利用自身优势在政府的支持下进行后期工作。这里，政府仅提供政策指引和部分资金，运营方要承担主要的资金筹集和建设工作。这一模式鼓励政府和企业的互动与合作关系，共同投资构建中国特色城镇化生态信息网络平台。

第四节　中国特色城镇化生态伦理信息网络平台创建的生态环境监管体制

党的十九大报告在有关改革生态环境监管体制时指出："加强对生态文明建设的总体设计和组织领导，设立国有自然资源资产管理和自然生态监管机构，完善生态环境管理制度，统一行使全民所有自然资源资产所有者职责，统一行使所有国土空间用途管制和生态保护修复职责，统一行使监管城乡各类污染排放和行政执法职责。"[①] 党的二十大报告指出："全面实行排污许可制，健全现代环境治理体系。严密防控环境风险。深入推进中央生态环境保护督察。"[②] 这就为构建中国特色城镇化生态伦理信息网络平台生态环境监管体制提供了基本遵循。对此，我们要进一步明确构建信息网络平台生态环境监管体制的路径与机制。

一　信息网络平台生态环境监管体制的创建路径

中国特色城镇化生态伦理信息网络平台生态环境监管体制内在包含了五大方面的内容，前提在于制度法规体系的批量导入，为整个监管体制提供制度层面的保障；基础工作在于平台操作者的权威、规范，在政府主导监管作用下，中央和地方政府有关部门入驻该信息网络平台；3S技术的广泛运用为该平台进行生态环境监管提供了精准技术支撑；信息发布技术的引入，有助于生态环保知识深入人心；而惩戒措施的引入，

---

① 习近平：《决胜全面建成小康社会　夺取新时代中国特色社会主义伟大胜利——在中国共产党第十九次全国代表大会上的报告》，人民出版社2017年版，第52页。

② 习近平：《高举中国特色社会主义伟大旗帜　为全面建设社会主义现代化国家而团结奋斗——在中国共产党第二十次全国代表大会上的报告》，人民出版社2022年版，第51页。

则为该平台的生态环境监管体制的整体运行提供了发展新动力,在理论与实践的互动关系中,实现中国特色城镇化生态伦理信息网络平台生态环境监管体制的高效、协调运转,具体如下。

(一) 制定生态环境制度体系并批量导入信息网络平台

制度保障是生态环境保护的重要外部推动力,应着力补充、完善相应的生态制度体系,并将其整体批量导入中国特色城镇化信息网络平台,从而使得生态环境监管有章可循。可以说,生态环境制度体系的导入是建构信息网络平台监管体制的大前提,没有相应的制度体系作为实施依据,生态环境监管操作与运行将无以为继。从宏观上来看,生态环境制度体系包括自然资源资产产权制度、自然资源源头保护制度、国土空间保护制度、生态环境损害赔偿制度、生态环境终身责任追究制度、生态环境治理生态环境修复制度、污染排放许可制度、政府官员生态政绩考核制度等等。在上述制度体系批量导入后,整个生态环境监管将有着明确的执法标准。

(二) 权责界限厘清的基础上,中央与地方政府部门人员进驻平台、协调分工

中央与地方政府部门人员进驻平台是建构信息网络平台监管体制中的重要基础工作,权责分明、归属清晰、分工明确的监管力量是监管体制的根本保障。该信息网络平台的创建是基于政府庞大的资金和优厚的政策之上的,政府部门人员的入驻合乎情理。作为该信息网络平台创建的主导力量,政府人员进驻平台是平台能够长久运行的重要保障。在生态环境监管的问题上,"监管职能、执法主体和监管力量的分散,以及缺乏系统性的协调机制,使得生态环境监管难以到位,弱化了生态环境行政监管的能力"[1]。中央与地方环保部门很大程度上存在权责不明确、职能界定模糊等问题,从而造成了生态环境监管的不到位、生态问题的严重性加深。为此,需要在该信息网络平台投入使用之际,合理划分中央与地方政府部门的生态环境管理监管的权力,涉及多地区的、危害较大、程度较深的环境问题由中央政府统管,地域性的问题则由地方政府自行管理。

---

[1] 曾贤刚、魏国强:《生态环境监管制度的问题与对策研究》,《环境保护》2015 年第 11 期。

(三)以 3S 技术为依托,利用信息网络平台对各地区生态环境实施精准监测

融合利用 3S 技术,实施精准监测是中国特色城镇化生态伦理信息网络平台生态环境监管体制的重要内容。作为信息技术与新型城镇化生态伦理相互交融形成的新兴事物,中国特色城镇化生态伦理信息网络平台充分利用 3S 技术,即遥感(Remote Sensing)、全球定位系统 GPS(Global Position System)和地理信息系统(Geographic Information System),实现对各区域、各流域、各领域生态环境信息的采集、处理、管理、分析。与传统监管手段相比,3S 技术突破了时间和空间的全部障碍,改进了以往生态环境监管范围小、精确值低的问题,为后续生态环保信息发布、服务、推送提供了保障。

(四)政府部门以生态环境体系为基准,以监测数据信息为依据,进行生态环保信息发布、信息推送

生态环保信息发布、服务、推送是整个信息网络平台生态环境监管体制的着力点。因信息发布兼顾权威性、时效性、准确性等要求,所以这个环节需要采用中国特色城镇化信息网络平台特有的信息发布技术加以完成。信息发布技术,它的优点在于主动服务,变"人找信息"为"信息找人",通过多种途径将信息传递给特定企事业单位和人群,减少信息传递的时间,提高效率。具体方式包括两种:一种是 RSS 订阅,这种方式有利于特定企事业单位和人群主动发现网站内容更新。通过 RSS 工具,用户不用打开页面就可以阅读网站内容。中国特色城镇化信息网络平台提供基于主题和基于关键词两种 RSS 订阅方式。前者由网站栏目自动生成 RSS 内容,后者是用户根据自己所需选择关键词订阅。另一种方式是邮箱订阅。即中国特色城镇化信息网络平台后台维护人员根据用户的关键字选择,将相关环保信息制作成邮件、期刊定期发送至用户信箱,方便他们及时了解最新环保动态。

(五)利用网络对违反生态保护红线的特定政府、企业、居民实施问责、惩处以及终身责任追究

对于政府、企业、居民这三个层面中的生态伦理失范行为,需要引入惩戒来加以矫正。对于违反生态保护红线的政府、企业、居民实施问责、惩处以及终身责任追究是中国特色城镇化生态伦理信息网络平台生

态环境监管体制实施的最后环节,是对已经造成生态环境破坏事实的补救措施。这种补救措施也是对生态环境监管这一措施形成倒逼机制,提高了环境破坏违法违规的成本,同时也对政府环境执法能力建设提出了更高的标准,对部分违法排污、破坏生态的企业、居民个人提出了更高的要求。在中国特色城镇化生态伦理信息网络平台中,城镇化生态伦理建设的理念原则、制度规范、法律法规一应俱全。同时,辅之以科学制定的政府官员生态绩效考核等规定,为惩戒措施的引入提供制度保障。

二 信息网络平台生态环境监管体制的创建机制

中国特色城镇化生态伦理信息网络平台生态环境监管机制的构建是对该平台自身生态环境监管体制的说明与完善,最终目的在于更好发挥这一信息网络平台的最大效用,实现生态环境监管与生态环境保护的高度契合,有必要进一步明确其建构机制,保障信息网络平台生态环境监管体制的建构和完善。

(一) 生态环境承载能力监测预警机制

生态环境承载能力监测预警机制是指在信息网络平台中确定各区域、各流域、各领域资源环境承载能力的基础上,根据科学的监测预警指标体系,建立资源环境预警数据库,定期编制资源环境承载能力监测预警报告,进而对超过资源消耗和环境容量的地区实施预警提醒。预警机制的引入,充分发挥中国特色城镇化生态伦理信息网络平台的高新科技性、安全性、人文性。当然,科学技术只有应用于人类生产生活的方方面面,方可变为高效的生产力。实施监测预警机制,前提是建立在该信息网络平台的3S技术,关键在于信息的有效整合,核心目的在于更好地提升政府服务和管理水平。在信息化水平不断攀升的今天,传统的监测预警方式已无法满足现实需要,必然要通过互联网+、大数据等方式方法来对生态环境监管提供有效帮助,缺少了以高新技术为支撑的监测预警,精准高效的生态环境监管将成为一句空话。

(二) 企业与居民的多元参与机制

企业与居民的多元参与机制是指在市场作用下,政府主导生态环境监管作用,发挥企业和居民个体的积极性和自我约束作用,共同参与生态环境监督的方式。中国特色城镇化推进、中国特色城镇化生态伦理建设以及中国特色城镇化生态伦理信息网络平台的创建这三项实践活动并非政府单方面的活动，而是在政府主导，企业、居民广泛参与的情况下生成的。与此同时，在中国特色新型城镇化推进过程中，政府、企业、居民具备看似不同实则相通的生态责任，只有在政府、企业、居民个人均无生态伦理失范行为的基础上，中国特色城镇化生态伦理建设才能够健康永续发展。为此，要通过不断加强生态环境监管的宣传教育、完善相关法律法规、加强生态环境监管信息曝光度等方式，来进一步提升企业和居民参与生态环境监管的积极性。在合理运用中国特色城镇化生态伦理信息网络平台这一基础上，进一步提升企业和居民个体在生态环境监管中的参与度，具有较强的积极意义。

（三）生态环境监管多部门联动机制

生态环境监管多部门联动机制是指通过整合分散在政府各部门有关生态环境监管的职权，从而形成生态环境监管最大合力，促进信息网络平台生态环境监管产生最大积极效应的方式方法。现今时代，生态环境监管并非环保部门的专属工作，涉及生态环境监管的部门众多，例如，自然资源管理、生态环境保护分属不同职能部门主管，造成生态环境监管不能有效形成合力。因为自然资源与生态环境存在不可分割的密切联系，加之国有自然资源资产管理和自然生态监管机构尚未完全成立，部门的联动就显得分外重要。部门联动生态环境监管并非简单的部门暂时合并办公、联合执法，而是要清楚认知自然资源资产的公有性质，创新自然资源产权制度，落实自然资源所有权和监管职责，最终实现自然资源管理与生态环境保护的高度统一。

（四）激励与约束并举机制

生态环境监管激励与约束并举机制是指基于中国特色城镇化生态伦理信息网络平台，做好生态监管后的奖励和惩戒工作，坚持从生态破坏源头出发、严格生态环境监管过程、生态破坏责任必究等原则，形成对实践活动主体的保障、促进和规范、约束的作用，最终实现生态监管制度化、常态化。生态环境监管激励与约束并举机制在某种程度上构建了绿色发展、低碳发展、循环发展的利益导向制度。符合绿色发展、低碳发展、循环发展的实践主体将会得到物质奖励或精神鼓励，从而激发实现绿色发展、低碳发展、循环发展的积极性；而违背绿色发展、低碳发展、循环发展的实践主体将会受到惩处，进而反向推动其向绿色发展、低碳发展、循环发展。在激励与约束并举的情况下，生态环境监管将呈现出风清气正的风貌。

（五）生态环境监管考评机制

生态环境监管考评机制是指基于中国特色城镇化生态伦理信息网络平台，在生态环境监管的整个过程中，以明确的政府官员生态政绩考核指标体系为依据，以完善的政绩考核方法为指导，将生态政绩考核结果与政府部门考核、官员任免相挂钩的方式。生态环境监管考评机制实质上为一种倒逼机制，生态环境监管是一项系统整体、循环闭合的实践工程，而非简单、单向度的实践活动，缺少生态环境监管考评，生态环境的监管一定程度上会沦落为一种简单、机械的运动，更为夸张的是，沦为极少数政府官员钓鱼执法的工具。考评机制的引入是对于人们优美生态环境需要的机制层面满足，同时也是社会治理体系与治理能力现代化的高度显现。因此，落实好生态环境监管考评机制有助于推动政府相关部门、官员发挥出自身的主观能动性，落实生态环境的责任、提升生态环境的监管水平。

本章小结

中国特色城镇化生态伦理信息网络平台的创建是信息化高速发展的应然表现，是高新信息网络技术和信息资源优势与城镇化生态伦理的有机结合，其创建符合事物发展的客观规律和前进趋势，对于推动中国特色新型城镇化生态建设的健康永续发展具有积极价值。因此，我们将利用"互联网+"等新兴手段，融合信息技术与城镇化生态伦理，模拟创设中国特色城镇化生态伦理信息网络平台，其框架结构主要包括：网站首页、平台介绍、理论基础、新闻动态、政策法规、专家声音、经验推广、视频新闻、网上讨论，并采取相应的体制、机制予以保障和监管。在中国特色城镇化生态伦理信息网络平台良性运转的基础上，大数据将会更多、更广、更深地影响人们生活的方方面面。随着中国特色城镇化不断深入，以人民为中心的、系统整体的、生态人生活范式的智慧城市必然在不久的将来得以建立。

第 八 章

基于大数据的新型智慧生态城镇建设

习近平总书记在党的二十大报告中指出："坚持人民城市人民建、人民城市为人民，提高城市规划、建设、治理水平，加快转变超大特大城市发展方式，实施城市更新行动，加强城市基础设施建设，打造宜居、韧性、智慧城市。"[①] 新型智慧生态城镇是根据中国特色城镇化生态伦理建设的理念原则与制度规范构想的中国特色城镇发展方向，是大数据集成背景下智慧城镇模式与生态城镇模式的结合，在创设网络平台的基础上运作，集信息、智慧、生态于一体，不仅追求生活的智能化、现代化与信息化，更追求居民、城镇和生态的和谐发展。基于大数据的智慧生态城镇建设坚持以人为核心的基本理念，在系统整体观指导下的思维框架，其生存形态是基于大数据采集、处理和应用的绿色生态的生活方式和生产方式，其核心概念是生殖、生存、生活、生产、生态和生命共同体。基于大数据的新型智慧生态城镇建设，正是"六生"思维基础之上追求人的高质量、高品质生命状态的新型城镇化建设。

第一节 新型智慧生态城镇建设的出场

城市是人类文明的产物，因此城市也是衡量人类文明的标准之一。作为人口相对集中、具有高度组织性的地方，城市有着经济、政治、文化、社会、生态等功能，其内在追求是让人们生活得更好。马克思曾高

[①] 习近平：《高举中国特色社会主义伟大旗帜　为全面建设社会主义现代化国家而团结奋斗——在中国共产党第二十次全国代表大会上的报告》，人民出版社2022年版，第32页。

度赞颂城市,"造成新的力量和新的观念,造成新的交往方式、新的需要和新的语言"。[①] 历史学家斯宾格勒曾说:"一切伟大的文化都是市镇文化,这是一件结论性的事实。"[②] 然而,城市本身就是一个矛盾体。美国著名城市理论家刘易斯·芒福德明确指出:"城市从其形成开始便表现出一种两重性特点,这一特点它此后从未完全消失过:它把最大限度的保护作用和最大程度的侵略动机融合于一身,它提供了最广泛的自由和多样性,而同时又强制推行一种彻底的强迫和统治制度;这种制度,连同城市所推行的军事侵略和破坏行动,都成了文明人类的'第二属性',并且往往被人们错误地同人类固有的生物学倾向混为一谈。"[③] 毫无疑问,城市一方面让越来越多的人享受到现代文明生活,另一方面也给人类带来许多城市问题。

一 新型城镇化发展所面临的机遇

城市之所以让生活更美好是因为城市本身所具备的功能。这些功能正是城市和农村相比,所展示出的真正价值和吸引力所在。城市的主要功能是"化力为形,化权能为文化,化朽物为活灵灵的艺术造型,化生物繁衍为社会创造"[④]。这是西方著名城市史家芒福德对城市功能的看法。他揭示了城市发展与文明进步、文化更新换代的联系规律,认为城市规划一定要有人文主义的情怀,并呼吁全世界的城市规划要体现人文元素。正是这样的思想为20世纪二战以后整个欧洲的城市设计规划重新确定了方向,也为今天中国城镇化发展进程中新的城市形态构建提供了很多启示。中国城镇化建设的出发点和落脚点是为了满足人民日益增长的美好生活需要,因此,以人为核心,不断满足人们的物质需要、精神需要、生态需要,是中国特色社会主义新型城镇化建设过程中始终要优先思考的问题。

---

① 《马克思恩格斯全集》第46卷(上册),人民出版社1979年版,第494页。
② [德]奥斯瓦尔德·斯宾格勒:《西方的没落》,齐世荣等译,商务印书馆1963年版,第199页。
③ [美]刘易斯·芒福德:《城市发展史——起源、演变和前景》,宋俊岭、倪文彦译,中国建筑工业出版社2005年版,第51页。
④ 王育:《怀着慨叹所读的书——〈城市发展史〉》,《北京城市学院学报》2006年第4期。

城市是人类文明的产物，因此不同文明时代的城市有着不同的价值追求、内涵、功能、特征和要求。从中华文明史上的城市发展来看，可以分为四个阶段。① 第一阶段是中国传统社会的初级城市，以农业文化为主要特征，依托特殊地理位置、优越地理环境，是自然经济基础之上的人居中心、政治中心、商贸中心，具有一定的稳定性；第二阶段是转型城市，晚清至民国时期，工商业是这一时期城市转型发展的重要推动力，但由于所处环境的复杂性，以及不同文明、文化之间的碰撞、冲击，城市的现代化发展形态逐渐扭曲、破坏，呈现出阶段性和区域性的特征；第三阶段是计划经济体制下的城市，20世纪50—70年代，中国城市发展具有明显的单位化特征，在中央政府严格的计划控制之下，城镇化条块分割，城市自由发展的活力和动力出现消退；第四阶段是改革开放以来的现代城市，自20世纪80年代以来，随着市场开放、科技进步，中国社会逐渐开启城乡一体化进程，呈现出城镇化的聚合性发展态势。自20世纪90年代以来，中国的城镇化依托智力资源，利用知识、信息的生产、传播与使用，城市发展开始变得扁平化、智慧化，逐步将城市发展的可持续性作为经济社会进步的价值导向。立足现代化社会，人类发展已进入信息时代和生态时代，包括北斗导航系统的开发运用在内的"北斗三号全球卫星导航系统"的开通、航空航天技术在内的现代科学技术迅猛发展，智慧生态城镇应运而生。

智慧生态城镇具备智慧、生态、数字、绿色、低碳、田园、园林等元素，绝不是智慧城市或者生态城市的简单相加。智慧生态城镇利用大数据、物联网、人工智能、区块链等，集合技术、资金、人才、物流等，提升了信息采集、处理、传播和利用的效率，从而实现高质量高水平的智慧发展、和谐发展的目标。形而上学谓之道，形而下学谓之器。可以说，信息是智慧生态城镇的道，而生态则是智慧生态城镇的器。总之，智慧生态城镇把城市看作一个"社会—经济—自然"的复合生态系统，其规划、运行、管理、发展都要遵循系统整体观的方法论，依托科学技术收集、传播、挖掘信息，从而服务于生态化的生活方式和生产方式，

---

① 王鸿生：《中国城市发展的四个阶段和问题》，《西北师大学报》（社会科学版）2011年第4期。

最终让城市宜居、宜业、可持续性发展。

二 新型城镇化发展所面临的挑战

当代中国正处于现代化进程中，城镇化发展迅速。然而在城镇化发展进程中，不可避免地遇到了一些新的问题，进而陷入发展困境。有些问题是世界上大多数城市在发展过程中都会出现的，如人口问题、资源问题、环境问题、交通问题、住宅问题、贫困问题、社会治安问题等所谓的"城市病"；有些问题是中国作为发展中国家在城镇化发展进程中面临的更为严峻的城市问题。中国的人口基数大，随着现代化发展进程的推进，大量农村人口涌入城市，引起城市"人口爆炸"，基础设施建设不堪重负，住房、卫生、社会治安等问题更为突出，与此同时，中国部分资源的有效利用率低，资源相对短缺的劣势更加凸显。世界能源专家丹尼尔耶金曾指出，"在能源方面，中国面临着其他国家未曾经历过的重大挑战"[1]。人口压力，资源、环境压力，归结到一点就是城镇化发展进程带来的诸多不协调所致，生活在城市中的人们对美好生活的追求并未得到真正满足。如何通过城镇化构建一个宜居、宜业、可持续发展的环境，"推进城市生态修复、功能完善工程，统筹城市规划、建设、管理，合理确定城市规模、人口密度、空间结构，促进大中小城市和小城镇协调发展"[2]，让人们真正体会到新型城镇化模式下的城市生活能进一步提升生活质量让生活变得更好，是当下推动建设以人为核心的新型城镇化面临的重要课题。在这样的挑战下，"智慧生态城镇"这一城市发展新模式被提出来。

综合来看，智慧生态城镇是立足新时代大背景、基于城市发展所面临的机遇和挑战以及人们对美好生活的向往而提出的新概念。智慧生态城镇是信息技术快速发展背景下的一种城镇发展理念，学界对"智慧生态城市"的研究较多，但很少有人提到"智慧生态城镇"。我们所研究的

---

[1] ［美］丹尼尔·耶金：《能源重塑世界》，朱玉犇、阎志敏译，石油工业出版社2012年版，第1页。

[2] 《中共中央关于制定国民经济和社会发展第十四个五年规划和二〇三五年远景目标的建议》，人民出版社2020年版，第24页。

"智慧生态城镇"是对中国城镇化过程中出现的城市、乡镇的统称，不仅仅包括城市，还包括在城镇化过程中出现的乡镇。对智慧生态城镇提出背景的研究是探讨智慧生态城镇核心概念、思维框架与发展态势的重要前提。

第二节 新型智慧生态城镇建设的基本理念

学界对智慧生态城镇的研究，一方面集中在城市建设的逻辑架构、面临的问题及其防范机制上，另一方面是基于大数据、信息网络技术层面展开的研究，很少涉及智慧生态城镇建设的核心理念研究，也未能将生态伦理观念、大数据、信息技术与城镇建设三者有机统一起来。探索这三者之间的体系关系，融入智慧生态城镇的相关研究，促进信息技术与城镇化生态伦理相互交融，创建中国特色城镇化生态伦理信息网络平台，既有利于相关理论研究成果和经验的总结交流，又有利于促进中国特色城镇化生态伦理思想、制度、政策的宣传推广，为中国特色新型城镇化建设提供生态伦理与信息技术相结合的考量。

一 新型智慧生态城镇建设的提出体现以人为核心

智慧生态城镇的建设坚持以人为核心，这是马克思主义城市观的要求。以人为核心的智慧生态城镇建设要求我们规划智慧生态城镇建设必须考虑城市中的人，最终要促进实现人的全面发展和社会的全面进步。

（一）马克思主义城市观强调以人为核心

在马克思和恩格斯对城市发展的理论探索中，对城市建设的相关问题也十分关注。马克思对工人阶级在城市中的生活状况进行实践调查和分析，并指出："如果没有大城市，没有大城市推动社会智慧的发展，工人决不会进步到现在的水平。"[①] 城市的发展促进城市中人的智慧化发展，马克思、恩格斯充分肯定了城市发展对于人的重要作用。但是，马克思也指出了城市发展过程中出现的违背城市建设初衷的问题，"大城市人口

---

① 《马克思恩格斯文集》第 1 卷，人民出版社 2009 年版，第 436 页。

集中这件事本身就已经引起了不良后果"①，城市的发展一定程度上导致了生存环境污染，人口集中导致了生存空间狭小、人体健康恶化等资本主义国家早期的城市病。这些理论与实践方面的探讨都体现出马克思主义城市观中以人为核心的思想。马克思主义城市观认为，社会大分工和生产力的发展促使了城市的产生，城市的产生有其历史必然性。同时，城市发展也存在一定的阶段性，城市在社会分工的推进中不断发展壮大。马克思和恩格斯不仅肯定了城市发展对经济发展的贡献，而且坚持一分为二的观点看待问题，分析并指出城市建设过程中出现的城市问题。恩格斯在对当时工人阶级状况进行了大量实地考察后指出："城市中条件最差的地区的工人住宅，和这个阶级的其他生活条件结合起来，成了百病丛生的根源，这一点我们从各个方面得到了证明。"② 马克思主义经典作家并没有局限于对城市建设的抽象议论与表面分析，而是深入实践调查城市问题，指出城市问题产生的根源在于资本主义私有制及其内部矛盾。新时代智慧生态城镇建设吸取资本主义城市建设的经验和教训，强调"推进以人为核心的新型城镇化"③，将人民的需求作为顶层设计的要求，使城市功能更容易被市民全面感知。智慧生态城镇建设贯彻落实新发展理念，着手破解城镇化过程中出现的生态难题以提升城镇生态环境质量与人民生活质量，加快转变创新城镇发展方式，优化完善城镇治理体系，提高城镇治理能力，促进人与城镇生态环境和谐共生。建设美丽宜居、智慧便捷、具有地方特色的现代化新型智慧生态城镇。

(二) 对智慧生态城镇建设的规划必须包含城市中的人

智慧生态城镇建设的核心理念关键在于强调人是目的。建设以人为核心的新型智慧生态城镇是我国城市建设未来的发展取向，是未来城市发展的战略要求。亚里士多德指出："一个城邦要想变得善良，参加城邦政体的公民就必须是善良的。"④ 传统的智慧生态城镇建设侧重于技术和管理，忽视了技术与人民的互动。新型智慧生态城镇建设在进行顶层设

---

① 《马克思恩格斯文集》第1卷，人民出版社2009年版，第409页。
② 《马克思恩格斯文集》第1卷，人民出版社2009年版，第411页。
③ 《中共中央关于制定国民经济和社会发展第十四个五年规划和二〇三五年远景目标的建议》，人民出版社2020年版，第24页。
④ [古希腊] 亚里士多德：《政治学》，姚仁权译，北京出版社2007年版，第143页。

计时务必将人民群众的实际需要作为第一要求，把提高人民群众的幸福感和满意度作为衡量标准，在对互联网技术、大数据的创新应用基础上，实现城市数据、信息共享和业务协同，促进城市生活的便捷化、高效化、智能化。具体来讲，就是在智慧生态城镇的规划中包含对城市中生活的人的规划，要以市民的主体智慧推动城市进步，实现人人参与监督，促进智慧生态城镇发展。党的十九大报告指出："中国特色社会主义进入新时代，我国社会主要矛盾已经转化为人民日益增长的美好生活需要和不平衡不充分的发展之间的矛盾。"[①] 新时代背景下，要注重满足市民物质和精神等多方面的需要，突出城市的个性和特色。城市因人民群众的需要而产生，同时，也只有人民群众的参与，城市才能持续发展。在实际的城市建设中，智慧生态城镇这个概念把科技摆在市民前面，但是忽略了那些我们作为"人"的最基本要素，这就容易导致城市建设中的不可持续、口号化、只求政绩等现象出现。新型智慧生态城镇建设是一项长期的系统工程，在未来的发展中需要不断地完善。建成真正的智慧生态城镇必须实现城镇的可持续发展、促进智慧生态城镇中智慧人的发展。党的十九大报告指出："加强社会治理制度建设，完善党委领导、政府负责、社会协同、公众参与、法治保障的社会治理体制，提高社会治理社会化、法治化、智能化、专业化水平。"[②] 这体现出在我国的城市建设、社会发展过程中，更加重视社会大众的参与，促使社会治理社会化。在新型城市建设中不仅对城市的发展进行了规划，更是对城市中人的需求予以关注，将人的参与规划到城市建设中。

（三）智慧生态城镇建设的目的在于促进人的全面发展和社会全面进步

利用科学技术、提高生产力来创造物质财富，实现城镇化与生态伦理的有机协调是智慧生态城镇建设的内在要求。2013年时任国务院总理的温家宝指出："要遵循城镇化的客观规律，积极稳妥推动城镇化健康发

[①] 习近平：《决胜全面建成小康社会 夺取新时代中国特色社会主义伟大胜利——在中国共产党第十九次全国代表大会上的报告》，人民出版社2017年版，第11页。

[②] 习近平：《决胜全面建成小康社会 夺取新时代中国特色社会主义伟大胜利——在中国共产党第十九次全国代表大会上的报告》，人民出版社2017年版，第49页。

展。坚持科学规划、合理布局、城乡统筹、节约用地、因地制宜、提高质量。"① 智慧生态城镇的建设动力在于改善人类社会，提高人类生活质量。一些城市病出现的根源在于对城市的本质和目的认识不清、把握不明。其一，城市建设过程中形成了不当的政绩观。智慧生态城镇建设不应成为比拼政绩的舞台，也不是趁机拉动经济的短时性操作，而应是真正为民解忧，提供更方便和更舒适的生活。要真正解放思想，必须改变长期以来形成的以政绩论成就的评价方式，改变城市建设中急于求成、只追求短期效应等不良观念与行为。其二，存在局部智慧生态城镇建设过度的情况。整体来说，我国智慧生态城镇的建设还不完善，多数城市甚至还未进入数字化城市阶段，存在城镇化资源分配不均的现象，同时还有局部地区的智慧生态城镇建设存在方向走偏的趋势，一些城市在建设成本上投入很多，但是在实际应用过程中并未落到实处，没有真正惠及广大人民群众，只是流于形式上的建设和名号上的争取。智慧生态城镇建设的最终目的是实现城市的可持续发展与整个人类社会生活环境与生活方式的改善与提升，如果在智慧生态城镇建设过程中不能充分发挥其积极作用，那么建设智慧生态城镇就难以实现价值意义。智慧生态城镇建设坚持以人为核心、以全人类社会的发展为最终目标的理念，是美丽中国建设的重要组成部分。

二　新型智慧生态城镇的建设要求顺应人民共同心愿

智慧生态城镇建设的理念是以人为核心，这要求其生态伦理规范来源于人民，一方面智慧生态城镇的生态伦理规范要集中反映人民的心声与意愿，考虑当地居民的诉求；另一方面从数字城市迈向智慧生态城镇也要求实现人与城市的和谐发展、共荣共生。

（一）从数字城市迈向智慧生态城镇是人民的需要

发展大数据是数字城市建设、推动信息惠民的必然，数据的利用与共享是建设智慧生态城镇的重要环节，智慧生态城镇要建好离不开大数据和互联网。近年来我国数字城市建设取得了很大成就，在社会公共服务建设、城市数字化管理与城市规划等方面取得了显著成效，但在发展

---

① 《十八大以来重要文献选编》（上），中央文献出版社2014年版，第187页。

过程中也出现了一些问题，例如数字化系统所覆盖的相关区域较多，很难进行统一管理，也存在数据应用效率较低等情况。智慧生态城镇有望很好地解决这些问题，智慧生态城镇比数字城市更加聪慧，因为智慧生态城镇本身就是大数据的集合，基本不再需要人的简单干预和操作，能直接通过物联网和云计算系统获取城市信息，实现对城市的有效治理与调控。"自动化能把人类从劳动中解脱出来。但自动生成智慧数字城市需要很大的计算量，因为以人类的智慧做起来很简单的事情，计算机做起来就非常复杂。"[1] 智慧生态城镇的基本做法是把传感器装备到城市生活中的各种物体中形成物联网，并通过超级计算机和云计算实现物联网的整合，来实现数字化与城市系统相整合。人们一度将智慧生态城镇狭义地理解为物联网，然而，智慧生态城镇主要在于智慧管理和规划，以智慧配置城市资源、优化城市宜居环境、改善居民生活品质为主要内容。单纯的以科技为中心发展智慧城市已经不再符合城市发展的需要。传统数字城市通过一个完美的计算机操作系统来建设智慧生态城镇，却忽视了城市建设中由于众多因素而产生的复杂力量。这一现实难题呼吁推动城市建设数字化、智能化转向人性化、智慧化。正如习近平总书记指出："让城市更聪明一些、更智慧一些，是推动城市治理体系和治理能力现代化的必由之路，前景广阔。"[2] 智慧生态城镇建设必然要依靠先进的技术，但需要明确的是，智慧生态城镇的核心是为人服务的，只有坚持以人为核心，充分考虑人民群众的需求与心声，才能促进数字城市向智慧生态城镇的转型与升级。

（二）城镇生态伦理规范需要了解城镇人民心声

生态伦理视域下智慧生态城镇的发展与市民不断变化的需要紧密相关，所以智慧生态城镇进程的推进是一个动态的过程。推动智慧生态城镇建设是因为我们正面临产业发展的机遇和环境，同时面临很大的民生需求。建设智慧生态城镇旨在造福人民，让人体会到城市生活的舒适与便利。智慧生态城镇的建设是人类发展的必然，以人为核心是智慧生态

---

[1] 朱定局：《智慧数字城市并行方法》，科学出版社2011年版，第21页。
[2] 《杭州　让城市更聪明更智慧（探索城市精细化管理新路子）》，《人民日报》2020年6月17日第1版。

城镇建设的核心理念。人民在积极参与智慧生态城镇建设的同时，有了更多的获得感，可继续推动智慧生态城镇建设的深化发展。坚持以人为核心的发展理念来建设智慧生态城镇，是通过建设智慧生态城镇来惠及全体老百姓。智慧生态城镇的最大特点是给老百姓带来幸福感，把老百姓满意度作为新型智慧生态城镇建设的出发点和落脚点，将公共服务延展延伸到网络。如新型智慧生态城镇建设包括智慧交通、智慧电网、智慧医疗、智慧物流等方面。可以明显看出，新型智慧生态城镇中各个元素的设计和发展始终立足于人们的日常生活。这里的人们不仅包含城市市民，也包含城市里的其他外来常住人口。城市建设要符合该城市居民的利益，充分发挥城市中所有居民的智慧，众智集成，鼓励广大居民作为城市主体参与城市建设、享受城市建设成果。新型智慧生态城镇建设要把更多精力放在满足城乡居民的需求上，实现居民生活方式的便利与生活质量的提高。新型智慧生态城镇建设要求以高新技术为手段，以提高城乡居民的幸福感为追求，始终把提高城乡居民的满意度作为衡量新型智慧生态城镇建设得好不好的标准。新型生态城镇的建设与规范会随着人民需求的不断变化而不断发展、完善和深入。

（三）智慧生态城镇建设强调结合当地诉求

我国智慧生态城镇建设还处于初期阶段，但在发展过程中已出现盲目模仿的现象，导致城市建设过程中出现同质化现象，很大程度上是只追求资本与经济效益、强调资本效益最大化的结果。城市建设需要资本的大量投入，为了达到投入最少而产出最多的结果，必然要使用统一的设计图纸，采用类似的土木结构，容易导致大多数城市建筑外形雷同。马克思主义理论表明，矛盾具有特殊性，不同地区发展面临不同的矛盾，在智慧生态城镇建设中要避免出现模式单一的现象就要考虑当地的特殊诉求，城市建设要孕育特有的城市精神。人民的意愿也依据发展状况有不同的需求，如果能收集和采纳人民的意愿与心声，真正了解本城市发展需求，那么智慧生态城镇建设中同质化的现象就可迎刃而解。我国智慧生态城镇建设还处于理论探讨与实践试点时期，要促使其从概念规划走向实践发展，还要解决许多实际问题，如不同程度的资金短缺、模式界定不清晰、建设标准及评估标准不确定等问题。新型智慧生态城镇建设过程中只有关注民生需求，从理念走向实践，才能避免同质化、形式化的问题，建成真正符合人民需要、顺应时代发展潮流的智慧生态城镇。

三 新型智慧生态城镇建设的落实需要人民付诸实践

城镇生态伦理建设理念与规范的制定不单纯是对理念的认识和把握，更重要的是对理念的贯彻和实践。智慧生态城镇的建设主体是城市居民，其享受主体是广大人民群众，最终实践成果也需经得起人民群众的检验。智慧生态城镇的生态伦理规范来源于人民心声，也需要城市居民将之付诸实践。

（一）新型智慧生态城镇建设强调激发城市公民积极性

新型智慧生态城镇建设以实现人的智慧化为基础。目前中国的智慧生态城镇建设，以实现人的创新发展为建设智慧生态城镇服务，在这个过程中须注重发挥城市的主体作用，促成人人参与、共同推动的智慧生态城镇发展格局。新型智慧生态城镇建设是一项浩大且复杂的系统工程，需要统筹各方力量，充分激发社会各界的积极性、主动性和创造力，推动形成城市建设主体的合力效应。行动上同心同向，促进城市主体之间协调协同，才能实现新型智慧生态城镇的共治共管、共建共享。另外，要加强对相关人才的培养，形成合理的新型智慧生态城镇建设人才培养体系，这样我们就会有更多更优质的人力资源，帮助我们更好解决新型智慧生态城镇的问题。例如，一些城市提出创建收集智慧创意的网站，搭建社会公共信息服务平台，集思广益，搜集来自广大人民群众的创意和意见，以便于真正解决人民群众生活中迫切需要解决的问题。为广大市民参与和监督政府工作创建一个公开的平台，激发市民参与新型智慧生态城镇建设的主动性与积极性。建设过程要从城市发展现状出发，避免顶层计划与实施中的断层，以及理论和实践上的不契合。"城市是一个非常特别的东西。这种大规模的集中，250万人这样聚集在一个地方：使这250万人的力量增加了100倍。"[①] 所以，不能忽略城市建设中人民的力量。同时健全社会管理体系，推出更多的便民措施与平台，基础设施建设是构建新型智慧生态城镇的保证和支撑。当然，人的智慧化比技术与装备的智慧化更难实现。因为实现人的智慧化是一个潜移默化的长期

---

① 《马克思恩格斯全集》第2卷，人民出版社2005年版，第303页。

过程，非一朝一夕之力所能实现的，需要付诸长期的教育与培养。新型智慧生态城镇的建设必须充分发挥人民的智慧，因为人民是城市的主体，是城市建设中最核心的要素，同时人具有主观能动性，市民的素质和能力直接关系到城市建设的水平。城市发展必须充分发挥人民群众的作用，使人民的智慧和城市的智慧共促共进，进而实现城市建设的智慧最大化。

（二）新型智慧生态城镇建设主张以智慧社区为基础

如果说智慧生态城镇是一个生物体，那么智慧社区就是细胞组织，智慧生态城镇的建设必须以智慧社区为基础。"智慧社区是指利用物联网、云计算、互联网等新一代信息技术的集成应用，为社区居民提供一个安全、舒适、便利的智慧化生活环境，形成基于信息化、智能化社会管理与服务的一种新的管理形态的社区。"[①] 通过智慧社区的建设为社区人民提供便利，在加快和谐社区建设的同时，推动整个区域的发展，为打造新型智慧生态城镇奠定基础。建设新型智慧生态城镇旨在造福人民，以人为核心不只是智慧生态城镇建设必须坚持的核心理念，更是可行的建设方法。智慧生态城镇建设不是一句空口号，需要落实到城镇建设的方方面面。目前，新型智慧生态城镇建设还处于初级阶段，顶层设计和理论设计还不充分，实践经验也相对欠缺。发挥大众智慧，推动全民共同参与，有利于推动城市建设的步伐。以社区为单位，从点到面，打造智慧社区，持续推动新型智慧生态城镇的建设。关于智慧社区建设，从以下几方面着手：其一，扶持智慧社区产业，促进社区自身发展。通过扶持社区产业，推动社区人口就业，促进社区发展。其二，推动社区产业链升级，促进智慧社区建设。智慧社区是普通社区的更高版本，是指形成自身产业链的、可持续发展的社区。其三，做好社区与城镇间的大数据对接工作，统筹协调发展。各个社区通过数据间的共享与分配，为整个城市的数据共享打下基础，以社区发展促进城市整体的发展。

四 新型智慧生态城镇建设最终指向人民美好生活

新型智慧生态城镇建设的核心理念是以人为核心，其建设理念原则

[①] 陈佳实：《智慧建筑、智慧社区与智慧生态城市的创新与设计》，中国建筑工业出版社 2015 年版，第 223 页。

与规范来源于人民，也靠人民去付诸实践。这都体现出新型智慧生态城镇建设的目标是充分满足人民对美好生活的向往。

（一）基于大数据网络，维护安全生存环境

基于大数据可以结合各类技术进行智慧生态城镇的建设，有利于维护城市居民安全生存环境。例如，遥感和检索云。应用遥感和检索云等系统可以对处于监控区域中人们的行为进行记录与监督，并可依据需求提取相关镜头，如有需要可从大数据平台调取相关记录，极大便利了各个区域信息的收集与调取，为保障居民生活环境安全提供了技术支撑。在同一个城市中，基于大数据网络建成数据集合，将城市中的教育、医疗、养老、交通、安保、生态等关乎居民切身利益的民生数据对接，通过数据的开放和共享，实现对民生数据的分析与处理，有利于避免信息孤岛现象的出现。在数字化城市中，在一系列数据工作的推动下，各部门积累了很多的数据资源，但由于系统独立建立、缺乏信息资源共享机制等原因，很多部门和地区常常以无权共享为由将搜集的数据私有化。新型智慧生态城镇则在大数据的基础上实现了资源共享与调配，城市间的隔阂逐渐减少，对于整个城市的协调调度、对维护市民安全的生活环境有积极作用。

（二）利用信息云平台，营造美丽生活环境

基于大数据的智慧生态城镇已经不仅仅限于满足人民群众最基本的生存需要，而是更多关注服务的更高层面，力求实现城市生活的舒适、优雅与美丽。随着城市的发展，一系列城市病也随之出现，在解决城市雾霾、内涝、垃圾处理、生活空间拥挤等问题上面临巨大的现实压力，都成为阻碍城市发展的主要因素。信息云平台可以将网络上的资源聚合起来，同时在需要的时候方便调取，对资源进行合理而有效的配置，可以快速地为用户分配和调取资源，提供用户所需服务。基于信息云平台，可以为信息的整理与调度提供更加高效的方法、更为便捷的服务形式。近年来，我国面临可持续发展与环境保护的相关问题，基于信息云平台，可以解决资源浪费与资源分配不均、共享率低等问题，降低管理成本。信息云平台可以很好地实现资源的整合共享，打破不同部门之间自成体系的状况。通过信息云平台，提供完整、系统、直观、便捷的信息和空间服务系统，为全球空间系统提供可视化服务。例如，应用信息云技术可以通过汇集全国各省市及地区的城镇化建设大数据，为全国乃至全球空间系统提供相应的数据和处理结果。各个城市可以依据信息云技术提前预测城市环境状况并进行系统规划与设计。新型智慧生态城镇建设顺应人民要求，目的是为了人民，由人民群众付诸实践，最终指向人民群众的美好幸福生活。城镇的规划、建设和维护每一步都离不开以人为核心的基本理念，也离不开人民群众的积极参与。

第三节　新型智慧生态城镇建设的思维框架

在以人为核心的基本理念指导下，建设新型智慧生态城镇还须建构系统整体的思维框架。从系统整体的观点来看，新型智慧生态城镇是中国特色城镇的未来发展形态，它不仅包括城市，还包括乡镇建设，是比智慧城市发展范围更广、程度更深、影响更远的新型城镇形态。新型智慧生态城镇中的系统整体观，就是要依靠大数据把智慧生态城镇作为一个整体来考虑，包括城市的规划、工厂的生产、社区的治理、人们的生活、公民思想意识的教育等。横向上来讲，政治、经济、文化、社会、生态等方面要整体考虑；纵向上来讲，学区安排、住房改善、政务服务、政策制定、法律规范等方面要整体规划。所以说，新型智慧生态城镇系统整体的思维框架是马克思主义系统整体观的实际运用。

一　系统整体观指导下新型智慧生态城镇的呈现样态

新型智慧生态城镇本身就是一个复杂的系统，但归根结底离不开"人""技术""物"三个基本要素，"智慧城市是一个复杂的社会大系统，通过自动传感、互联网、物联网、云计算等信息技术和自动化技术等手段，使构成城市的基础设施、环境等要素与人相互之间实现互联、协同和智能，作为一个系统整体对民生、发展、环保、公共安全、城市服务、经济活动等要求作出智慧的响应"[①]。系统整体观指导下的新型智慧生态城镇正在不断显露其发展的智能化样态。

[①] 李光亚、张鹏翥、孙景乐：《智慧城市大数据》，上海科学技术出版社2015年版，第7页。

(一) 城镇运行更加智能化

马克思主义是与时俱进的科学,系统整体观是对新型智慧生态城镇建设的整体把握。在大数据时代,高新技术作为新型智慧生态城镇建设的核心技术,既体现了科技与城市的深度融合,也表现出智慧生态城镇的产生与发展是随着科学和信息技术而不断发展的。新型智慧生态城镇正是抓住技术发展的机遇期,创造性地将技术与伦理糅合进城镇的过程。当前城镇发展愈加智能化,正预示了智慧生态城镇的未来发展样貌。人们不妨大胆畅想:在未来,一个自动设定温度和自动设置通风的房间,自动检测食物营养成分的装置,以及自动分类垃圾的垃圾桶等,这些从现在开始可以窥见的美好景象正是未来城镇发展趋向。诚然,新型智慧生态城镇并非完美无缺的城市环境,其建设也并非一蹴而就,通常面临众多阶段性挑战,在智慧生态城镇的不断扩展中,必须考虑技术进步以及未来城市应用环境与建设目标的变化性,而与时俱进则是保证新型智慧生态城镇在建设过程中能够不断进行调整和自我完善,满足不断变化的各类需求的重要指标之一。

(二) 技术与生态更加深度融合

集成共享不仅是技术诉求,而且体现了未来城市发展将智慧与生态融合于一身的特征。"智慧城市的发展与早期的信息基础设施以及数字城市的建设一脉相承,但智慧城市阶段更注重信息资源的整合、共享、集成和服务,更强调城市管理方面的统筹与协调,时效性要求也更高,是信息化城市和数字城市建设进入实时互动智能服务的更高级阶段,同时也是工业化和信息化的高度集成。"[①] 信息化时代,离不开各种信息的交互,传统城市逐渐显露其弊端,各群体的各个独立部分各自收集和处理自身发展所需的信息,存在重复采集信息的现象,数据和信息的共享程度低,极易形成"信息孤岛"。由此,信息的收集与处理就显得极为重要,新型智慧生态城镇的运营依托多种核心科技,大数据技术在智慧生态城镇中运用的主要是各种信息资源的收集、整合、分析、预测、服务、反馈等一系列循环往复的功能,各种看似相互无关的、来自不同领域之

[①] 李德仁、姚远、邵振峰:《智慧城市中的大数据》,《武汉大学学报》(信息科学版) 2014 年第 6 期。

间的信息资源就在智慧城市中不断交互，发生联系，应用于其适合的平台，从而更好地为新型智慧生态城镇中的人提供个性化和针对性的服务。从本质上来讲，大数据本身就是处理信息的工具，运用大数据处理和应用信息的过程就是集成和共享的过程。集成与共享是符合马克思主义系统整体观的理论以及现代化社会的发展理念，马克思主义的系统整体观要求各种事物要形成一个有机结合的整体发挥作用，有机结合和与整体发挥作用的过程是新型智慧生态城镇建设的必经之路，即集成与共享发挥作用的过程。

（三）城镇产业更加协调发展

新型智慧生态城镇的核心是数据的智能化应用，其建设离不开各种数据资源在各个领域、部门和行业之间的相互协调、相互配合，切实实现发展为了满足人民对美好生活的追求，建设一个更加宜居、更符合生态伦理的城镇。信息数量多且复杂化是信息化时代的特征之一，同时也是新型智慧生态城镇的基本特点。纷繁复杂的信息如何在大数据平台上更好地处理，是新型智慧生态城镇的良好运行终会触及且必须解决的问题。基于各种实时数据资源的收集与共享，下一步的重点便是数据资源信息平台管理上的统筹与协调。马克思主义系统整体观理念贯穿于新型智慧生态城镇建设和发展的理念之中，要求国家在其建设中既要注重新型智慧生态城镇整体规划，明确责任主体和考核机制，又要注重各领域、各部门和各行业之间数据信息的功能，使得部分与整体共同发挥作用，形成合力，打造一体化的信息平台，并在实际运营中不断优化，因此城市各部分协调发展是新型智慧生态城镇的发展特征。这就要求在城市建设过程中，将基础设施建设如商业基础设施、生态基础设施、信息基础设施，和各领域的信息利用大数据技术连接起来，对各基础设施的实际反馈及时做出预案，通过反馈、决策与运作，不断协调各领域、各部门之间的关系，不断优化自然生态环境，促进城市生态发展，达到城市中各部分、全方面、各领域协调发展的目标。

（四）形成合目的性与合规律性相统一的开放系统

新型智慧生态城镇最终发展指向合目的性与合规律性的统一，既能够满足人们生产生活的需要，又最大限度遵守了自然规律和人类社会发展规律。信息的良性循环在智慧生态城镇中尤为重要，新型智慧生态城镇的建设并非闭环系统，从根本上说，新型智慧生态城镇致力于打造一个能够自感知、自协调的和谐开放的城镇生态环境。在这个开放的城镇环境中，无论是市民，还是政府和社会，或是其他各方都可以很方便地获取公开的数据，进行开发和应用。开放是大数据发挥巨大价值的关键因素，而良好的城市生态环境又是实现这种开放的关键。新型智慧生态城镇中所说的开放应聚焦虚拟空间与实际空间的双重维度，虚拟空间中的开放是指互联网上人们相互之间信息的交流与沟通，通过互联网将各处被植入城市各物体的智能传感器连接起来，实现对现实城市的全面感知；而实际空间中的开放就是对海量感知信息进行处理和分析之后，实现网上数字空间与智慧城镇建设的实际融合，通过虚拟空间的反映，能够及时对包括政府事务、民生事务、生态环境和公共安全在内的各种需求做出智能化响应和智能化决策支持，以便构成一个循环开放的"系统中的系统"，达成两个空间维度的和谐共存、不断发展。

系统整体观作为贯穿始终的理念，是引领新型智慧城镇不断走向生态化的指导思想。以系统整体观为指导的新型智慧生态城镇，具有与时俱进、集成共享、协调发展、和谐开放等特征，从设计、管理和整体发展等方面，为新型智慧生态城镇指明发展方向，促进科技朝更加智能化方向发展，与生态融合程度更深，城镇整体与局部协调发展，以及最终架构起一个合目的性与合规律性相统一的开放系统。

二　系统整体观指导新型智慧生态城镇的设计、管理与整体发展

作为后发现代化国家，中国智慧生态城镇建设正处于发展过程中，还有很大的发展空间。在城乡土地规划过程中，智慧城镇在中国需要系统整体的空间内涵。系统整体观这一理论对于新型智慧生态城镇建设有重要意义，不仅为其建设理念提供参考，而且为建设实践提供有力指导。信息极速更新换代使得中国城镇在走向现代化的建设过程中出现了一系列问题，而这些新的问题已经不能用旧的思想和理论作为指导，此时系统整体观的优越性便展现无遗，它能够有效地为新型智慧生态城镇的设计、管理以及整体发展提供思维框架。

（一）系统整体观指导设计新型智慧生态城镇

目前中国有许多地方已经呈现城镇建设智慧化的趋势，并且得到政

府的大力支持；但不同地区具有不同的发展模式和侧重点，有的地区致力于建设财富型城镇，有的地区力图打造一座文化旅游型城镇——它们的发展目标和发展方向归结为一点，都是秉持"先规划、后发展"的理念，不断朝构建完整的城镇生态系统、走中国特色新型城镇化道路的方向前进。

在中国特色社会主义城镇化道路的引导下，智慧城镇的建设也必然要走生态化的道路。新型智慧生态城镇建设，聚焦于智慧和生态，既要充分利用大数据、互联网等高新技术，加快各种高科技应用的步伐，又要注重城镇生态设计。这里的生态，不是狭义的"绿色、无污染"，而是指从根本上打造一个合目的与合规律相统一的生态系统。从根本上说，新型智慧生态城镇的设计要遵循"人""技术""物"三者之间系统和谐、整体发展的理念，解决城镇化进程中出现的各类问题。

当前大多数城镇面临的问题，既包括安全与管理、生活与公共资源配置、公共服务与社会保障等方面的问题，也包括资源紧缺、环境污染、交通拥挤以及人口膨胀等问题，其中环境污染如水污染、固体污染和空气污染等是城镇向生态化发展的主要障碍，造成这一现状的主要原因是缺乏系统整体观的总体统筹与规划，没有将生态问题当作城镇整体建设中一个重要方面，将其置于总体规划之外，走"先污染、后治理"的老路，导致污染问题严重。新时代背景下，我们应当秉持"绿水青山就是金山银山"[①]的强烈意识，顺应信息时代的浪潮，使信息渗透城市建设的方方面面，包括生态治理。如何实现信息与生态治理的良好结合是技术层面需要解决的问题，而信息与生态治理走哪条道路是理论层面需要解决的问题，系统整体观就恰好为新型智慧生态城镇建设指明了方向。以系统整体观指导新型智慧生态城镇建设，在设计上还原城镇本来的样子，在解决好城镇发展的污染问题之后促进各领域相互协调，打造绿色宜居、幸福和谐、集约高效的城镇，各部分之间功能完备、相互联系，促使整体发挥大于各部分简单相加的总和力量，各部分又发挥着它们各自的功能，在构成一个完整大系统的同时，各子系统也良性运行。系统整体观牵引着新型智慧生态城镇建设的道路，以系统整体观进行指导、设计，

---

① 《习近平谈治国理政》第2卷，外文出版社2017年版，第393页。

才能保证城镇建设方向正确，不断适应时代变化，更好满足人们的实际需求，构建新时代智慧生态城镇。

(二) 系统整体观指导管理新型智慧生态城镇

基于大数据的新型智慧生态城镇建设要依靠大数据平台，这决定了信息化与高科技的重要性，但是目前中国的城市建设中很多数据尚未进行系统收集与整理。"运用大数据、云计算、区块链、人工智能等前沿技术推动城市管理手段、管理模式、管理理念创新"[1]，对数据综合分析，结合高科技发展，才是真正的智慧生态城镇，其中城市管理人员能够坚持系统整体观念的指导，在智慧生态城镇建设过程中起着关键作用。人是城市和社会中的主体，人的实践活动决定社会发展的方向和进程，以系统整体观指导新型智慧生态城镇的管理，实际上体现在更好地处理人与自然、社会、生态、技术等宏观方面，以及城市运行管理、公共服务、技术支持、网络通信等微观层面的关系。因此，构建新型智慧生态城镇管理根本在于以人为本。相对地，人同样需要树立系统整体观的理念才能更好地管理新型智慧生态城镇。信息时代尤其会出现这样一个发展误区，有学者这样指出："走到今天，技术专家们相信一个完美的技术型城市可以使处在混乱中的城市环境恢复正常，但却忘了一个事实，技术什么也治愈不了；它仅仅只是技术。"[2] 人类似乎在建设城市中逐渐遗忘了自己的主体性力量，抑或是过度发挥主观能动性，忽视了技术带来的风险，以及人自身把控风险的能力，因此，在技术吞噬的浪潮中，应该主动发挥并适度发挥人的主观能动性，才能更好地以系统整体观指导新型智慧生态城镇建设的布局，这要求在加强顶层设计与基础设施互动的前提下，合目的、合规律地建设城市生活、政务、交通、教育、医院、口岸、环保、养老、安防、食品安全法律等与社会民生息息相关的板块。

在城镇化建设过程中，由于过分和片面追求经济效益而忽视政治、

---

[1] 《杭州　让城市更聪明更智慧（探索城市精细化管理新路子）》，《人民日报》2020年6月17日第1版。

[2] [美] 卡罗尔·L. 斯蒂梅尔：《智慧城市建设——大数据分析、信息技术（ICT）与设计思维》，李晓峰译，机械工业出版社2017年版，第22—23页。

文化、社会和生态的可持续发展，从而带来一系列发展的不协调，如城市资源紧俏、环境污染、生态破坏等。这是由于人类缺乏系统整体观的观念，例如自身生态环境保护意识不够、缺乏保护生态环境的正确认知等。因此，技术发展如何与生态伦理完美结合的问题亟须解决，人在其中发挥着不可忽视的作用，以系统整体观为指导是融合技术与生态，更好地管理新型智慧生态城镇的现实出路。

新型智慧生态城镇管理的目的就是要实现城市的自动化、智慧化、人性化等目标，在新型城镇化建设过程中，赋予城市一定的生态智慧。新型智慧生态城镇走向生态化的核心要素就是人与自然和谐相处，这是关乎人类命运和自身利益的切实问题。现代社会出现的众多生态问题很大程度上是因为人类没有把握好系统整体观的实践价值，没有将其应用到城市生态建设中去。新型智慧生态城镇建设的最终目的是打造一个"完美"的环境，但不可否认，比之更重要的在于：人是这个"完美"城市环境的建设者和守护者，智慧生态城镇的功能如何发挥、怎样发挥都要依靠人民的力量。可以说，人是不可或缺的。新型智慧生态城镇是为人民需求所设计，依靠人民力量所建成，为人民服务，以人民为中心的城市，人应当在城市中为城市建设提供指导。系统整体观要求人们树立主体意识，发挥主体力量，"形成节约资源和保护环境的空间格局、产业结构、生产方式、生活方式"[1]，意识到个体行为的好坏会对整个城镇环境造成何种影响，一旦全人类都行动起来，那么美好的城镇环境便会指日可待。

(三) 系统整体观指导发展新型智慧生态城镇

新型智慧生态城镇是一个有机的生命体，在城镇建设的过程中，不仅要有一个系统整体的管理与设计规划，还需要形成一个城镇整体的生命发展轨迹，这一轨迹将伴随智慧生态城镇发展的始终，这决定了我们用系统整体观指导新型智慧生态城镇的整体发展。

系统整体观是与时俱进的科学理论，它随着社会的变迁和科技信息的进步而不断提升，智慧城镇本身的建设理念就是协同发展。钱学森认为："系统首先是一个具有某种功能的有机整体，而后其各个构成部分之

---

[1] 《习近平谈治国理政》第 1 卷，外文出版社 2018 年版，第 209 页。

间既相互联系又相互作用。"① 理论是实践的先导，想要智慧城镇中各要素协同运行，达到城镇运行的最佳状态，需要利用基于系统整体观的大数据技术，实现全面、综合的感知，既要对城市运行的核心要素进行实时监测，又要对各要素之间的相互关系进行协调与推进。李德仁认为："智慧城市建设是一个系统工程，需要根据每个城市自身的特点，做好顶层设计后统一规划，分步实施。"② 这种顶层设计不仅蕴含着横向因素之间的相互协调，而且包括各种因素的纵深发展和深度整合，提高跨部门、多层级的合作能力，唯有如此，才能达到智慧城镇运行的最佳状态。这种运行的最佳状态，既包括个体具体实践活动，也包括城市运行与建设标准的统一，既涵盖了政府、企业与公众等主体，也吸取了城镇建设各方面各层次的客体需求。

新型智慧生态城镇作为一个宏大系统，其中包含许多小系统，作为层层嵌套的实体空间，在系统整体观的指导下力求达到各要素之间最大限度的互相适应，并对错综复杂的海量信息迅速做出反应、判断和处理，是综合了各个方面的智慧系统。例如，垃圾处理系统是智慧系统中的一个子系统，在城市垃圾处理的过程中，垃圾的分类、投放、回收、分拣、处理等过程必须形成一个完整的系统，才能真正促进垃圾资源的循环再利用。而垃圾处理、道路交通、教育医疗等各个小系统构成了整个城市的智慧系统。以大数据整合城镇系统健康运行，在未来呈现出这样的画面："在城市道路交通方面，通过建设全路网智能监控体系，开展车辆智能终端、不停车收费系统（ETC）、停车电子计费系统、'电子绿标'等智能化应用……在资源和生态环境方面，借助于智能电表、智能水表、智能燃气表和供热计量器具，可以形成智能的电力、水资源和燃气等控制网络。"③ 系统内部有序运行以及各系统之间的良性互动，在技术层面上可促进物质文明建设，促进从产业、产能到产品之间的生产、流通和消费上有序运行，在人类生活的空间地域中形成井然有序的系统。在精

---

① 钱学森：《社会主义现代化建设的科学和系统工程》，中共中央党校出版社1987年版，第221页。

② 李德仁、姚远、邵振峰：《智慧城市中的大数据》，《武汉大学学报》（信息科学版）2014年第6期。

③ 徐静、谭章禄：《智慧城市框架与实践》，电子工业出版社2014年版，第52—53页。

神文明建设层面，可以促进政策指标的上传下达，宣传思想的贯彻落实，树立系统科学的思想，这样的城镇乃至社会、国家才能够称之为真正实现了整体协同发展。

第四节 新型智慧生态城镇建设的发展态势

世界著名过程哲学家、美国建设性后现代主义的领军人物大卫·格里芬认为，生态危机不是人类的众多危机之一，而是当代人类面临的最大的危机，也是最紧迫的危机。生态化就是人类面临生态危机所做出的积极反应和理性选择。生态化将生态学的理论思维框架、基本原则渗透到人类全部生活和生产活动范围之中，用人与自然和谐发展、绿色发展、循环发展的价值追求去思考问题，并根据具体的社会历史条件和自然所能承受的循环发展和自我净化的可能性，最优地处理人与自然、人与社会和人与人之间的关系，达到一种相对平衡的生态状况。

新型智慧生态城镇的目标集中到一点就是通过解决资源紧缺、环境污染等问题，在信息化的支持下，为人们的生存和发展创造一个更加宜居的环境，从而更好地发挥城市本身应有的功能。因此，生态化是其构建过程中的应有之义和理性选择。生产和生活是贯穿人类社会发展始终的两大基本实践活动，生产方式和生活方式是人类社会的两大基本活动方式，它们是社会有机体运作不可缺少的重要部分和要素。因此，新型智慧生态城镇的发展态势应该表现为绿色生态的生活方式和生产方式。

一 新型智慧生态城镇绿色生态生产方式和生活方式的交互作用

生产活动是人类生存和发展的基础，人们在生产活动中形成的生产方式决定了社会的性质和面貌，生产方式的变革决定着社会形态的更替。人们在进行生产活动之外，为了满足生存、发展、享受的需要，进行着生存资料消费、发展资料消费以及享受资料消费，并由此人们之间有了生活上的交往和联系，这也是人类社会发展过程中人的日常状态。生活是复杂的，也是丰富的。生活方式则是生活领域中人们活动的形式。从狭义上看，生活方式包括衣、食、住、行等日常生活的活动内容；从广义上看，生活方式包括物质、精神、政治、社会等一切生活活动领域的内容。

  如果说生产是贯穿唯物史观的主线,那么生活就是贯穿唯物史观的另一条重要的辅线。一方面,生产决定了生活,生产方式决定了生活方式。马克思曾指出:"物质生活的生产方式制约着整个社会生活、政治生活和精神生活的过程。"① 当生产方式发生变革,生活方式也会随之改变。生产方式由生产力和生产关系构成。生产决定消费,随着生产力水平的提高,人们的消费水平随之提高,消费结构逐渐改善,同时随着生产力的发展,人们在劳动上耗费的时间日益减少,那么人们将有更多的时间从事其他活动。此外,生产决定了分配,不同的生产关系决定人们的分配方式和多少的不同,从而造成了人们生活方式的不同。

  另一方面,生活方式反作用于生产方式。因此,生产方式总是由人们的生活方式来决定的。从消费对生产的作用来看,消费是生产的最终目的,消费中形成的新的需求对生产的调整和升级起着导向作用,新的消费热点的出现,往往能带动一个新产业的出现和成长。同时,生活方式对生产方式的影响还表现在对劳动者的影响上,劳动者是生产力的重要因素,劳动者的素质直接影响生产力的发展和社会进步,消费为生产创造出新的劳动力,能提高劳动力的质量,生活方式对劳动者的道德、智力、体力、审美、劳动等都起到一定作用,最终将作用于生产。城镇化就是建立一种新的城市文明生活方式,是改变传统农民生活的一种历史性变迁。"新的城镇,也会体现出同社会组织中的现代观有关的原则,如合理性、秩序和效率等。在某种意义上,这个城镇本身就是'现代性的一个学校'。"②

  正是因为生产方式决定了生活方式,生活方式对生产方式具有反作用,生态化的生产方式需要生态化的生活方式,而生态化的生活方式也将进一步促进生态化的生产方式。不同的生产方式反映了不同的人与自然的关系。马克思指出:"随着人类愈益控制自然,个人却似乎愈益成为别人的奴隶或自身的卑劣行为的奴隶。……我们的一切发明和进步,似

---

  ① 《马克思恩格斯文集》第2卷,人民出版社2009年版,第591页。
  ② 阿列克斯·英克尔斯、戴维·H.史密斯:《从传统人到现代人——六个发展中国家中的个人变化》,顾昕译,中国人民大学出版社1992年版,第319页。

乎结果是使物质力量成为有智慧的生命，而人的生命则化为愚钝的物质力量。"[1] 生态化的生产方式不同于以往的生产方式，它既不是完全顺应自然的生产方式，也不是征服自然的生产方式，既不是人类中心主义，也不是自然中心主义，而是实现人与自然和谐统一的生产方式。人和人类社会是整个地球生态系统的一个组成部分，其生存和发展离不开甚至依赖于整个地球生态系统的平衡状态。目前人类活动造成的生态危机，导致了人自身发展的困境。生态化的生产方式是以整体系统观为思维框架，注重资源、自然、社会、人各个要素、各个部分共同发展的、可持续的、绿色生态的生产方式。习近平指出："只要坚持生态优先、绿色发展，锲而不舍，久久为功，就一定能把绿水青山变成金山银山。"[2] 生态化的生活方式则是对人类一切物质生活和精神生活的概括，但是融入了生态的因素，是绿色的生活方式。消费是生活方式的主要内容，而生态化生活方式要求生态消费。不同于消费主义价值观引导下的消费，生态消费是绿色消费，它追求生活质量，满足的是需求而不是欲求，崇尚适度消耗资源，且更倾向于绿色产品消费。

二 新型智慧生态城镇绿色生态生产方式和生活方式的主体保障

在马克思看来，实践是人的生存本体和存在方式，人通过自己的活动自我创造、自我塑造，具有生态意识、生态理性和生态道德的人是智慧城镇的生态主体。生态化就是人类的实践要在自然生态和社会生态中实现发展的合规律性和合目的性，从而达到全面协调可持续发展。而反生态的异化行为则是违背自然规律和社会发展规律，带有发展的急功近利性、片面性和反科学性。生殖、生存、生产、生活、生态和生命共同体是人的生命活动的基本样态，生态是人赖以生殖、生存、生产、生活的基本条件。生态文明时代，人们的一切生命活动都要在生态化的理念和要求下进行。

从生产领域看，马克思批判了资本主义私有制，他认为该制度支配

---

[1] 《马克思恩格斯选集》第1卷，人民出版社2012年版，第776页。
[2] 《以习近平同志为核心的党中央高度重视生态文明建设　坚定不移走生态优先绿色发展之路》，《人民日报》2020年5月14日第1版。

下的生产方式只追求眼前效益而不顾长远发展。而这种短视的生产方式势必会对生态环境造成一定的破坏,一言以蔽之,资本逻辑规制下的生产方式与生俱来具有反生态性和反人性特征,从本质上而言,生产资料所有制的性质决定了人与自然之间能否达到真正的和谐状态。社会主义社会与资本主义社会截然不同,生产资料公有是其根本所在,这种所有制下的生产方式有利于联通人与自然之间的物质变换,与之相应,人们的生产也能合理地调节这种物质变换,自觉推动科技创新、产业升级。从生活领域看,全球化时代,人们的思想自觉不自觉地受到西方社会思潮的影响,消费主义就是其中的一种,在消费主义的流行之下,人们往往分辨不清基本需求与无限欲求、真实需求和虚假需求,逐步陷入异化的消费模式。在这种异化的消费模式之下,人们购买商品不再仅仅是为了商品的使用价值,还为了追求商品所附加的符号价值,通俗而言即"我买我存在"。这种情况下的消费行为很容易导致商品不能物尽其用,最终造成资源的浪费。这种消费行为不仅仅是经济问题和生态问题,也是亟待破解的社会性问题,以"大量生产—大量消费—大量丢弃"为内核的"三大"循环逻辑背后实际上是"物质主义"思维模式和价值观在现实经济生活领域中的反映。生态化消费则是一种与资本主义异化消费相对立的一种科学的、健康的、可持续的、合人性的消费模式,要求人们甄别基本的或无限的、真实的或虚假的需要,在满足自身物质需求的同时追求更高层次的精神需求。说到底,这种消费模式倡导的底层价值逻辑不再是以物为中心,而是以人为中心。

马克思主义经典作家虽未直接提及"生态化生产"这一基本概念,但是这并不能代表他们不关注生产中的生态环境问题。在马克思、恩格斯的经典著作中,他们更多使用的是包含了物质资料生产和人类自身的生产在内的"两种生产理论",并认为这是关乎人类社会发展的决定性要素和根本力量。物质资料的生产在一定意义上与人类自身的生产同向同构、相互影响、互为条件,即人类生产物质生活资料和生产工具的同时也不断生产出自身。一方面,物质资料的生产不仅关系人口生产的性质,也关系其发展态势,消费资料的生产说到底是为了满足人类的需求,是人类自身的生产的必要条件。另一方面,人类自身的生产是物质资料的生产的基本目标和价值追求,前者为后者提供所必需的劳动力。"两种生产理论"阐明了物质资料生产和人口生产在以往一切社会形态中不可磨灭的作用。但是，人类社会发展至工业社会呈现出更加复杂的发展特征，其发展动力和内容出现了新的生态化生产内容，它更多地强调人类在享受大自然的馈赠时，自觉地节约资源、保护环境、维持人与自然的和谐共生，防止破坏自然生态系统的良性循环。生态化生产还看到了人的主体性、能动性，人类在利用自然时敬畏自然、尊重自然以及保护自然，通过人类对生态环境的积极治理、修复、养护，生态危机完全可以借助于人类的积极行为得到改善。

此外，绿色生态的生产方式强调人们进行生态环境承受能力范围内的健康、绿色、可持续的再生产以维持自然资源的良性循环。在这种再生产之下，不会再出现掠夺和破坏自然资源的现象，社会劳动的分工与社会资源的配置均能达到良性的动态平衡状态。绿色生态的生活方式要求以不造成环境污染为底线，以维持整体生态系统的良性循环为界限，以保护环境为目标，坚决反对破坏性、奢侈性、不可持续性消费；绿色生态的生产方式和生活方式，自觉地把自然界看作"人的无机的身体"，看作是为子孙后代共同拥有的环境资源，强调人们形成自觉的、持久的生态意识和生态理性，形成保护自然、爱护环境以"为后代留下绿水青山"的生态道德，推动构建以生态为纽带、以永恒的生命为信仰的可持续的生态文明。

总之，新型智慧生态城镇离不开具有生态意识、生态理性和生态道德的生态主体。他们作为化解生态危机、保护生态资源、呵护生态环境的倡导者、推动者和践行者，同时也是推动生态文明建设的有力社会力量。这样的生态主体具有强烈的生态危机感和生态责任感，能够在社会生活和社会生产的过程中按照生态伦理、保护生态环境的制度和规范自觉地保护美丽的城镇环境。他们拥有相关的知识和丰富的信息资源，具备城镇治理能力与协调能力，在参与中国特色城镇化治理过程中合理配置自然资源、有效保护自然环境，进而推动生态保障制度和社会保障制度的发展，在全社会营造休闲消费文化的科学发展氛围。随着信息科技和环境保护技术的不断创新发展，社会生产力得到健康发展，社会中间阶层逐步发展壮大，生态运动持续深入，在中国特色城镇化建设过程中形成合理的资源配置格局、公平的社会分配制度和以生态保护与环境支持为核心的生态文化，从而在充分发挥人的主动性、积极性和创造性的过程中形成人与自然和谐共生的、绿色生态的生产方式和生活方式，这是人类实现生态革命、进入生态文明的显著标志之一，也是中国特色城镇化生态伦理的应有之义。

三 新型智慧生态城镇绿色生态生产方式和生活方式的技术保障

在新型智慧生态城镇里，城市是一个生命体，是一个有机系统。城市中的人、交通、能源、商业、通信、水等构成了一个普遍联系、相互影响、相互制约、相互促进的巨系统。为了使这个复杂系统健康有序运行，城市需要更聪明更智慧，能对各种情况、事物做出迅速、灵活、正确的理解和判断，并进行处理。信息是始终贯穿在人类智能行为中的关键要素，智慧的程度或者说城市的智慧化水平来自对信息的处理效率，即广泛地获取信息、随时迅速传递信息、能对信息进行综合处理，存储信息，迅速找出需要的信息，根据情况使用不同策略对信息做出判断和处理。而这些都离不开信息技术，信息科技是新型智慧生态城镇的技术基础。人类历史上的第三次科技革命，其核心就是电子计算机和通信网络的信息技术，这一技术的出现使得人类社会的信息处理方式发生了翻天覆地的变化，从根本上改变了现代社会的运作结构，人类进入信息时代。

大数据对生产方式和生活方式起到了引领和导向的作用。借助信息技术，人们所获得信息的速度、广度都有了显著提高。智慧的核心是信息，具体来说，城市智慧化是收集信息、传播信息、挖掘信息的过程。收集信息即通过传感器、其他设备、现有系统收集与自身相关的信息。如智能交通传感器能实时获取路况信息和拥堵情况。自动气象站能获取天气状况。城市居民所携带的移动设备也属于传感器，只要用户提供特别授权，它就能在一天不同的时间和环境条件下收集用户信息等；传播信息即完成数据收集后，会使用有线或无线网络传播数据，确保所有地区、每个人、每个设备都相互连通；挖掘信息也就是分析和处理数据，从而把信息转化为情报，帮助人们及时了解当前正在发生以及接下来将要发生的事情，从而采取行动做出更好的决策和行为。通过收集、交流、分析来源于各个部门的消息，能让整个城市都获益。如果将这些数据与多个部门和第三方联系，城市将多个数据相联系起来，城市就会获得最大的利益。如将历史交通数据与人口增长等信息结合就能了解何时何处增加或减少了公共汽车和火车路线。城市将多个数据源相关联，就能预测犯罪情况等等。总之，智慧化的过程是利用信息化将人类的智慧更大程度地延展，所有未来的生产将会变得越来越高效，日常生活将会变得越来越便捷。智慧把城市变成一个有机整体。

智慧生态城镇实质上就是在原有城市基础设施的基础上，优化信息的获取渠道和沟通方式，提升信息处理和应用效率，从而提高城市的智慧化水平。信息网络如同神经系统一样无处不在，作为城市中最基本的基础设置，如何建立强大的信息网络处理中心是智慧生态城镇必须思考和处理好的问题。借助物联网、云计算和大数据集成分析等信息技术，通过感知化、信息化、互联化、分层化、智能化的方式，将城镇建设中的各类基础设置，包括感性的、理性的、物化的、信息的、社会的、商业的、消费的、护理的等连接起来，构成新一代智慧化基础设施，从而达到智慧化地分析、决策、反馈、协调运作。通过信息网络把无处不在的、植入城镇各系统的智能化传感器连接起来，全面感知美丽城镇。利用云计算等技术手段对感知信息进行智能分析和处理，实现"数字城市"与物联网的有机融合，对居民在政务民生、生态环境、公共安全、医疗保健、城市服务、全程教育、工商活动等各方面的需求，达到智能化分析、智能化决策、智能化反馈和智能化协调运作。

城市智慧化过程就是不断突破技术瓶颈的过程，创新技术将推动城市智慧化进程。首先，数据收集，需要解决传感器的技术瓶颈。大量布置各类传感器，把这些传感器与物品紧密结合，成为物品的一部分。理想中的智慧城市需要布置上千万、上亿个传感器，只有不断降低其价格才能控制总成本，同时应该微型化、能耗极低，涉及材料科学和微电子领域的相关技术，要使用精密的材料及高制程的半导体芯片。总的来说，就是传感器的发展方向是更小、更强、更便宜。其次，数据传输，需要解决通信网络技术瓶颈。现有的通信网络是为人与人的通信而建立的，在网络容量上是以人与人的通信业务规模来计算，在可靠性方面是参照人的通信行为来估计的。未来智慧城市中很多应用是无人干预的自动操作，从规模上看是上千万、甚至上亿的海量节点，从网络性能看，需要具备提供高性能服务的能力，从而满足对数据传输安全性、实时性的要求；再次，数据处理，需要解决平台处理技术瓶颈。要及时处理海量感知信息。现有的应用之间往往呈现单向式、烟筒式结构，并且某一数据的应用所涉及的节点种类单一，各应用之间没有形成信息共享和交互渗透、相互作用的态势。随着智慧生态城镇建设的深化，云计算等技术手段逐步得到推广，相关平台处理技术不断发展，以满足海量数据的存储、归类、处理、检索等分析和决策需求。最后，实现数据安全需要突破安全性技术的瓶颈限制，应对更为复杂的物联网安全问题。安全问题是新型智慧城镇发展中要解决的关键问题之一，将直接决定智慧城镇的发展前景。因为所有的产品都连在网络上，信息安全问题日益显露，信息技术的应用不仅需要解决互联网上存在的数据泄密、非法访问、网络攻击等问题，还要考虑信息传感节点和信息自身的安全问题。智慧城镇的信息安全技术是美丽城镇建设必不可少的技术保障，信息安全涉及感知节点、通信网络和应用的各个层面，这是智慧城镇、美丽城镇建设从应然到实然必须解决的重大问题。

新型智慧生态城镇通过使用ICT（信息和通信）技术从根本上改进所有城市职能，使建筑物更高效、水和能源价格更优惠、交通更便捷、社区更安全，增加城市的适居宜业性和可持续发展性。比如说智慧安全。安全是城市发展的永恒话题，从城市形成开始，安全就始终被放在首要位置。随着城镇化的发展，对安全提出了更高的要求。智慧安全涉及社会多个领域，如公共卫生、基础设施、通信、环境、商品供应、社会稳定、灾难防控等。为了科学、有效、有序、便捷地处理城市公共安全问题，需要树立公共安全管理的理念，而不仅仅是安全处理，要以政府为核心，利用传感器技术、通信技术、数据处理技术、网络技术、自动控制技术、视屏检测识别技术、信息发布技术、物联网等技术，保障城市居民人身安全、财产安全以及其他系统的安全，实现城市安全信息的全面感知，各子系统协同运作、资源共享，建立应急联动机制，统一调度，统一指挥。比如智慧交通，世界各地城市的交通网络都面临交通拥堵的严重问题，智慧交通通过ICT来疏通城市交通；智慧医疗，创建美丽城镇全体成员医疗保健信息体系，随时记录城镇成员各种生理和病理状况，如"三高"人群每日的血糖、血压、心功能、脑功能等情况，一旦出现意外，能及时监测并报告，通过信息网络系统提供远距离的照护和保健服务。特别是独居患者，一旦出现意外跌倒、心脑血管意外等突发情况，智慧城镇的社区医疗站可以即刻接收到患者的相关状况和数据，救护人员可以尽快出动并对老人及时施救。以智慧政府、智能交通、智慧能源为代表的智慧城市应用，与城市发展水平、生活质量、区域竞争力密切相关，重点强调提高政府服务效率、畅通交通、节能环保等，推动城市可持续发展。智慧社区是信息时代的社区形态，也是构成智慧生态城镇的基本单元。在社区范围内，针对部分信息不对称的问题，要有意识地利用各类基础设施和信息技术手段，在社区管理、居民管理方面，广泛应用电子政务、电子商务、电子娱乐、远程教育、远程医疗以进一步提供便民服务，满足社区居民各类需求，提高居民生活质量，从而推动构建智慧化和谐社区。

以垃圾处理为例。城市人口的数量激增也会导致垃圾数量的增多，智能技术将帮助城市以高效和可持续的方式来管理城市固体废弃物（MSW）。城市固体废物是我们大多数人所熟悉的垃圾。如日常家庭垃圾，包装纸、食物垃圾、垃圾邮件、塑料容器，不包括任何有毒有害的垃圾。出于保护环境、保护公众健康、控制成本等因素考虑，要对固体废弃物进行管理。废弃物管理越来越多地与可持续性目标相联系。如今废弃物回收、材料回收的计划通过减少对资源和能源的需求以及创建更多垃圾填埋场的需求实现可持续发展目标。零废弃物运动体现了对可持续性发展的更广泛的推动。倡导通过废物预防和回收来消除浪费，还致力于重组生产和分配系统，以重复使用一切废物，理论上完全消除了对垃圾填埋和焚烧的需要。并且，在生态智慧城镇，废弃物被当作一种资产。不同于传统的垃圾"减少、再利用、回收和处理"，现代废弃物管理思想的转变就是追求可持续性。废弃物是一种资产来源，可以从中回收材料和能源，将潜在的资产回收并返回市场利用。

从发展态势看，区块链技术的开发和利用能够为智慧生态城镇的构建提高效率、降低耗能，以此确保新型智慧生态城镇更加环保、更加便捷、更加舒适、更加高效、更加和谐，真正实现人与人、人与自然、人与自身的和谐共生。习近平总书记在2019年10月24日的中央政治局第十八次集体学习会上强调："要推动区块链底层技术服务和新型智慧城市建设相结合，探索在信息基础设施、智慧交通、能源电力等领域的推广应用，提升城市管理的智能化、精准化水平。要利用区块链技术促进城市间在信息、资金、人才、征信等方面更大规模的互联互通，保障生产要素在区域内有序高效流动。"① 区块链之所以能够与新型智慧城市建设相结合，在于区块链技术具有去中心化、不可篡改、全程留痕、追溯源头、集体维护、公开透明等优势特征，且往往具有丰富的应用场景，对于解决生产、生活过程中的信息不对称等问题有其显著优势，即对包含个人隐私等信息在内的人的个性方面的内容精准定位，对大数据的具体使用范围、使用方式等内容需明晰划分，以更好平衡个人信息与公共信息的关系。因此，在发挥作用上，一方面，推动区块链技术服务和新型智慧城镇建设相结合，能够促进资源的高度共享，特别在信息技术设施、智慧交通、能源电力等方面，能够让大数据更精准化、人性化、智慧化地为人们提供服务；另一方面，推动区块链技术服务和新型智慧城镇建设相结合，能够将主观践行诚信发展为主观与客观相结合的方式践行诚信，以减少人们日常的诚信成本和焦虑成本。因此，对区块链技术的开发和利用，有利于进一步在智慧生态城镇建设中促进人的生产方式和生活方式的精准化、智能化，当然，需要我们注意的是，在应用和发挥区块链技术的同时，也要对此展开科学规划和使用，"要加强对区块链技术的引导和规范，加强对区块链安全风险的研究和分析"②。

智慧生态城镇是城镇经济增长的"倍增器"，有利于实现可持续的城镇发展目标。智慧城镇、美丽城镇和智慧化基础设施的建设能带动一系列基础设施建设行业的发展，在这个过程中需要进行大量信息技术创新并消耗相关的计算机软硬件产品，从而促进纳米技术、信息技术、海绵城镇建设技术的大发展，从而推动城市生产转型和服务型经济增长。此外，拓展产业发展领域也是智慧生态城镇的重要内容。拓展产业发展领

---

① 《习近平：把区块链作为核心技术自主创新重要突破口 加快推动区块链技术和产业创新发展》，《人民日报》2019年10月26日第1版。

② 《习近平：把区块链作为核心技术自主创新重要突破口 加快推动区块链技术和产业创新发展》，《人民日报》2019年10月26日第1版。

域的关键在于选择、引进、培育和发展战略性新型产业，依托物联网核心技术对传统产业进行改造与提升，促进智慧产业发展。智能化基础设施建设作为智慧生态城镇建设的重要方面，要立足更高起点，坚持系统整体的思维方式，依托产业发展带动经济转型，加强顶层设计进行科学合理的产业规划，避免重复建设和落后建设等问题；选择和培育新兴智慧产业，辐射带动其他产业；智慧改造传统产业，营造智慧化的城市生产生活环境，构建智能化公共服务体系。

本章小结

新型智慧生态城镇建设符合中国特色城镇化生态伦理基本原则和智慧化城市发展方向，集中表现在出场逻辑、基本理念、思维框架、发展态势四个方面。新型智慧生态城镇是基于中国现代城镇化发展所面临的机遇和挑战以及人们对美好生活的向往而提出的新概念。其提出依据、内在要求、贯彻落实、最终指向都遵循以人民为中心的基本理念，这也是马克思主义城市观的根本要求。系统整体观指导新型智慧生态城镇的设计、管理与整体发展，其呈现样态主要表现在：城镇运行更加智能化、技术与生态融合更加深化、城镇产业更加协调发展，最终形成合目的性与合规律性相统一的开放系统。可见，绿色生态、符合伦理的生活方式和生产方式是新型智慧生态城市建设的根本内容，这既需要具有生态意识、生态理性和生态道德的生态主体推动践行生态文明，还需要实现以智慧化、生态化为方向的整个城镇系统的全方位升级。展望未来，立足新发展阶段、贯彻新发展理念，基于大数据集成的智慧生态城镇建设为破解城市问题、寻求城镇可持续发展提供了新路向，如区块链技术的开发和利用能够为智慧生态城镇的构建提高效率、降低耗能，确保新型智慧生态城镇更加环保、更加高效、更加便捷、更加舒适、更加和谐。因此，在保护生态环境的同时，推广应用各种新兴的、高端的科技成果，确保城镇建设绿色、可持续发展，使现代城镇真正实现让生活更美好这一根本目的。

结　　论

党的十八大以来，以习近平同志为核心的党中央动员全社会力量推进生态文明建设，共同推进中国特色社会主义城镇化，让人民群众在绿水青山中共享自然之美、生命之美、生活之美，走出一条生产发展、生活富裕、生态良好的文明城镇化道路。习近平总书记在二十大报告中号召："尊重自然、顺应自然、保护自然，是全面建设社会主义现代化国家的内在要求。必须牢固树立和践行绿水青山就是金山银山的理念，站在人与自然和谐共生的高度谋划发展。"[1] 从发展哲学和发展伦理看，生态伦理是人类社会发展的重要主题，是人类在处理人与自然的关系过程中所形成的人与自然、人与人、人与社会和谐共生、协调发展的伦理理念、伦理原则、道德规范和行为准则。当今世界愈演愈烈的生态危机对世界发展、人类生存都构成了极其严峻的挑战，没有一个国家和民族能够独善其身。当代中国是一个进步迅速、成就明显、变化巨大、遭遇挑战特别多的国家。理论的自觉，正是源自对中国特色城镇化生态伦理建设所面临的现实困境的深刻反思。特别是随着我国城镇化进程的不断加快，暴露出环境破坏、生态失衡等一系列生态问题，迫切需要构建与生态文明建设同步的生态伦理规约。

"中国特色城镇化生态伦理"作为新时代呼唤下孕育而来的研究范畴，旨在对中国特色城镇化过程中所出现的生态问题进行伦理追问，并为今后进一步推进城镇化进程提供伦理指导。对此，本书广泛吸收了国外生态伦理思想和中国传统生态伦理思想的有益成分，并以习近平生态

---

[1] 习近平：《高举中国特色社会主义伟大旗帜　为全面建设社会主义现代化国家而团结奋斗——在中国共产党第二十次全国代表大会上的报告》，人民出版社2022年版，第49—50页。

文明思想、马克思主义生态观、马克思主义伦理观、马克思主义发展观为理论基础，在唯物史观和辩证唯物主义的思维框架中，构建以生态人思想为核心，以科学发展伦理思想和敬畏生命伦理思想为理论框架所形成的生态伦理理念、生态伦理原则、生态伦理制度与生态伦理规范。从内在思想理论来看，马克思主义"生态人"思想要求正确处理人与自然、人与社会、人与自身的关系，以实现"人与自然的和解"和"人与人的和解"为价值诉求，最终指向人类社会的和谐有序发展以及人的自由全面发展；科学发展伦理思想强调发展是第一要义的伦理意义，强调以人为本是科学发展的伦理核心，人与自然和谐共生是科学发展的伦理基础，实现公平正义是科学发展的伦理实质；敬畏生命伦理思想是指敬畏一切生命体生命、以"度"的原则、合规律地敬畏生命，并对"应该敬畏谁""应该怎样敬畏生命""敬畏生命的价值旨归"等问题进行了回答。就理论架构的四个维度而言，中国特色城镇化生态伦理包括了理念、原则、制度和规范，形成了以整体系统、以人为本、敬畏自然、和合共生为核心的基本理念和以绿色环保、宜居宜人、简单节约为核心的重要原则，并在此指导下制定相应的制度和规范来塑造人们的观念，规范人们的行为。制度上，细化为由政府及其他公权力机构负责的制度、以市场经济参与者为责任主体的制度以及普通公民为责任主体的制度，同时，以社会生活的不同领域划分出中国特色城镇化生态伦理的规范体系，以保障人的主体性力量在新型城镇化进程中能够合理、合规地发挥出来。

中国特色城镇化生态伦理建设是一种理论与实践相结合的研究范式，具有主体创造性、未来创新性、实践开放性。我们将充分利用大数据、物联网、区块链等新兴手段，融合信息网络技术与城镇化生态伦理，模拟创设中国特色城镇化生态伦理信息网络平台，以更好地进行理论研究成果的互动交流，为推动中国特色新型城镇化生态建设的健康永续发展提供助力。在中国特色城镇化生态伦理信息网络平台良性运转的基础上，大数据将会更多、更广、更深地影响人们生活的方方面面，随着我国新型城镇化进程的不断深入，以人民为中心的、系统整体的、绿色生态的生活范式的智慧城镇必然在不久的将来得以建立。由此，中国特色城镇化生态伦理建设研究对进一步理解和贯彻生态文明建设、绿色发展理念、建设美丽强国等方针战略安排，追寻"人民富裕、国家富强、中国美丽"①的国家发展目标、实现中华民族伟大复兴的中国梦，坚持共谋全球生态文明建设之路具有重大的理论和现实指导意义。

---

① 习近平：《在庆祝中国共产党成立100周年大会上的讲话》，《人民日报》2021年7月2日第2版。

参考文献

一 中文文献

（一）著作类

《马克思恩格斯全集》第1卷，人民出版社1956年版。
《马克思恩格斯全集》第2卷，人民出版社1995年版。
《马克思恩格斯全集》第3卷，人民出版社1960年版。
《马克思恩格斯全集》第20卷，人民出版社1971年版。
《马克思恩格斯全集》第25卷，人民出版社1961年版。
《马克思恩格斯全集》第42卷，人民出版社1979年版。
《马克思恩格斯全集》第46卷（下），人民出版社1980年版。
《马克思恩格斯全集》第47卷，人民出版社1979年版。
《马克思恩格斯文集》（第1—10卷），人民出版社2009年版。
《列宁专题文集》（第1—5卷），人民出版社2009年版。
《列宁选集》（第1—4卷），人民出版社2012年版。
《毛泽东文集》（第1—8卷），人民出版社1993—1999年版。
《毛泽东选集》（第1—4卷），人民出版社1991年版。
《邓小平文选》（第1—2卷），人民出版社1994年版。
《邓小平文选》（第3卷），人民出版社1993年版。
《江泽民文选》（第1—3卷），人民出版社2006年版。
《胡锦涛文选》（第1—3卷），人民出版社2016年版。
《十六大以来重要文献选编》（上），中央文献出版社2005年版。
《十六大以来重要文献选编》（中），中央文献出版社2006年版。

《十六大以来重要文献选编》（下），中央文献出版社 2008 年版。
《十七大以来重要文献选编》（上），中央文献出版社 2009 年版。
《十七大以来重要文献选编》（中），中央文献出版社 2011 年版。
《十七大以来重要文献选编》（下），中央文献出版社 2013 年版。
《十八大以来重要文献选编》（上），中央文献出版社 2014 年版。
《十八大以来重要文献选编》（中），中央文献出版社 2016 年版。
《十八大以来重要文献选编》（下），中央文献出版社 2018 年版。
《十九大以来重要文献选编》（上），中央文献出版社 2019 年版。
《习近平谈治国理政》第 1 卷，人民出版社 2018 年版。
《习近平谈治国理政》第 2 卷，外文出版社 2017 年版。
《习近平谈治国理政》第 3 卷，外文出版社 2020 年版。
《习近平谈治国理政》第 4 卷，外文出版社 2022 年版。
《决胜全面建成小康社会　夺取新时代中国特色社会主义伟大胜利——在中国共产党第十九次全国代表大会上的报告》，人民出版社 2017 年版。
《高举中国特色社会主义伟大旗帜　为全面建设社会主义现代化国家而团结奋斗——在中国共产党第二十次全国代表大会上的报告》，人民出版社 2022 年版。
梁国典主编：《易经·系辞上》，山东教育出版社 2008 年版。
梁国典主编：《易经·系辞下》，山东教育出版社 2008 年版。
《论语·阳货篇》，载孔丘、孟轲等《四书五经》，北京出版社 2006 年版。
王充：《论衡·祀义篇》，陶乐勤标点，新华书局 2002 年版。
《老子·十六章》，载李耳、庄周《老子庄子》，北京出版社 2006 年版。
《老子·二十五章》，载李耳、庄周《老子庄子》，北京出版社 2006 年版。
《老子·四十八章》，载李耳、庄周《老子庄子》，北京出版社 2006 年版。
梁国典主编：《易经·系辞上》，山东教育出版社 2009 年版。
《庄子·秋水篇》，载李耳、庄周《老子庄子》，北京出版社 2006 年版。
左丘明：《国语·郑语》，上海古籍出版社 2015 年版。
《中庸》，载孔丘、孟轲等《四书五经》，北京出版社 2006 年版。
《孟子·梁惠王上》，载孔丘、孟轲等《四书五经》，北京出版社 2006 年版。
《论语·述而》，载孔丘、孟轲等《四书五经》，北京出版社 2006 年版。

《老子·六十四章》，载李耳、庄周《老子庄子》，北京出版社2006年版。
《老子·六十七章》，载李耳、庄周《老子庄子》，北京出版社2006年版。
《中庸》，载孔丘、孟轲等《四书五经》，北京出版社2006年版。
陈永森、蔡华杰：《人的解放与自然的解放》，学习出版社2015年版。
陈宇光主编：《生态文明建设概论》，南京大学出版社2010年版。
程恩富：《程恩富选集》，中国社会科学出版社2010年版。
崔永和等：《走向后现代的环境伦理》，人民出版社2011年版。
董强：《马克思主义生态观研究》，人民出版社2015年版。
傅华：《生态伦理学探究》，华夏出版社2002年版。
何怀宏主编：《生态伦理——精神资源与哲学基础》，河北大学出版社2002年版。
胡顺延、周明祖、水延凯：《中国城镇化发展战略》，中共中央党校出版社2002年版。
郇庆治主编：《重建现代文明的根基：生态社会主义研究》，北京大学出版社2010年版。
《江苏社科名家文库·任平卷》，江苏人民出版社2019年版。
姜建成：《科学发展观——现代性与哲学视域》，江苏人民出版社2007年版。
解保军：《生态资本主义批判》，中国环境出版社2015年版。
乐爱国：《道教生态学》，社会科学文献出版社2005年版。
《李崇富选集》，中国社会科学出版社2010年版。
刘湘溶：《生态伦理学》，湖南师范大学出版社1992年版。
卢风、刘湘溶：《现代发展观与环境伦理》，河北大学出版社2004年版。
罗国杰：《马克思主义伦理学》，人民出版社1982年版。
尚娟：《中国特色城镇化道路》，科学出版社2012年版。
世界环境与发展委员会：《我们共同的未来》，国家环境保护局外事办公室译，世界知识出版社1989年版。
王伟光：《社会主义和谐社会理论基本问题》，人民出版社2007年版。
魏后凯：《中国城镇化——和谐与繁荣之路》，社会科学文献出版社2014年版。
《伍皓经济学微论：中国城镇化"问题清单"及创新解决》，高等教育出版社2014年版。

许鸥泳主编:《环境伦理学》,中国环境科学出版社2002年版。

杨建玫:《走出人类中心主义的藩篱——乔伊斯·卡罗尔·欧茨小说中的生态伦理思想研究》,复旦大学出版社2013年版。

余谋昌:《生态伦理学——从理论走向实践》,首都师范大学出版社1999年版。

余涌主编:《中国应用伦理学(2001)》,中央编译出版社2002年版。

苑银和:《环境正义论批判》,法律出版社2018年版。

曾建平:《环境正义:发展中国家环境伦理问题探究》,山东人民出版社2007年版。

曾建平:《自然之思:西方生态伦理思想探究》,中国社会科学出版社2004年版。

《增长的极限:罗马俱乐部关于人类困境的研究报告》,李宝恒译,四川人民出版社1983年版。

周鑫:《西方生态现代化理论与当代中国生态文明建设》,光明日报出版社2012年版。

朱贻庭主编:《伦理学小辞典》,上海辞书出版社2004年版。

[法]阿尔贝特·史怀泽:《敬畏生命:50年来的基本论述》,陈泽环译,上海社会科学院出版社1992年版。

[美]奥尔多·利奥波德:《沙乡年鉴》,侯文蕙译,吉林人民出版社1997年版。

[德]奥斯瓦尔德·斯宾格勒:《西方的没落》,齐世荣等译,商务印书馆1963年版。

[美]丹尼尔·耶金:《能源重塑世界》,石油工业出版社2012年版。

[英]汉考克:《环境人权:权力、伦理与法律》,李隼译,重庆出版社2007年版。

[美]霍尔姆斯·罗尔斯顿:《环境伦理学》,杨通进译,许广明校,中国社会科学出版社2000年版。

[美]卡罗尔·L. 斯蒂梅尔(Carol L. Stimmel):《智慧城市建设——大数据分析、信息技术(ICT)与技术思维》,李晓峰译,机械工业出版社2017年版。

[英] 李约瑟:《中国科学技术史》(第 2 卷),上海古籍出版社 1990 年版。

[美] 刘易斯·芒福德:《城市发展史——起源、演变和前景》,宋俊岭、倪文彦译,中国建筑工业出版社 2005 年版。

[美] 梅多斯(Meadows, D.)、兰德斯(Randers, J.)、梅多斯(Meadows, D.):《增长的极限》,李涛、王智勇译,机械工业出版社 2013 年版。

[美] 德尼·古莱:《发展伦理学》,高铦、温平、李继红译,社会科学文献出版社 2003 年版。

[美] 辛格:《动物解放》,祖述宪译,青岛出版社 2004 年版。

[古希腊] 亚里士多德:《尼各马可伦理学》,廖申白译注,商务印书馆 2003 年版。

[古希腊] 亚里士多德:《政治学》,姚仁权译,北京出版社 2007 年版。

[日] 岩佐茂:《环境的思想》,韩立新等译,中央编译出版社 1997 年版。

[日] 岩佐茂:《环境的思想与伦理》,冯雷、李欣荣、尤维芬译,中央编译出版社 2011 年版。

(二) 期刊报纸

习近平:《在纪念马克思诞辰 200 周年大会上的讲话》,《人民日报》2018 年 5 月 5 日第 2 版。

习近平:《在庆祝中国共产党成立 100 周年大会上的讲话》,《人民日报》2021 年 7 月 2 日第 2 版。

习近平:《坚决打好污染防治攻坚战 推动生态文明建设迈上新台阶》,《人民日报》2018 年 5 月 20 日第 1 版。

习近平:《在党的十八届五中全会第二次全体会议上的讲话》,《求是》2016 年第 1 期。

胡锦涛:《坚定不移沿着中国特色社会主义道路前进 为全面建成小康社会而奋斗——在中国共产党第十八次全国代表大会上的报告》,《人民日报》2012 年 11 月 18 日。

《中共中央关于制定国民经济和社会发展第十四个五年规划和二〇三五年远景目标的建议》,《人民日报》2020 年 11 月 4 日第 1 版。

《当好改革开放排头兵创新发展先行者,为构建开放型经济新体制探索新路》,《人民日报》2015年3月6日第1版。

《弘扬人民友谊 共创美好未来》,《人民日报》2013年9月8日第3版。

安国俊:《碳中和目标下的绿色金融创新路径探讨》,《南方金融》2021年第2期。

包双叶:《论新型城镇化与生态文明建设的协同发展》,《求实》2014年第8期。

本刊编辑部:《生态城镇 智慧发展——2013城市发展与规划大会专家视点》,《城市发展研究》2013年第8期。

陈宝妹、郭丹:《全球自然生态新变化:低碳国家的障碍与创新》,《人民论坛·学术前沿》2020年第11期。

陈凯、高歌:《绿色生活方式内涵及其促进机制研究》,《中国特色社会主义研究》2019年第6期。

陈万青、郑荣寿、张思维等:《2013年中国恶性肿瘤发病和死亡分析》,《中国肿瘤》2017年第1期。

陈晓红、蔡思佳、汪阳洁:《我国生态环境监管体系的制度变迁逻辑与启示》,《管理世界》2020年第11期。

陈肖飞、姚士谋、张落成:《新型城镇化背景下中国城乡统筹的理论与实践问题》,《地理科学》2016年第2期。

陈亚军:《新型城镇化建设进展和政策举措》,《宏观经济管理》2020年第9期。

陈颖、李爱年:《论环境伦理视域下的我国流域生态补偿法律制度》,《伦理学研究》2015年第4期。

陈云松、张翼:《城镇化的不平等效应与社会融合》,《中国社会科学》2015年第6期。

程秀波:《生态伦理与生态文明建设》,《中州学刊》2003年第4期。

仇保兴:《智慧地进行城镇建设 积极促进我国城镇可持续发展》,《城市发展研究》2012年第10期。

戴亚超、夏从亚:《论新时代绿色生活方式的生态法治保障》,《广西社会科学》2020年第12期。

邓大松、黄清峰:《中国生态城镇化的现状评估与战略选择》,《环境保护》2013年第5期。

董战峰、郝春旭、李红祥等:《2018 年全球环境绩效指数报告分析》,《环境保护》2018 年第 7 期。

董直庆、赵贺、胡晟明:《绿色技术创新对医疗卫生条件存在选择性偏好吗?》,《东南大学学报》(哲学社会科学版) 2021 年第 2 期。

杜香玉、周琼:《生态命运共同体视野下中国本土生态智慧的理念表达与实践路径》,《云南社会科学》2020 年第 4 期。

范可:《人类学视野里的生存性智慧与生态文明》,《学术月刊》2020 年第 3 期。

方世南:《马克思唯物史观中的生态文明思想探微》,《苏州大学学报》(哲学社会科学版) 2015 年第 6 期。

方卫华、李瑞:《生态环境监管碎片化困境及整体性治理》,《甘肃社会科学》2018 年第 5 期。

辜胜阻:《城镇化要从"要素驱动"走向"创新驱动"》,《人口研究》2012 年第 6 期。

辜胜阻、李行、吴华君:《新时代推进绿色城镇化发展的战略思考》,《北京工商大学学报》(社会科学版) 2018 年第 4 期。

郭渐强、陈荣昌:《网络平台权力治理:法治困境与现实出路》,《理论探索》2019 年第 4 期。

郭少青:《国外环境公共治理的制度实践与借鉴意义》,《国外社会科学》2016 年第 3 期。

郭修远:《论政府监管和公众网络舆论对生态环境的影响——基于中国省级面板数据检验》,《现代传播》(中国传媒大学学报) 2020 年第 9 期。

国务院发展研究中心和世界银行联合课题组:《中国:推进高效、包容、可持续的城镇化》,《管理世界》2014 年第 4 期。

韩立新:《论人对自然义务的伦理根据》,《上海师范大学学报》(哲学社会科学版) 2005 年第 3 期。

郝春旭、邵超峰、董战峰等:《2020 年全球环境绩效指数报告分析》,《环境保护》2020 年第 16 期。

郝美田:《中国传统生态伦理精神与低碳旅游合理性之构建》,《河南师范大学学报》(哲学社会科学版) 2011 年第 5 期。

何勤华、顾盈颖:《生态文明与生态法律文明建设论纲》,《山东社会科学》2013年第11期。

何玉宏：《城市交通发展的绿色转向》，《中州学刊》2018年第7期。

胡孝权：《走出西方生态伦理学的困境》，《北京航空航天大学学报》（社会科学版）2004年第2期。

化秀玲：《儒家思想中的生态伦理智慧》，《人民论坛》2017年第4期。

黄承梁：《中国共产党领导新中国70年生态文明建设历程》，《党的文献》2019年第5期。

黄莉：《城市功能复合：模式与策略》，《热带地理》2012年第4期。

黄卫：《创新规划模式　推进新疆新型城镇化科学发展》，《城市规划》2016年第5期。

黄渊基、匡立波：《城市化进程中的"美丽乡村"建设研究——基于城乡一体化视角的分析》，《湖南社会科学》2017年第6期。

季海菊：《生态德育理论基础的追溯及探讨》，《福建论坛》（人文社会科学版）2010年第6期。

季红颖、侯明：《新型城镇化与信息化协调发展机理与实现路径研究》，《情报科学》2016年第10期。

简新华、罗钜钧、黄锟：《中国城镇化的质量问题和健康发展》，《当代财经》2013年第9期。

蒋华雄、谢双玉：《国外绿色投资基金的发展现状及其对中国的启示》，《兰州商学院学报》2012年第5期。

景普秋：《城镇化概念解析与实践误区》，《学海》2014年第5期。

蓝玉良、陈俊文、黄正东：《基于众包技术的小城镇智慧管理系统及其应用》，《科技管理研究》2020年第2期。

李爱民：《我国新型城镇化面临的突出问题与建议》，《城市发展研究卷》2013年第7期。

李博、黄敏佳：《乡村振兴中传统生态智慧的传承与发展》，《湘潭大学学报》（哲学社会科学版）2019年第6期。

李程骅：《科学发展观指导下的新型城镇化战略》，《求是》2012年第14期。

李恩昌、逯改、徐天士等：《敬畏生命还是关爱生命、护卫生命——史怀泽敬畏生命理论在医学伦理学中应用辨析》，《医学争鸣》2013年第

6 期。

李家寿：《中国生态文化理念发展现状及其生成路径》，《广西民族大学学报》（哲学社会科学版）2008 年第 4 期。

李建明：《智慧城市发展综述》，《中国电子科学研究院学报》2014 年第 3 期。

李德仁：《智慧城市中的大数据》，《武汉大学学报》（信息科学版）2014 年第 6 期。

李瑞、刘婷、张跃胜：《多维视域下城镇化对生态文明建设的影响》，《城市问题》2018 年第 4 期。

李爽、吴晓艳：《智慧型生态城市建设的价值与路径》，《人民论坛》2017 年第 8 期。

李隼、江传月：《儒家"中庸之道"生态伦理原则的现代诠释》，《广东社会科学》2009 年第 5 期。

李钰：《新时代我国生态文明建设的作用、创新及特色发展》，《重庆社会科学》2019 年第 9 期。

李子联、崔芋心、谈镇：《新型城镇化与区域协调发展：机理、问题与路径》，《中共中央党校学报》2018 年第 1 期。

林兵：《从生态伦理到实践伦理》，《吉林大学社会科学学报》1998 年第 3 期。

刘福森：《发展伦理学的两个基本理论问题》，《哲学动态》1996 年第 4 期。

刘福森：《论发展伦理学——可持续发展观的伦理支点》，《江海学刊》2002 年第 6 期。

刘福森：《中国人应该有自己的生态伦理学》，《吉林大学社会科学学报》2011 年第 6 期。

刘福森：《自然中心主义生态伦理观的理论困境》，《中国社会科学》1997 年第 3 期。

刘国斌、王轩：《基于信息化建设的新型城镇化发展研究——以吉林省为例》，《情报科学》2014 年第 4 期。

刘家明、谢俊、张雅婷：《多边公共平台的社会网络结构研究》，《科技管理研究》2019 年第 4 期。

刘锐：《环境行政监管的法治化转型》，《学术交流》2017 年第 11 期。

刘同舫：《列宁的辩证唯物主义和历史唯物主义思想及其当代意义》，《马克思主义研究》2010 年第 12 期。

刘夏阳：《高度重视新型城镇化进程中的公平正义》，《现代经济探讨》2016 年第 3 期。

刘湘溶、曾晚生：《绿色发展理念的生态伦理意蕴》，《伦理学研究》2018 年第 3 期。

刘志坚：《环境监管行政责任实现不能及其成因分析》，《政法论丛》2013 年第 5 期。

陆树程、李佳娟、尤吾兵：《全球发展视阈中的敬畏生命观》，《科学与社会》2017 年第 4 期。

陆树程、朱晨静：《敬畏生命与生命价值观》，《社会科学》2008 年第 2 期。

路日亮、王丹：《生态伦理与理性生态人培育》，《河南师范大学学报》（哲学社会科学版）2014 年第 1 期。

路强：《生态实践智慧与生活方式的哲学反思》，《江淮论坛》2020 年第 4 期。

罗美云：《论〈周易〉的"和合"生态伦理观及其现实意义》，《学术研究》2007 年第 12 期。

马骏、孟海波、邵丹青等：《绿色金融、普惠金融与绿色农业发展》，《金融论坛》2021 年第 3 期。

马孝先：《中国城镇化的关键影响因素及其效应分析》，《中国人口资源与环境》2014 年第 12 期。

聂英芝、梁俊卿：《探析生态文明建设与城镇化发展融合的制约因素》，《中国人口·资源与环境》2014 年第 11 期。

乔文怡、李玏、管卫华等：《2016—2050 年中国城镇化水平预测》，《经济地理》2018 年第 2 期。

曲婧：《新时代制度建设的价值指归与实践探索》，《学习与探索》2018 年第 10 期。

任保平：《可持续发展：非正式制度安排视角的反思与阐释》，《陕西师范大学学报》（哲学社会科学版）2002 年第 2 期。

Steffen Lehmann、胡先福:《绿色城市废弃物的循环利用及其长远影响》,《建筑技术》2014 年第 11 期。

邵鹏、安启念:《中国传统文化中的生态伦理思想及其当代启示》,《理论月刊》2014 年第 4 期。

佘正荣:《生命共同体:生态伦理学的基础范畴》,《南京林业大学学报》(人文社会科学版)2006 年第 1 期。

佘正荣:《中国古代德性论生态伦理思想的当代意义》,《上海师范大学学报》(哲学社会科学版)2014 年第 5 期。

沈清基:《智慧生态城市规划建设基本理论探讨》,《城市规划学刊》2013 年第 5 期。

宋敏、耿荣海、王兰英等:《基于绿色发展的城市标准体系框架构建》,《建筑科学》2012 年第 12 期。

苏振富:《加快生态文明制度 建设强化生态伦理道德教育》,《中国高等教育》2014 年第 2 期。

孙全胜:《当代中国城镇化的矛盾及对策》,《当代经济管理》2018 年第 8 期。

孙全胜:《中国城市化道路的独特模式和科学发展战略》,《改革与战略》2018 年第 6 期。

唐耀华:《城市化概念研究与新定义》,《学术论坛》2013 年第 5 期。

王财玉:《绿色消费的许可效应:绿色让我们更不道德?》,《心理科学》2020 年第 1 期。

王丹:《我国城镇化进程中的生态问题探究》,《贵州社会科学》2014 年第 5 期。

王丹、熊晓琳:《以绿色发展理念推进生态文明建设》,《红旗文稿》2017 年第 1 期。

王刚、赵松岭、张鹏云等:《关于生态位定义的探讨及生态位重叠计测公式改进的研究》,《生态学报》1984 年第 2 期。

王鸿生:《中国城市发展的四个阶段和问题》,《西北师范大学报》(社会科学版)2011 年第 4 期。

王节祥、王雅敏、贺锦江:《平台战略内核:网络效应概念演进、测度方式与研究前沿》,《科技进步与对策》2020 年第 7 期。

王宽、秦书生:《习近平新时代关于生态伦理重要论述的逻辑阐释》,《东北大学学报》(社会科学版)2019年第6期。

王立平、王正:《中国传统文化中的生态思想》,《东北师大学报》(哲学社会科学版)2011年第5期。

王德利:《中国城市群城镇化发展质量的综合测度与演变规律》,《中国人口科学》2018年第2期。

王孟迪、张志华、陈劭锋:《我国"十二五"城镇化与城市发展领域科技创新取得阶段性成果》,《科技促进发展》2013年第6期。

王野林、赵本义:《自然的内在价值:生态伦理的理论基础与评判主体的范式转换》,《江西社会科学》2016年第9期。

王永芹:《中国城市绿色发展的路径选择》,《河北经贸大学学报》2014年第3期。

王雨辰:《略论西方马克思主义的生态伦理价值观——兼论生态伦理的制度维度》,《哲学研究》2004年第2期。

王云霞:《生态伦理的辩证逻辑结构——兼论生态文明的理论基础》,《哈尔滨工业大学学报》(社会科学版)2017年第3期。

魏后凯、张燕:《全面推进中国城镇化绿色转型的思路与举措》,《经济纵横》2011年第9期。

吴越:《国外生态补偿的理论与实践——发达国家实施重点生态功能区生态补偿的经验及启示》,《环境保护》2014年第12期。

夏东民、陆树程:《后敬畏生命观及其当代价值》,《江苏社会科学》2009年第5期。

夏东民、陆树程:《敬畏生命观与生态哲学》,《江苏社会科学》2008年第6期。

肖华堂、薛蕾:《我国农业绿色发展水平与效率耦合协调性研究》,《农村经济》2021年第3期。

谢新洲、宋琢:《平台化下网络舆论生态变化分析》,《新闻爱好者》2020年第5期。

熊辉、李智超:《论新时期中国特色城镇化思想》,《马克思主义与现实》2013年第5期。

熊伟:《传统生态伦理促进生态经济的机理与对策》,《社会科学家》2017

年第 8 期。

熊小林：《统筹城乡发展：调整城乡利益格局的交点、难点及城镇化路径——"中国城乡统筹发展：现状与展望研讨会暨第五届中国经济论坛"综述》，《中国农村经济》2010 年第 11 期。

徐嵩龄：《论现代环境伦理观的恰当性——从"生态中心主义"到"可持续发展"到"制度转型期"》，《清华大学学报》（哲学社会科学版）2001 年第 2 期。

徐雅芬：《西方生态伦理学研究的回溯与展望》，《国外社会科学》2009 年第 3 期。

许正中：《智慧城市是建设生态文明的主载体》，《理论视野》2014 年第 3 期。

薛勇民、路强：《自然价值论与生态整体主义》，《科学技术哲学研究》2014 年第 4 期。

鄢祖容：《"深度城镇化"：破除城市病的有效路径》，《人民论坛》2017 年第 9 期。

严翔、成长春、贾亦真：《中国城镇化进程中产业、空间、人口对能源消费的影响分解》，《资源科学》2018 年第 1 期。

杨风、陶斯文：《中国城镇化发展的历程、特点与趋势》，《兰州学刊》2010 年第 6 期。

杨萍、董军：《生态伦理：对利益优先性原则的反思》，《社会科学家》2009 年第 9 期。

杨萍：《我国生态伦理困境的成因分析及其出路探索》，《知识经济》2014 年第 16 期。

杨卫军：《新型城镇化进程中生态文明建设面临的困境与突破路径》，《理论月刊》2015 年第 7 期。

杨新苗、王亚华、田中兴：《中国特色绿色交通城市发展战略与对策研究》，《城市发展研究》2018 年第 5 期。

姚士谋等：《顺应我国国情条件的城镇化问题的严峻思考》，《经济地理》2012 年第 5 期。

姚士谋等：《中国新型城镇化理论与实践问题》，《地理科学》2014 年第 6 期。

姚水红、任新钢：《科技发展诱发的生态环境负效应及其制度改善》，《科技进步与对策》2007 年第 12 期。

叶冬娜：《以人为本的生态伦理自觉》，《道德与文明》2020 年第 6 期。

尹怀斌、刘剑虹：《"两山"理念的伦理价值及其实践维度》，《浙江社会科学》2018 年第 7 期。

于宏源、汪万发：《绿色"一带一路"建设：进展、挑战与深化路径》，《国际问题研究》2021 年第 2 期。

于文轩：《习近平生态文明法治理论指引下的生态法治原则》，《中国政法大学学报》2021 年第 4 期。

余谋昌：《从生态伦理到生态文明》，《马克思主义与现实》2009 年第 2 期。

袁梅：《中国传统生态思想与当代生态伦理育成》，《当代世界与社会主义》2010 年第 3 期。

袁梅：《中国哲学传统与当代生态伦理观的育成》，《求索》2010 年第 6 期。

曾贤刚、魏国强：《生态环境监管制度的问题与对策研究》，《环境保护》2015 年第 11 期。

曾倬颖、戴佳：《转基因议题传播中政府治理的条块分割：基于政府网站语义网络的研究》，《电子政务》2020 年第 7 期。

张宝：《生态环境损害政府索赔权与监管权的适用关系辨析》，《法学论坛》2017 年第 3 期。

张秉福：《中国传统生态智慧及其现代价值》，《北京行政学院学报》2011 年第 2 期。

张锋、陈晓阳：《中国传统生命伦理观与生态文明的精神内涵》，《齐鲁学刊》2012 年第 2 期。

张佳丽、王蔚凡、关兴良：《智慧生态城市的实践基础与理论建构》，《城市发展研究》2019 年第 5 期。

张梅燕：《智慧城镇建设的瓶颈与对策》，《开放导报》2013 年第 4 期。

张三元：《论美好生活的绿色之美》，《江汉论坛》2021 年第 1 期。

张胜冰：《中国传统文化中的生态伦理观念》，《中国文化研究》2004 年第 2 期。

张文忠：《宜居城市的内涵及评价指标体系探讨》，《城市规划学刊》2007年第3期。

张有才：《论佛教生态伦理的层次结构》，《东南大学学报》（哲学社会科学版）2010年第2期。

张跃胜：《中国城镇化区域差异的空间和要素的双重解读》，《城市问题》2017年第4期。

张云飞、黄顺基：《中国传统伦理的生态文明意蕴》，《中国人民大学学报》2009年第5期。

张志丹：《当代经济伦理生态的出场语境：缘起、概念、进路》，《江苏社会科学》2018年第4期。

张忠民、冀鹏飞：《论生态环境监管体制改革的事权配置逻辑》，《南京工业大学学报》（社会科学版）2020年第6期。

张忠民：《新时代生态环境监管体制法治创新论纲》，《内蒙古社会科学》2021年第3期。

赵春福、鄯爱红：《道法自然与环境保护——道家生态伦理及其现代意义》，《齐鲁学刊》2001年第2期。

赵放：《城市绿色交通发展与碳金融机制创新》，《环境保护》2014年第9期。

赵海月、王瑜：《中国传统文化中的生态伦理思想及其现代性》，《理论学刊》2010年第4期。

赵金霞、孙慕义：《史怀泽"敬畏生命"伦理思想初探》，《扬州职业大学学报》2006年第2期。

赵勇、吴玉玲、张浩等：《新型城镇化背景下智慧城市建设实践的思考——以河北省智慧城市试点为例》，《现代城市研究》2015年第1期。

周林霞：《农村城镇化进程中的生态伦理构建研究》，《中州学刊》2013年第1期。

朱宏斌：《"互联网+"背景下的广西城镇化与信息化的融合发展》，《广西城镇建设》2015年第12期。

朱进东、王艳：《论马克思恩格斯生态伦理观的基本内容与当代价值》，《理论探讨》2011年第5期。

邹平林、曾建平：《生态文明：社会主义的制度意蕴》，《东南学术》2015

年第 3 期。

［美］W. F. 弗兰克纳：《伦理学与环境》，杨通进译，《哲学译丛》1994 年第 5 期。

（三）网络文献

《国家新型城镇化规划（2014—2020 年）》（国务院公报，2014 年第 9 号），2014 年 3 月 16 日，中国政府网（http：//www. gov. cn/gongbao/content/2014/content_2644805. htm）。

《中华人民共和国 2020 年国民经济和社会发展统计公报》，2021 年 2 月 28 日，国家统计局网站（http：//www. stats. gov. cn/tjsj/zxfb/202102/t20210227_1814154. html）。

《2017 中国生态环境状况公报》，2018 年 5 月 31 日，中华人民共和国生态环境部网站（http：//www. mee. gov. cn/hjzl/zghjzkgb/lnzghjzkgb/201805/P020180531534645032372. pdf）。

《2019 中国生态环境状况公报》，2020 年 6 月 2 日，中华人民共和国生态环境部网站（http：//www. mee. gov. cn/hjzl/sthjzk/zghjzkgb/202006/P020200602509464172096. pdf）。

北京大学政府研究管理中心：《中国生态城镇化建设研究课题》（2013 年 7 月 23 日），2016 年 6 月 1 日，北京大学政府研究管理中心网（http：//www. gmc. pku. edu. cn/urbanization/html/zw/20130723/2. html）。

《中国统计年鉴 2017 年》，2021 年 1 月 3 日，国家统计局网站（http：//www. stats. gov. cn/tjsj/ndsj/2017/indexch. htm）。

国家统计局、国家发展和改革委员会、环境保护部、中央组织部：《2016 年生态文明建设年度评价结果公报》，2017 年 12 月 26 日，国家统计局网站（http：//www. stats. gov. cn/tjsj/zxfb/201712/t20171226_1566827. html）。

习近平：《加快国际旅游岛建设 谱写美丽中国海南篇》，2013 年 4 月 11 日，中国共产党新闻网（http：//cpc. people. com. cn/n/2013/0411/c64094 - 21093668. html）。

《特色小镇：新型城镇化成功样本》，2017 年 6 月 27 日，中国社会科学网（http：//www. cssn. cn/zx/shwx/shhnew/201706/t20170627_3560642. shtml）。

安顺市发展改革委：《安顺市高质量推进新型城镇化建设　促进城乡融合发展》，2018年3月28日，贵州省发展和改革委员会网（http：//fgw. guizhou. gov. cn/fggz/sxdt/201803/t20180328_62012117. html）。

李瑞丰：《赤壁市高质量推进新型城镇化建设》，2018年7月25日，赤壁市人民政府门户网（http：//www. chibi. gov. cn/xxgk/zfld/swj/szzj/201807/t20180725_1265505. shtml）。

《在2017中国新型城镇化高峰论坛上，与会嘉宾共论新型城镇化热点话题——从"人、钱、地"入手提升城镇化品质》，2021年2月8日，《经济日报》2017年8月9日第13版。

《排污权出让收入管理暂行办法》，2015年7月23日，中华人民共和国财政部网站（http：//szs. mof. gov. cn/zhengcefabu/201507/t20150731_1397067. htm）。

《中华人民共和国环境保护法》，中华人民共和国环境保护部，2014年4月25日，中国人大网（http：//www. npc. gov. cn/npc/c10134/201404/6c982d10b95a47bbb9ccc7a321bdec0f. shtml）。

《2002—2012：重大环境污染事件之十年纪录》绘制，2012年9月27日，民主与法制网（http：//www. mzyfz. com/cms/minzhuyufazhizazhi/jujiaoyuzhuanti/html/696/2012-09-27/content-524884. html）。

《习近平在中央政治局第十七次集体学习时强调　继续沿着党和人民开辟的正确道路前进　不断推进国家治理体系和治理能力现代化》，2019年9月24日，新华网（http：//www. xinhuanet. com/politics/leaders/2019-09/24/c_1125035490. htm）。

《工商银行张红力：绿色金融将推动引领绿色"一带一路"发展》，2017年4月15日，搜狐网（https：//www. sohu. com/a/134134709_436021）。

《人民银行马骏：绿金委将利用央行再贷款支持绿色信贷》（2017年4月15日），2022年6月3日，中国网（http：//finance. china. com. cn/news/20170415/4176314. shtml）。

《第50次中国互联网络发展状况统计报告》，2022年8月31日，中国互联网络信息中心（http：//www. cnnic. net. cn/n4/2022/0914/c88-10226. html）。

《第七次全国人口普查公报（第七号）》，2022年3月1日，国家统计局网站（http://www.stats.gov.cn/tjsj/tjgb/rkpcgb/qgrkpcgb/202106/t20210628_1818826.html）。

二 外文文献

Albert Schweitzer, *Reverence for Life: Albert Schweitzer's Great Contribution to Ethical Thought*, Oxford University Press, 2008.

Aldo Leopold, *A Sand County Almanac*（Outdoor Essays & Reflections）, Ballantine Books, 1986.

Alex Inkeles, *Becoming Modern*, Harvard University Press, 2014.

Bryan G. Norton, *Environmental Ethics*, Center for Environmental Philosophy（University of North Texas）, 1984.

Carol L. Stimmel, *Building Smart Cities: Analytics, ICT, and Design Thinking*, Auerbach Publications, 2015.

Daniel Yergin, *The Quest: Energy, Security, and the Remaking of the Modern World*, Penguin Books, 2012.

Denis Goulet, *Development Ethics: A Guide To Theory And Practice*, Rowman & Littlefield Publishers, Zed Books Ltd, 1995.

Donella H. Meadows, Jorgen Randers, and Dennis L. Meadows, *The Future of Nature*, Yale University Press, 2013.

Holmes Rolston, *Environmental Ethics: Duties to and Values in The Natural World*, Temple University Press, 1989.

Jan Hancock, *Environmental Human Rights: Power, Ethics and Law*, Routledge, 2019.

Joseph Needham, *Science and Civilisation in China*, Vol. 2, *History of Scientific Thought*, Cambridge University Press, 1991.

Lewis Mumford, *The City in History: Its Origins, Its Transformations, and Its Prospects*, Mariner Books, 1968.

Mathis Wackernagel, Lillemor Lewan and Carina Borgström Hansson, *Evaluating the Use of Natural Capital with the Ecological Footprint: Applications in Sweden and Subregions*, Springer, 1999.

Norton, B. G., "Environmental Ethics and Weak Anthropocentrism", *Enviromental Ethics, Vol. 6, No. 2, 1984.

Oswald Spengler, *Der Untergang des Abendlandes: Umrisse einer Morphologie der Weltgeschichte*, Hofenberg, 2016.

Peter Singer, *Animal Liberation*, Vintage Digital, 2015.

Wackernagel M., Lewan L., "Evaluating the Use of Natural Capital witll the Ecological Footprint", *Ambio*, Vol. 28, No. 7, 1999.

Zimmerman, M. E., ed., *Environmental Philosophy: From Animal Right to Radical Ecology*, Englewood Cliffs: Prentice-Hall, 1993.

后　　记

在中国共产党顺利召开第二十次全国代表大会之际，我们将《走向共同福祉的人间新天堂》系列丛书之一《中国特色城镇化的生态伦理维度研究》，奉献给读者。该书是教育部人文社会科学重点研究基地重大项目"中国特色城镇化生态伦理研究"的最终成果，为江苏省委宣传部/苏州市委宣传部/苏州大学"部校共建马克思主义学院"资助，江苏省优势学科第三期项目，江苏省中国特色社会主义理论体系研究中心苏州大学基地理论成果以及苏州大学中国特色城镇化研究中心、苏州大学新型城镇化与社会治理协同创新中心的研究成果。

"中国特色城镇化生态伦理"这一概念是指在符合当代中国具体国情的城镇化建设过程中，以马克思列宁主义、毛泽东思想、邓小平理论、"三个代表"重要思想、科学发展观、习近平新时代中国特色社会主义思想为指导，按照系统整体的思维方式，构建以生态人为核心、以科学发展伦理思想和敬畏生命伦理思想为理论框架所形成的生态伦理理念、原则、制度与规范。本书以中国特色城镇化生态伦理为研究对象，介绍了中国特色城镇化生态伦理研究的出场语境、理论基础及思想借鉴，构建了中国特色城镇化生态伦理的基本理论框架，分析探讨了中国特色城镇化生态伦理的理念和原则、制度与规范，创造性地提出创建中国特色城镇化生态伦理信息网络平台模型以及建设基于大数据的新型智慧生态城镇的设想，旨在对中国特色城镇化过程中所出现的生态问题进行伦理追问，并为今后推进城镇化进程提供理论指导，是一部系统全面介绍中国特色城镇化生态伦理的学术著作。

本书是课题组全体人员的研究成果，陆树程作为课题组负责人，对书稿进行了整体规划、设计和指导。本书各部分的具体分工如下：陆树程、朱慧、陆扬撰写导论；张鹏远、朱慧、李佳娟、杨静撰写第一章；朱慧、陆佳妮、植洁丽、于佳撰写第二章；郁蓓蓓、李佳娟、陆扬、于莲撰写第三章；郁蓓蓓、陆扬、李佳娟、陆佳妮撰写第四章；于莲、姚瑶撰写第五章；于莲、王东旭、李小凡撰写第六章；杨静、孙昊怿、许芷琳、徐嘉撰写第七章；杨静、李双雁、郭潇彬、郁蓓蓓撰写第八章。全书由陆树程、于莲、陆扬进行统稿，最终由陆树程定稿。

本课题研究还取得了一系列的阶段性成果。课题组成员围绕课题分别发表了《论马克思"生态人"思想及其当代价值》（《世界哲学》CSSCI，2019 年第 3 期）、《论构建社会主义和谐社会的历史必然性》（《马克思主义研究》CSSCI，2012 年第 7 期）、《全球发展视阈中的敬畏生命观》（《科学与社会》CSSCI，2017 年第 4 期）、《论西方生命神圣思想及其当代价值》（《医学与哲学》北大核心，2015 年第 8 期）、《为什么是"可行能力"——论厚的正义理论的合理性与优越性》（《苏州大学学报》哲学社会科学版 CSSCI，2018 年第 3 期）、《论资本的出场、在场和退场》（《马克思主义研究》CSSCI，2013 年第 11 期）、《从共同富裕走向自由全面发展——基于对社会主义本质的一种理解》（《毛泽东邓小平理论研究》CSSCI，2013 年第 4 期）等九篇高质量学术论文。这些学术成果为本书稿的撰写和最终出版打下了扎实的基础。

在本书出版过程中，中国社会科学出版社社长赵剑英教授对书稿的修改和完善提出了许多具体意见和建议，中国社会科学出版社责任编辑喻苗对书稿提出了宝贵修改意见，苏州大学马克思主义学院领导、苏州大学新型城镇化与社会治理协同创新中心领导对本书的出版给予了大力支持，对此我们一并表示衷心的感谢。

研究并撰写这样一部专题性学术著作，不仅需要深厚的理论功底和宽广的理论视野，还需要敏锐的问题意识、高度的抽象概括能力以及精细的材料分析能力。由于我们学术水平有限，在文字表达和问题阐述上尚存许多不足之处，我们在此欢迎大家给予批评指正，以便把中国特色城镇化生态伦理这一重大理论和现实问题的研究提高到新的水平。

姑苏　陆树程
2022 年 12 月 15 日